화학물질안전
Chemical Material Safety

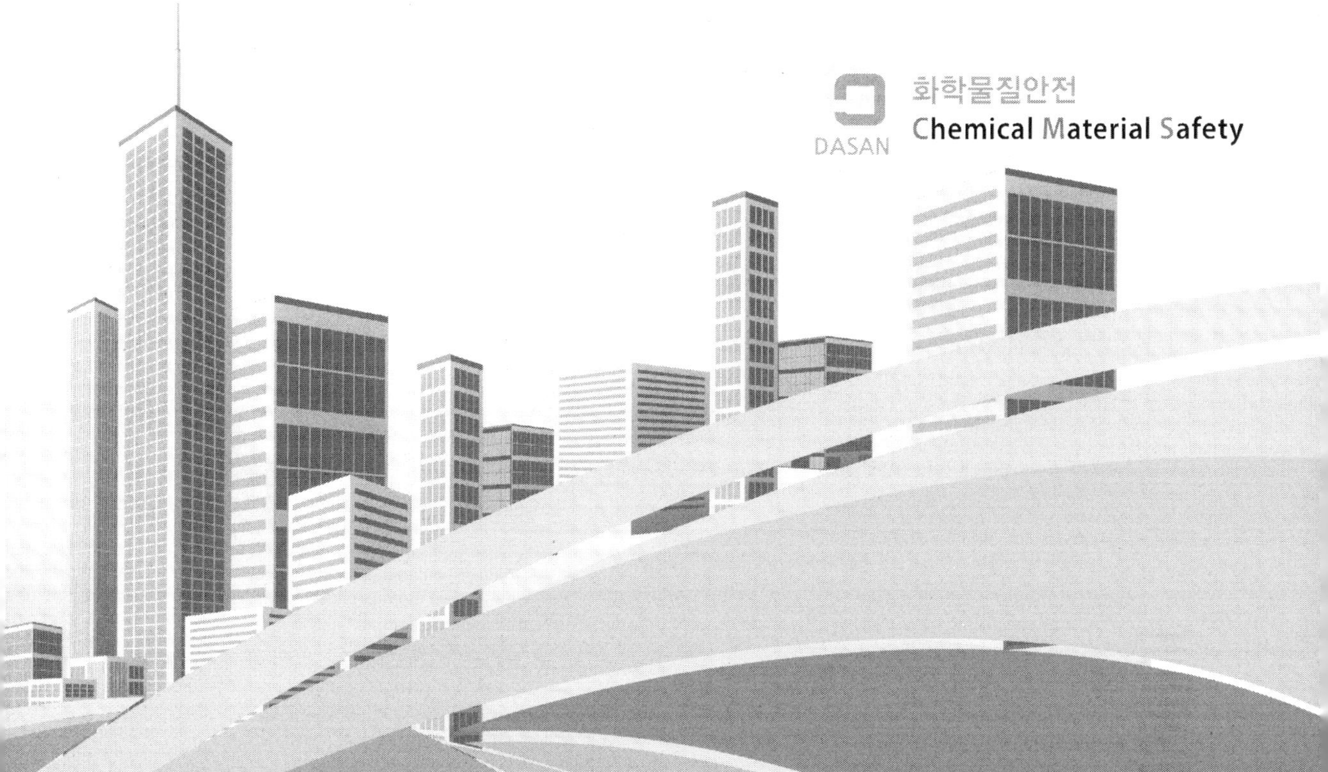

중대재해 처벌법 대응

안전진단 및 공정안전관리 PSM

이무철 저

지우북스

머리말

산업재해와 관련된 국제노동기구(ILO)의 2021년 1월 치명률 통계에 의하면 우리나라는 경제협력개발기구(OECD) 국가 중 산업재해 사망률이 5위인 국가로 분석되고 있습니다. 우리가 알고 있던 바와는 달리 "산재 사망률 OECD 1위" 국가가 아니라는 점에서는 많은 위안이 되지만 산업현장에서 일하고 있는 근로자의 입장에서는 결코 안전한 상태가 아닙니다.

이와 같은 이유로 우리나라에서는 산업안전보건법이 있음에도 불구하고 안전은 최고 경영자의 의지(Top-Down 방식)가 가장 중요하다는 인식하에 사망사고 등 중대재해가 발생할 경우에 CEO를 구속하는 중대재해처벌법이 2022년 1월 27일부터 시행됩니다.

그러나 중대재해 발생으로 인하여 CEO가 구속된다면 기업의 영속성에 치명적인 영향을 끼치게 될 것이 자명하므로 법률적인 부분에서 CEO의 구속을 제한할 수 있는 많은 방법이 논의되고 있는 상태입니다. 하지만 개인적인 견해로는 중대재해 자체가 발생하지 않도록 사전 예방하는 활동인 안전보건관리체계의 구축 및 그 이행에 관한 사항이 훨씬 더 중요한데도 예방과 관련된 활동은 심도 있게 논의되고 있지 않은 것으로 보여집니다.

따라서 저자는 고용노동부에서 배포한 "산업재해 예방을 위한 안전보건관리체계 가이드북"에서 제시하고 있는 안전보건관리체계 구축을 위한 7가지 핵심 요소를 수행하는 방법에 대하여 심도 있게 분석하였습니다.

그 결과 중대산업사고를 예방하기 위하여 시행하고 있는 공정안전보고서 이행상태평가 14대 항목과 많은 부분이 유사함을 인지하게 되어 산업안전보건 관계 법령과 중대재해처벌법령, 관련 법령 해설서, 고용노동부 고시 및 가이드북, KOSHA guide 등을 정리하여 이 책을 출간하게 되었습니다.

모쪼록 이 책이 중대재해처벌법에 대응하는 사업장 대표 및 안전보건관리업무 담당자에게 도움이 될 수 있기를 소망합니다.

끝으로 본 서가 출판되기까지 많은 수고를 해주신 지우북스 대표님께 진심으로 감사드리며, 이 시간에도 산업재해 예방을 위하여 노력하는 모든 안전보건 담당자 분들에게도 다시 한번 감사의 인사를 드립니다.

2022년 2월

다산씨앰에스(주) 대표

공학박사 이 무 철

목차

제1장 관계법령 개요

제2장 안전보건진단

제3장 공정안전관리(PSM)

제4장 공정안전 자료

제5장 공정 위험성평가

제6장 안전운전 및 비상조치계획

제1장 관계법령 개요

1.1 개요

이 책의 제1장부터 6장까지 모든 내용은 산업안전보건 관계 법령과 중대재해처벌법령, 관련 법령 해설서, 고용노동부 고시 및 가이드북, KOSHA guide, 화재안전기준 등을 정리한 것이다.

따라서 이 책의 내용 중에 작성 및 심사기준, 작성지침과 관련된 항목 안에 세부 참고법령 등이 기입되어 있지 않더라도 고용노동부 고시 및 KOSHA guide 등과 같이 위에서 제시하고 있는 관련 법령 및 지침을 정리한 것임을 참고하시기 바란다.

1.2 중대재해

중대재해처벌법의 목적은 사업 또는 사업장, 공중이용시설 및 공중교통수단을 운영하거나 인체에 해로운 원료나 제조물을 취급하면서 안전·보건 조치 의무를 위반하여 인명피해를 발생하게 한 사업주, 경영책임자, 공무원 및 법인의 처벌 등을 규정함으로써 중대재해를 예방하고 시민과 종사자의 생명과 신체를 보호함을 목적으로 한다.

여기서 말하는 "중대재해"란 "중대산업재해"와 "중대시민재해"를 말하며 "중대산업재해"란

「산업안전보건법」 제2조제1호에 따른 산업재해 중 사망자가 1명 이상 발생하거나 동일한 사고로 6개월 이상 치료가 필요한 부상자가 2명 이상 발생한 경우 또는 동일한 유해 요인으로 급성중독 등 대통령령으로 정하는 직업성 질병자가 1년 이내에 3명 이상 발생한 사고 등을 말한다.

"중대시민재해"란 특정 원료 또는 제조물, 공중이용시설 또는 공중교통수단의 설계, 제조, 설치, 관리상의 결함을 원인으로 하여 발생한 재해로서 사망자 1명 이상이거나 동일한 사고로 2개월 이상 치료가 필요한 부상자가 10명 이상 또는 동일한 원인으로 3개월 이상 치료가 필요한 질병자가 10명 이상 발생한 사고를 말한다.

1.3 중대재해처벌법

중대재해처벌 등에 관한 법률 제4조(사업주와 경영책임자 등의 안전 및 보건 확보 의무)에서는 '사업주 또는 경영책임자 등은 사업주나 법인 또는 기관이 실질적으로 지배·운영·관리하는 사업 또는 사업장에서 종사자의 안전·보건상 유해 또는 위험을 방지하기 위하여 그 사업 또는 사업장의 특성 및 규모 등을 고려하여 다음 각 호에 따른 조치를 하여야 한다'라고 명시하고 있다.

1. 재해예방에 필요한 인력 및 예산 등 <u>안전보건관리체계의 구축 및 그 이행에 관한 조치</u>
2. 재해 발생 시 재발 방지 대책의 수립 및 그 이행에 관한 조치
3. 중앙행정기관·지방자치단체가 관계 법령에 따라 개선, 시정 등을 명한 사항의 이행에 관한 조치
4. 안전·보건 관계 법령에 따른 의무이행에 필요한 관리상의 조치

중대재해처벌 등에 관한 법률 제5조(도급, 용역, 위탁 등 관계에서의 안전 및 보건 확보 의무)에서는 '사업주 또는 경영책임자 등은 사업주나 법인 또는 기관이 제 3자에게 도급, 용역, 위탁 등을 행한 경우에는 제 3자의 종사자에게 중대산업재해가 발생하지 아니하도록 제4조의 조치를 하여야 한다'라고 명시하고 있다.

양벌규정으로 제4조 또는 제5조를 위반하여 제2조 제2호 가목의 중대산업재해에 이르게 한 사업주 또는 경영책임자 등은 1년 이상의 징역 또는 10억 원 이하의 벌금에 처하도록 규정하고 있다.

1.4 안전보건관리체계 구축 및 이행

중대재해 예방을 위한 사업장의 가장 중요한 이행사항으로는 안전보건관리체계의 구축 및 그 이행에 관한 조치이며 중대재해처벌 등에 관한 법률 시행령 제4조에서는 안전보건관리체계를 구축하고 이행하기 위한 조치내용으로 아래의 9가지 항목을 제시하고 있다.

1. 사업 또는 사업장의 안전·보건에 관한 목표와 경영방침을 설정할 것
2. 「산업안전보건법」 제17조부터 제19조까지 및 제22조에 따라 두어야 하는 인력이 총 3명 이상이고 다음 각 목의 어느 하나에 해당하는 사업 또는 사업장인 경우에는 안전·보건에 관한 업무를 총괄·관리하는 전담 조직을 둘 것
3. 사업 또는 사업장의 특성에 따른 유해·위험요인을 확인하여 개선하는 업무절차를 마련하고, 해당 업무절차에 따라 유해·위험요인의 확인 및 개선이 이루어지는지를 반기 1회 이상 점검한 후 필요한 조치를 할 것
4. 재해예방에 필요한 안전보건 관련 인력, 시설, 장비 구비와 유해·위험요인 개선에 필요한 예산을 편성하고 그 편성된 용도에 맞게 집행하도록 할 것
5. 「산업안전보건법」 제15조, 제16조 및 제62조에 따른 안전보건관리책임자, 관리감독자 및 안전보건총괄책임자(이하 이 조에서 "안전보건관리책임자 등"이라 한다)가 같은 조에서 규정한 각각의 업무를 각 사업장에서 충실히 수행할 수 있도록 조치
9. 「산업안전보건법」 제17조부터 제19조까지 및 제22조에 따라 정해진 수 이상의 안전관리자, 보건관리자, 안전보건관리 담당자 및 산업보건의를 배치할 것
7. 사업 또는 사업장의 안전·보건에 관한 사항에 대해 종사자의 의견을 듣는 절차를 마련하고, 그 절차에 따라 의견을 들어 재해예방에 필요하다고 인정하는 경우에는 그에 대한 개선방안을 마련하여 이행하는지를 반기 1회 이상 점검한 후 필요한 조치를 할 것
8. 사업 또는 사업장에 중대산업재해가 발생하거나 발생할 급박한 위험이 있을 경우를 대비하여 다음 각 목의 조치에 관한 매뉴얼을 마련하고, 해당 매뉴얼에 따라 조치하는지를 반기 1회 이상 점검할 것
9. 제 3자에게 업무의 도급, 용역, 위탁 등을 하는 경우에는 종사자의 안전·보건을 확보하기 위해 다음 각 목의 기준과 절차를 마련하고, 그 기준과 절차에 따라 도급, 용역, 위탁 등이 이루어지는지를 반기 1회 이상 점검할 것

고용노동부에서 기업에서 안전보건관리체계를 구축하는 데 참고할 수 있도록 "산업재해 예방을 위한 안전보건관리체계 가이드북"을 배포하였고 이 자료에서는 안전보건관리체계 구축을 위한 7가지 핵심 요소를 다음과 같이 제시하고 있다.

번호	항목	내용
1	경영자 리더십	• 안전보건에 대한 의지를 밝히고, 목표를 정합니다. • 안전보건에 필요한 자원(인력·시설·장비)을 배정합니다. • 구성원의 권한과 책임을 정하고, 참여를 독려합니다.
2	근로자의 참여	• 안전보건관리 전반에 관한 정보를 공개합니다. • 모든 구성원이 참여할 수 있는 절차를 마련합니다. • 자유롭게 의견을 제시할 수 있는 문화를 조성합니다.
3	위험요인 파악	• 위험요인에 따른 정보를 수집하고 정리합니다. • 산업재해 및 아차사고를 조사합니다. • 위험기계·기구·설비 등을 파악합니다. • 유해인자를 파악합니다. • 위험장소 및 작업형태별 위험요인을 파악합니다.
4	위험요인 제거·대체 및 통제	• 위험요인별 위험성을 평가합니다. • 위험요인별 제거·대체 및 통제방안을 검토합니다. • 종합적인 대책을 수립하고 이행합니다. • 교육훈련을 실시합니다.
5	비상조치계획 수립	• 위험요인을 바탕으로 '시나리오'를 작성합니다. • '재해 발생 시나리오'별 조치계획을 수립합니다. • 조치계획에 따라 주기적으로 훈련합니다.
6	도급·용역·위탁 시 안전보건 확보	• 산업재해 예방 능력을 갖춘 사업주를 선정합니다. • 안전보건관리체계 구축·운영 시 사업장 내 모든 구성원이 보호받을 수 있도록 합니다.
7	평가 및 개선	• 안전보건 목표를 설정하고 관리합니다. • 안전보건관리체계가 제대로 운영되는지 점검합니다. • 발굴된 문제점을 주기적으로 검토하고 개선합니다.

위의 7가지 핵심 요소 중 위험요인을 파악하고 제거·대체 및 통제하기 위하여 정기적으로 위험성평가를 실시하고 주기적으로 안전보건진단을 시행하여야 한다.

또한 경영자 리더십과 근로자의 참여를 이행하기 위하여 공정안전보고서 이행상태평가 항목 중 "안전경영과 근로자 참여" 항목을 적용하고 비상조치계획과 도급·용역·위탁 시 안전보건 확보 항목은 공정안전보고서 이행상태평가 항목 중 "비상조치계획"과 "도급업체 안전관리계획" 항목을 적용한다.

1.5 안전보건진단

중대재해처벌법의 근본적인 목적은 중대재해의 예방에 있으며 안전보건진단은 중대재해처벌 등에 관한 법률 시행령 제4조 3을 이행하기 위하여 유해·위험요인을 확인하고 개선하기 위하여 시행한다.

안전보건 진단 방법은 사업장의 재해 이력, 종사자의 의견 청취, 동종업계의 사고 발생 사례 및 산업안전보건 기준에 관한 규칙을 적용하여 시행한다. 산업안전보건 기준에 관한 규칙은 「산업안전보건법」 제5조, 제16조, 제37조부터 제40조까지, 제63조부터 제66조까지, 제76조부터 제78조까지, 제80조, 제81조, 제83조, 제84조, 제89조, 제93조, 제117조부터 제119조까지 및 제123조 등에서 위임한 산업안전보건기준에 관한 사항과 그 시행에 필요한 사항을 규정하고 있다.

1.6 공정안전보고서 이행상태평가 항목

공정안전보고서의 제출·심사·확인 및 이행상태평가 등에 관한 규정[고용노동부 고시 제2020-55호] 제57조(이행상태 평가 기준) 보고서 이행상태평가의 세부 평가항목 및 배점 기준 등은 다음과 같다.

1. 이행상태평가표의 총 배점 및 최고환산점수는 각각 1,620점 및 100점이며, 평가항목, 항목별 배점, 환산계수 및 최고 환산점수 등은 다음과 같다.

번호	항목	평가항목 수(총 배점)	항목별 배점
1	안전경영과 근로자 참여	37	21
2	공정안전자료	7	5.0
3	공정위험성평가	13	5.5
4	안전운전 지침과 절차	8	4.0
5	설비의 점검·검사·보수계획, 유지계획 및 지침	12	5.5
6	안전작업 허가 및 절차	8	8.5
7	도급업체 안전관리	10	8.0
8	공정운전에 대한 교육·훈련	7	5.0
9	가동전 점검지침	6	3.0
10	변경요소 관리계획	7	7.0
11	자체감사	9	4.0
12	공정사고조사 지침	9	3.0
13	비상조치계획	8	3.5
14	현장 확인	21	17
계		162개 항목	100점 만점

2. 세부 평가항목별 평가점수는 별표 4와 같이 우수(A, 10점), 양호(B, 8점), 보통(C, 6점), 미흡(D, 4점), 불량(E, 2점) 등 5단계로 구분하며, 항목별 평가 결과에 따라 해당되는 점수와 평가 근거를 면담 또는 확인 결과란에 기재한다.
3. 〈삭제〉
4. 해당 사항이 없는 평가항목의 경우에는 "해당 없음"으로 표기하고 그 항목은 점수가 없는 것으로 본다.
5. 환산점수는 항목별로 평가점수에 환산계수를 곱한 점수를 말하며, 환산점수의 총합은 항목별 환산점수를 모두 합한 점수를 말한다.

제 2 장

안전보건진단

2.1 개요

안전보건진단은 산업안전보건기준에 관한 규칙을 적용하여 수행한다. 그렇지만 산업안전보건기준에 관한 규칙은 총 673개 조항으로 모두 적용하여 나열하면 이해하기 어렵고 일반적인 작업장에 없는 설비들이 많아 현장에 적용하는 데 어려움이 있다.

따라서 산업안전보건기준에 관한 규칙의 항목을 작업장 / 기계설비 / 화학설비 / 전기설비 / 유해위험물질로 구분하여 대부분의 사업장에서 공통적으로 적용할 수 있는 항목을 도출하여 check list를 작성하였다.

2.2 작업장 현장 안전진단

안전보건진단은 layout과 checklist를 활용하여 누락되지 않고 모든 지역이 포함되도록 한다. 진단은 layout 번호를 기준으로 작업장에 진입하여 실시하며 안전보건 상태를 확인하는 것에 우선하여 아래의 checklist를 활용하여 작업장의 불안전한 상태를 먼저 확인하다.

표 1. 작업장 현장 안전진단 checklist (적 : 적합 / 부 : 부적합)

건물번호	공정/용도명	바닥		조도측정 (Lux)	작업발판		작업장 출입구		안전난간		위험물 보관		비상구 설치		추락방지		안전대 부착설비	
		적	부		적	부	적	부	적	부	적	부	적	부	적	부	적	부
1																		
2																		
3																		
4																		

2.2.1 작업장 바닥

제3조(전도의 방지)

① 사업주는 근로자가 작업장에서 넘어지거나 미끄러지는 등의 위험이 없도록 작업장 바닥 등을 안전하고 청결한 상태로 유지하여야 한다.

② 사업주는 제품, 자재, 부재(部材) 등이 넘어지지 않도록 붙들어 지탱하게 하는 등 안전 조치를 하여야 한다. 다만, 근로자가 접근하지 못하도록 조치한 경우에는 그러하지 아니하다.

2.2.2 작업장 및 통로의 밝기

제8조(조도)

사업주는 근로자가 상시 작업하는 장소의 작업면 조도(照度)를 다음 각 호의 기준에 맞도록 하여야 한다. 다만, 갱내(坑内) 작업장과 감광재료(感光材料)를 취급하는 작업장은 그러하지 아니하다.

1. 초정밀작업 : 750 럭스(lux) 이상
2. 정밀작업 : 300 럭스 이상
3. 보통작업 : 150 럭스 이상
4. 그 밖의 작업 : 75 럭스 이상

제21조(통로의 조명)

사업주는 근로자가 안전하게 통행할 수 있도록 통로에 75 럭스 이상의 채광 또는 조명시설을 하여야 한다. 다만, 갱도 또는 상시 통행을 하지 아니하는 지하실 등을 통행하는 근로자에게 휴대용 조명기구를 사용하도록 한 경우에는 그러하지 아니하다.

2.2.3 작업 발판

제9조(작업 발판 등)

사업주는 선반·롤러기 등 기계·설비의 작업 또는 조작 부분이 그 작업에 종사하는 근로자의 키 등 신체조건에 비하여 지나치게 높거나 낮은 경우 안전하고 적당한 높이의 작업 발판을 설치하거나 그 기계·설비를 적정 작업 높이로 조절하여야 한다.

2.2.4 작업장의 출입구

제11조(작업장의 출입구)

사업주는 작업장에 출입구(비상구는 제외한다. 이하 같다)를 설치하는 경우 다음 각 호의 사항을 준수하여야 한다.

1. 출입구의 위치, 수 및 크기가 작업장의 용도와 특성에 맞도록 할 것
2. 출입구에 문을 설치하는 경우에는 근로자가 쉽게 열고 닫을 수 있도록 할 것
3. 주된 목적이 하역운반기계용인 출입구에는 인접하여 보행자용 출입구를 따로 설치할 것
4. 하역운반기계의 통로와 인접하여 있는 출입구에서 접촉에 의하여 근로자에게 위험을 미칠 우려가 있는 경우에는 비상등·비상벨 등 경보장치를 할 것
5. 계단이 출입구와 바로 연결된 경우에는 작업자의 안전한 통행을 위하여 그 사이에 1.2미터 이상 거리를 두거나 안내표지 또는 비상벨 등을 설치할 것. 다만, 출입구에 문을 설치하지 아니한 경우에는 그러하지 아니하다.

2.2.5 안전난간

제13조(안전난간의 구조 및 설치요건)

사업주는 근로자의 추락 등의 위험을 방지하기 위하여 안전난간을 설치하는 경우 다음 각 호의 기준에 맞는 구조로 설치하여야 한다.

1. 상부 난간대, 중간 난간대, 발끝막이판 및 난간기둥으로 구성할 것. 다만, 중간 난간대, 발끝막이판 및 난간기둥은 이와 비슷한 구조와 성능을 가진 것으로 대체할 수 있다.

2. 상부 난간대는 바닥면·발판 또는 경사로의 표면(이하 "바닥면 등"이라 한다)으로부터 90센티미터 이상 지점에 설치하고, 상부 난간대를 120센티미터 이하에 설치하는 경우에는 중간 난간대는 상부 난간대와 바닥면 등의 중간에 설치하여야 하며, 120센티미터 이상 지점에 설치하는 경우에는 중간 난간대를 2단 이상으로 균등하게 설치하고 난간의 상하 간격은 60센티미터 이하가 되도록 할 것. 다만, 계단의 개방된 측면에 설치된 난간기둥 간의 간격이 25센티미터 이하인 경우에는 중간 난간대를 설치하지 아니할 수 있다.
3. 발끝막이판은 바닥면 등으로부터 10센티미터 이상의 높이를 유지할 것. 다만, 물체가 떨어지거나 날아올 위험이 없거나 그 위험을 방지할 수 있는 망을 설치하는 등 필요한 예방조치를 한 장소는 제외한다.
4. 난간기둥은 상부 난간대와 중간 난간대를 견고하게 떠받칠 수 있도록 적정한 간격을 유지할 것
5. 상부 난간대와 중간 난간대는 난간 길이 전체에 걸쳐 바닥면 등과 평행을 유지할 것
6. 난간대는 지름 2.7센티미터 이상의 금속제 파이프나 그 이상의 강도가 있는 재료일 것
7. 안전난간은 구조적으로 가장 취약한 지점에서 가장 취약한 방향으로 작용하는 100킬로그램 이상의 하중에 견딜 수 있는 튼튼한 구조일 것

2.2.6 위험물 보관

제16조(위험물 등의 보관)

사업주는 별표 1에 규정된 위험물질을 작업장 외의 별도의 장소에 보관하여야 하며, 작업장 내부에는 작업에 필요한 양만 두어야 한다.

2.2.7 비상구 설치

제17조(비상구의 설치)

① 사업주는 별표 1에 규정된 위험물질을 제조·취급하는 작업장과 그 작업장이 있는 건축물에 제11조에 따른 출입구 외에 안전한 장소로 대피할 수 있는 비상구 1개 이상을 다음 각 호의 기준을 모두 충족하는 구조로 설치해야 한다. 다만, 작업장 바닥 면의 가로 및 세로가 각 3미터 미만인 경우에는 그렇지 않다.

1. 출입구와 같은 방향에 있지 아니하고, 출입구로부터 3미터 이상 떨어져 있을 것

2. 작업장의 각 부분으로부터 하나의 비상구 또는 출입구까지의 수평거리가 50미터 이하가 되도록 할 것
3. 비상구의 너비는 0.75미터 이상으로 하고, 높이는 1.5미터 이상으로 할 것
4. 비상구의 문은 피난 방향으로 열리도록 하고, 실내에서 항상 열 수 있는 구조로 할 것

② 사업주는 제1항에 따른 비상구에 문을 설치하는 경우 항상 사용할 수 있는 상태로 유지하여야 한다.

2.2.8 출입금지 지역

제20조(출입의 금지 등)

사업주는 다음 각 호의 작업 또는 장소에 울타리를 설치하는 등 관계 근로자가 아닌 사람의 출입을 금지하여야 한다. 다만, 제2호 및 제7호의 장소에서 수리 또는 점검 등을 위하여 그 암(arm) 등의 움직임에 의한 하중을 충분히 견딜 수 있는 안전지지대 또는 안전블록 등을 사용하도록 한 경우에는 그러하지 아니하다.

1. 추락에 의하여 근로자에게 위험을 미칠 우려가 있는 장소
2. 유압(流壓), 체인 또는 로프 등에 의하여 지탱되어 있는 기계·기구의 덤프, 램(ram), 리프트, 포크(fork) 및 암 등이 갑자기 작동함으로써 근로자에게 위험을 미칠 우려가 있는 장소
3. 케이블 크레인을 사용하여 작업을 하는 경우에는 권상용(卷上用) 와이어 로프 또는 횡행용(橫行用) 와이어 로프가 통하고 있는 도르래 또는 그 부착부의 파손에 의하여 위험을 발생시킬 우려가 있는 그 와이어 로프의 내각측(內角側)에 속하는 장소
4. 인양전자석(引揚電磁石) 부착 크레인을 사용하여 작업을 하는 경우에는 달아 올려진 화물의 아래쪽 장소
5. 인양전자석 부착 이동식 크레인을 사용하여 작업을 하는 경우에는 달아 올려진 화물의 아래쪽 장소
6. 리프트를 사용하여 작업을 하는 다음 각 목의 장소
   가. 리프트 운반구가 오르내리다가 근로자에게 위험을 미칠 우려가 있는 장소
   나. 리프트의 권상용 와이어 로프 내각측에 그 와이어 로프가 통하고 있는 도르래 또는 그 부착부가 떨어져 나감으로써 근로자에게 위험을 미칠 우려가 있는 장소
7. 지게차·구내운반차·화물자동차 등의 차량계 하역운반기계 및 고소(高所)작업대(이하

"차량계 하역운반기계 등"이라 한다)의 포크 · 버킷(bucket) · 암 또는 이들에 의하여 지탱되어 있는 화물의 밑에 있는 장소. 다만, 구조상 갑작스러운 하강을 방지하는 장치가 있는 것은 제외한다.

8. 운전 중인 항타기(杭打機) 또는 항발기(杭拔機)의 권상용 와이어 로프 등의 부착 부분의 파손에 의하여 와이어 로프가 벗겨지거나 드럼(drum), 도르래 뭉치 등이 떨어져 근로자에게 위험을 미칠 우려가 있는 장소
9. 화재 또는 폭발의 위험이 있는 장소
10. 낙반(落磐) 등의 위험이 있는 다음 각 목의 장소
    가. 부석의 낙하에 의하여 근로자에게 위험을 미칠 우려가 있는 장소
    나. 터널 지보공(支保工)의 보강작업 또는 보수작업을 하고 있는 장소로서 낙반 또는 낙석 등에 의하여 근로자에게 위험을 미칠 우려가 있는 장소
11. 토석(土石)이 떨어져 근로자에게 위험을 미칠 우려가 있는 채석작업을 하는 굴착작업장의 아래 장소
12. 암석 채취를 위한 굴착작업, 채석에서 암석을 분할 가공하거나 운반하는 작업, 그 밖에 이러한 작업에 수반(隨伴)한 작업(이하 "채석작업"이라 한다)을 하는 경우에는 운전 중인 굴착기계 · 분할기계 · 적재기계 또는 운반기계(이하 "굴착기계 등"이라 한다)에 접촉함으로써 근로자에게 위험을 미칠 우려가 있는 장소
13. 해체작업을 하는 장소
14. 하역작업을 하는 경우에는 쌓아놓은 화물이 무너지거나 화물이 떨어져 근로자에게 위험을 미칠 우려가 있는 장소
15. 다음 각 목의 항만하역작업 장소
    가. 해치커버(해치보드(hatch board) 및 해치빔(hatch beam)을 포함한다)의 개폐 · 설치 또는 해체작업을 하고 있어 해치 보드 또는 해치빔 등이 떨어져 근로자에게 위험을 미칠 우려가 있는 장소
    나. 양화장치(揚貨裝置) 붐(boom)이 넘어짐으로써 근로자에게 위험을 미칠 우려가 있는 장소
    다. 양화장치, 데릭(derrick), 크레인, 이동식 크레인(이하 "양화장치 등"이라 한다)에 매달린 화물이 떨어져 근로자에게 위험을 미칠 우려가 있는 장소
16. 벌목, 목재의 집하 또는 운반 등의 작업을 하는 경우에는 벌목한 목재 등이 아래 방향으로 굴러 떨어지는 등의 위험이 발생할 우려가 있는 장소

17. 양화장치 등을 사용하여 화물의 적하(부두 위의 화물에 훅(hook)을 걸어 선(船) 내에 적재하기까지의 작업을 말한다) 또는 양하(선 내의 화물을 부두 위에 내려놓고 훅을 풀기까지의 작업을 말한다)를 하는 경우에는 통행하는 근로자에게 화물이 떨어지거나 충돌할 우려가 있는 장소

2.2.9 통로의 설치

제22조(통로의 설치)

① 사업주는 작업장으로 통하는 장소 또는 작업장 내에 근로자가 사용할 안전한 통로를 설치하고 항상 사용할 수 있는 상태로 유지하여야 한다.

② 사업주는 통로의 주요 부분에 통로표시를 하고, 근로자가 안전하게 통행할 수 있도록 하여야 한다.

③ 사업주는 통로 면으로부터 높이 2미터 이내에는 장애물이 없도록 하여야 한다. 다만, 부득이하게 통로 면으로부터 높이 2미터 이내에 장애물을 설치할 수밖에 없거나 통로 면으로부터 높이 2미터 이내의 장애물을 제거하는 것이 곤란하다고 고용노동부 장관이 인정하는 경우에는 근로자에게 발생할 수 있는 부상 등의 위험을 방지하기 위한 안전조치를 하여야 한다.

2.2.10 추락 방지

제42조(추락의 방지)

① 사업주는 근로자가 추락하거나 넘어질 위험이 있는 장소(작업발판의 끝·개구부(開口部) 등을 제외한다) 또는 기계·설비·선박블록 등에서 작업을 할 때에 근로자가 위험해질 우려가 있는 경우 비계(飛階)를 조립하는 등의 방법으로 작업발판을 설치하여야 한다.

② 사업주는 제1항에 따른 작업발판을 설치하기 곤란한 경우 다음 각 호의 기준에 맞는 추락방호망을 설치해야 한다. 다만, 추락방호망을 설치하기 곤란한 경우에는 근로자에게 안전대를 착용하도록 하는 등 추락위험을 방지하기 위해 필요한 조치를 해야 한다.

1. 추락방호망의 설치 위치는 가능하면 작업 면으로부터 가까운 지점에 설치하여야 하며, 작업 면으로부터 망의 설치지점까지의 수직거리는 10미터를 초과하지 아니할 것
2. 추락방호망은 수평으로 설치하고, 망의 처짐은 짧은 변 길이의 12퍼센트 이상이 되도록 할 것

3. 건축물 등의 바깥쪽으로 설치하는 경우 추락방호망의 내민 길이는 벽면으로부터 3미터 이상 되도록 할 것. 다만, 그물코가 20밀리미터 이하인 추락방호망을 사용한 경우에는 제14조제3항에 따른 낙하물 방지망을 설치한 것으로 본다.

③ 사업주는 추락방호망을 설치하는 경우에는 「산업표준화법」에 따른 한국산업표준에서 정하는 성능기준에 적합한 추락방호망을 사용하여야 한다.

2.2.11 안전대 부착

제44조(안전대의 부착설비 등)

① 사업주는 추락할 위험이 있는 높이 2미터 이상의 장소에서 근로자에게 안전대를 착용시킨 경우 안전대를 안전하게 걸어 사용할 수 있는 설비 등을 설치하여야 한다. 이러한 안전대 부착설비로 지지로프 등을 설치하는 경우에는 처지거나 풀리는 것을 방지하기 위하여 필요한 조치를 하여야 한다.

② 사업주는 제1항에 따른 안전대 및 부속 설비의 이상 유무를 작업을 시작하기 전에 점검하여야 한다.

2.2.12 울타리 설치

제48조(울타리의 설치)

사업주는 근로자에게 작업 중 또는 통행 시 굴러 떨어짐으로 인하여 근로자가 화상·질식 등의 위험에 처할 우려가 있는 케틀(kettle, 가열 용기), 호퍼(hopper, 깔때기 모양의 출입구가 있는 큰 통), 피트(pit, 구덩이) 등이 있는 경우에 그 위험을 방지하기 위하여 필요한 장소에 높이 90센티미터 이상의 울타리를 설치하여야 한다.

2.2.13 고소작업대 설치

제186조(고소작업대 설치 등의 조치)

① 사업주는 고소작업대를 설치하는 경우에는 다음 각 호에 해당하는 것을 설치하여야 한다.

1. 작업대를 와이어 로프 또는 체인으로 올리거나 내릴 경우에는 와이어 로프 또는 체인이 끊어져 작업대가 떨어지지 아니하는 구조여야 하며, 와이어 로프 또는 체인의 안전율은 5 이상일 것

2. 작업대를 유압에 의해 올리거나 내릴 경우에는 작업대를 일정한 위치에 유지할 수 있는 장치를 갖추고 압력의 이상 저하를 방지할 수 있는 구조일 것
3. 권과방지장치를 갖추거나 압력의 이상 상승을 방지할 수 있는 구조일 것
4. 붐의 최대 지면 경사각을 초과 운전하여 전도되지 않도록 할 것
5. 작업대에 정격하중(안전율 5 이상)을 표시할 것
6. 작업대에 끼임·충돌 등 재해를 예방하기 위한 가드 또는 과상승 방지장치를 설치할 것
7. 조작반의 스위치는 눈으로 확인할 수 있도록 명칭 및 방향 표시를 유지할 것

② 사업주는 고소작업대를 설치하는 경우에는 다음 각 호의 사항을 준수하여야 한다.

1. 바닥과 고소작업대는 가능하면 수평을 유지하도록 할 것
2. 갑작스러운 이동을 방지하기 위하여 아웃트리거 또는 브레이크 등을 확실히 사용할 것

③ 사업주는 고소작업대를 이동하는 경우에는 다음 각 호의 사항을 준수하여야 한다.

1. 작업대를 가장 낮게 내릴 것
2. 작업대를 올린 상태에서 작업자를 태우고 이동하지 말 것. 다만, 이동 중 전도 등의 위험 예방을 위하여 유도하는 사람을 배치하고 짧은 구간을 이동하는 경우에는 그러하지 아니하다.
3. 이동통로의 요철 상태 또는 장애물의 유무 등을 확인할 것

④ 사업주는 고소작업대를 사용하는 경우에는 다음 각 호의 사항을 준수하여야 한다.

1. 작업자가 안전모·안전대 등의 보호구를 착용하도록 할 것
2. 관계자가 아닌 사람이 작업구역에 들어오는 것을 방지하기 위하여 필요한 조치를 할 것
3. 안전한 작업을 위하여 적정수준의 조도를 유지할 것
4. 전로(電路)에 근접하여 작업을 하는 경우에는 작업감시자를 배치하는 등 감전사고를 방지하기 위하여 필요한 조치를 할 것
5. 작업대를 정기적으로 점검하고 붐·작업대 등 각 부위의 이상 유무를 확인할 것
6. 전환스위치는 다른 물체를 이용하여 고정하지 말 것
7. 작업대는 정격하중을 초과하여 물건을 싣거나 탑승하지 말 것
8. 작업대의 붐대를 상승시킨 상태에서 탑승자는 작업대를 벗어나지 말 것. 다만, 작업대에 안전대 부착설비를 설치하고 안전대를 연결하였을 때는 그러하지 아니하다.

2.3 기계설비 현장 안전진단

기계설비 현장 안전진단은 공정지역에 설치되어 있는 회전기계, 보일러, 크레인 등의 양중기, 화물 적재차량 및 적재장, 지게차, 컨베이어, 산업용 로봇 등에 대한 안전기준을 확인하기 위하여 시행하며 아래의 checklist를 활용하여 현장관리 상태를 점검한다.

기계설비 현장 안전진단 checklist (적 : 적합 / 부 : 부적합)

번호	대상설비	회전기계 방호울		볼팅 채결		압력용기 명판부착		양중기 표지		화물 적재		지게차 관리		컨베 이어		산업용 로봇	
		적	부	적	부	적	부	적	부	적	부	적	부	적	부	적	부
1																	
2																	
3																	
4																	

2.3.1 회전기계 안전

공정지역에 pump, blower 등의 회전기계가 설치되어 있는 경우 근로자의 부주의한 행동으로 인한 사고를 예방하기 위하여 아래와 같은 조치를 하여야 한다.

제87조(원동기·회전축 등의 위험 방지)

① 사업주는 기계의 원동기·회전축·기어·풀리·플라이휠·벨트 및 체인 등 근로자가 위험에 처할 우려가 있는 부위에 덮개·울·슬리브 및 건널다리 등을 설치하여야 한다.

② 사업주는 회전축·기어·풀리 및 플라이휠 등에 부속되는 키·핀 등의 기계요소는 묻힘형으로 하거나 해당 부위에 덮개를 설치하여야 한다.

③ 사업주는 벨트의 이음 부분에 돌출된 고정구를 사용해서는 아니 된다.

④ 사업주는 제1항의 건널다리에는 안전난간 및 미끄러지지 아니하는 구조의 발판을 설치하여야 한다.

⑤ 사업주는 연삭기(研削機) 또는 평삭기(平削機)의 테이블, 형삭기(形削機) 램 등의 행정끝이 근로자에게 위험을 미칠 우려가 있는 경우에 해당 부위에 덮개 또는 울 등을 설치

하여야 한다.

⑥ 사업주는 선반 등으로부터 돌출하여 회전하고 있는 가공물이 근로자에게 위험을 미칠 우려가 있는 경우에 덮개 또는 울 등을 설치하여야 한다.

⑦ 사업주는 원심기(원심력을 이용하여 물질을 분리하거나 추출하는 일련의 작업을 하는 기기를 말한다. 이하 같다)에는 덮개를 설치하여야 한다.

⑧ 사업주는 분쇄기·파쇄기·마쇄기·미분기·혼합기 및 혼화기 등(이하 "분쇄기 등"이라 한다)을 가동하거나 원료가 흩날리거나 하여 근로자가 위험해질 우려가 있는 경우 해당 부위에 덮개를 설치하는 등 필요한 조치를 하여야 한다.

⑨ 사업주는 근로자가 분쇄기 등의 개구부로부터 가동 부분에 접촉함으로써 위해(危害)를 입을 우려가 있는 경우 덮개 또는 울 등을 설치하여야 한다.

⑩ 사업주는 종이·천·비닐 및 와이어 로프 등의 감김통 등에 의하여 근로자가 위험해질 우려가 있는 부위에 덮개 또는 울 등을 설치하여야 한다.

⑪ 사업주는 압력용기 및 공기압축기 등(이하 "압력용기 등"이라 한다)에 부속하는 원동기·축이음·벨트·풀리의 회전 부위 등 근로자가 위험에 처할 우려가 있는 부위에 덮개 또는 울 등을 설치하여야 한다.

제92조(정비 등의 작업 시의 운전정지 등)

① 사업주는 공작기계·수송기계·건설기계 등의 정비·청소·급유·검사·수리·교체 또는 조정 작업 또는 그 밖에 이와 유사한 작업을 할 때 근로자가 위험해질 우려가 있으면 해당 기계의 운전을 정지하여야 한다. 다만, 덮개가 설치되어 있는 등 기계의 구조상 근로자가 위험해질 우려가 없는 경우에는 그러하지 아니하다.

② 사업주는 제1항에 따라 기계의 운전을 정지한 경우에 다른 사람이 그 기계를 운전하는 것을 방지하기 위하여 기계의 기동장치에 잠금장치를 하고 그 열쇠를 별도 관리하거나 표지판을 설치하는 등 필요한 방호 조치를 하여야 한다.

③ 사업주는 작업하는 과정에서 적절하지 아니한 작업 방법으로 인하여 기계가 갑자기 가동될 우려가 있는 경우 작업지휘자를 배치하는 등 필요한 조치를 하여야 한다.

④ 사업주는 기계·기구 및 설비 등의 내부에 압축된 기체 또는 액체 등이 방출되어 근로자가 위험해질 우려가 있는 경우에 제1항부터 제3항까지의 규정 따른 조치 외에도 압축된 기체 또는 액체 등을 미리 방출시키는 등 위험 방지를 위하여 필요한 조치를 하여야 한다.

제94조(작업모 등의 착용)

사업주는 동력으로 작동되는 기계에 근로자의 머리카락 또는 의복이 말려 들어갈 우려가 있는 경우에는 해당 근로자에게 작업에 알맞은 작업모 또는 작업복을 착용하도록 하여야 한다.

제95조(장갑의 사용 금지)

사업주는 근로자가 날·공작물 또는 축이 회전하는 기계를 취급하는 경우 그 근로자의 손에 밀착이 잘되는 가죽 장갑 등과 같이 손이 말려 들어갈 위험이 없는 장갑을 사용하도록 하여야 한다.

제97조(볼트·너트의 풀림 방지)

사업주는 기계에 부속된 볼트·너트가 풀릴 위험을 방지하기 위하여 그 볼트·너트가 적정하게 조여져 있는지를 수시로 확인하는 등 필요한 조치를 하여야 한다.

2.3.2 보일러 안전

작업장에 보일러가 설치되어 있는 경우 PSV, pressure limit switch, 보일러 용수 level alarm 등을 설치하여야 하므로 설치 여부 및 관리 상태를 아래 기준에 의하여 확인하여야 한다.

제116조(압력방출장치)

① 사업주는 보일러의 안전한 가동을 위하여 보일러 규격에 맞는 압력방출장치를 1개 또는 2개 이상 설치하고 최고사용압력(설계압력 또는 최고허용압력을 말한다. 이하 같다) 이하에서 작동되도록 하여야 한다. 다만, 압력방출장치가 2개 이상 설치된 경우에는 최고사용압력 이하에서 1개가 작동되고, 다른 압력방출장치는 최고사용압력 1.05배 이하에서 작동되도록 부착하여야 한다.

② 제1항의 압력방출장치는 매년 1회 이상 「국가표준기본법」 제14조제3항에 따라 산업통상자원부 장관의 지정을 받은 국가교정업무 전담기관(이하 "국가교정기관"이라 한다)에서 교정을 받은 압력계를 이용하여 설정 압력에서 압력방출장치가 적정하게 작동하는지를 검사한 후 납으로 봉인하여 사용하여야 한다. 다만, 영 제43조에 따른 공정안전보고서 제출 대상으로서 고용노동부 장관이 실시하는 공정안전보고서 이행상태 평가 결과가 우수한 사업장은 압력방출장치에 대하여 4년마다 1회 이상 설정 압력에서 압력방출장치

가 적정하게 작동하는지를 검사할 수 있다.

제117조(압력제한 스위치)
사업주는 보일러의 과열을 방지하기 위하여 최고사용압력과 상용압력 사이에서 보일러의 버너 연소를 차단할 수 있도록 압력제한 스위치를 부착하여 사용하여야 한다.

제118조(고저수위 조절장치)
사업주는 고저수위(高低水位) 조절장치의 동작 상태를 작업자가 쉽게 감시하도록 하기 위하여 고저수위 지점을 알리는 경보등·경보음장치 등을 설치하여야 하며, 자동으로 급수되거나 단수되도록 설치하여야 한다.

제119조(폭발위험의 방지)
사업주는 보일러의 폭발 사고를 예방하기 위하여 압력방출장치, 압력제한 스위치, 고저수위 조절장치, 화염 검출기 등의 기능이 정상적으로 작동될 수 있도록 유지·관리하여야 한다.

제120조(최고사용압력의 표시 등)
사업주는 압력용기 등을 식별할 수 있도록 하기 위하여 그 압력용기 등의 최고사용압력, 제조연월일, 제조회사명 등이 지워지지 않도록 각인(刻印) 표시된 것을 사용하여야 한다.

2.3.3 양중기 안전

작업장에 호이스트, 크레인 등의 양중기가 설치되어 있는 경우 아래 규칙을 확인하여 설치 및 관리 상태를 확인한다.

제132조(양중기)
① 양중기란 다음 각 호의 기계를 말한다.
1. 크레인(호이스트(hoist)를 포함한다)
2. 이동식 크레인
3. 리프트(이삿짐 운반용 리프트의 경우에는 적재하중이 0.1톤 이상인 것으로 한정한다)
4. 곤돌라

5. 승강기

② 제1항 각 호의 기계의 뜻은 다음 각 호와 같다.

1. “크레인”이란 동력을 사용하여 중량물을 매달아 상하 및 좌우(수평 또는 선회(旋回)를 말한다)로 운반하는 것을 목적으로 하는 기계 또는 기계장치를 말하며, “호이스트”란 훅이나 그 밖의 달기구 등을 사용하여 화물을 권상 및 횡행 또는 권상동작만을 하여 양중하는 것을 말한다.
2. “이동식 크레인”이란 원동기를 내장하고 있는 것으로서 불특정 장소에 스스로 이동할 수 있는 크레인으로 동력을 사용하여 중량물을 매달아 상하 및 좌우(수평 또는 선회를 말한다)로 운반하는 설비로써 「건설기계관리법」을 적용받는 기중기 또는 「자동차관리법」제3조에 따른 화물·특수자동차의 작업부에 탑재하여 화물 운반 등에 사용하는 기계 또는 기계장치를 말한다.
3. “리프트”란 동력을 사용하여 사람이나 화물을 운반하는 것을 목적으로 하는 기계설비로써 다음 각 목의 것을 말한다.
   가. 건설용 리프트 : 동력을 사용하여 가이드레일(운반구를 지지하여 상승 및 하강 동작을 안내하는 레일)을 따라 상하로 움직이는 운반구를 매달아 사람이나 화물을 운반할 수 있는 설비 또는 이와 유사한 구조 및 성능을 가진 것으로 건설 현장에서 사용하는 것
   나. 산업용 리프트 : 동력을 사용하여 가이드레일을 따라 상하로 움직이는 운반구를 매달아 화물을 운반할 수 있는 설비 또는 이와 유사한 구조 및 성능을 가진 것으로써 건설 현장 외의 장소에서 사용하는 것
   다. 자동차 정비용 리프트 : 동력을 사용하여 가이드레일을 따라 움직이는 지지대로 자동차 등을 일정한 높이로 올리거나 내리는 구조의 리프트로써 자동차 정비에 사용하는 것
   라. 이삿짐 운반용 리프트 : 연장 및 축소가 가능하고 끝단을 건축물 등에 지지하는 구조의 사다리형 붐에 따라 동력을 사용하여 움직이는 운반구를 매달아 화물을 운반하는 설비로써 화물자동차 등 차량 위에 탑재하여 이삿짐 운반 등에 사용하는 것
4. “곤돌라”란 달기발판 또는 운반구, 승강장치, 그 밖의 장치 및 이들에 부속된 기계부품에 의하여 구성되고, 와이어 로프 또는 달기강선에 의하여 달기발판 또는 운반구가 전용 승강장치에 의하여 오르내리는 설비를 말한다.

5. “승강기”란 건축물이나 고정된 시설물에 설치되어 일정한 경로에 따라 사람이나 화물을 승강장으로 옮기는 데에 사용되는 설비로써 다음 각 목의 것을 말한다.
   가. 승객용 엘리베이터 : 사람의 운송에 적합하게 제조·설치된 엘리베이터
   나. 승객화물용 엘리베이터 : 사람의 운송과 화물 운반을 겸용하는 데 적합하게 제조·설치된 엘리베이터
   다. 화물용 엘리베이터 : 화물 운반에 적합하게 제조·설치된 엘리베이터로서 조작자 또는 화물취급자 1명은 탑승할 수 있는 것(적재용량이 300킬로그램 미만인 것은 제외한다)
   라. 소형화물용 엘리베이터 : 음식물이나 서적 등 소형화물의 운반에 적합하게 제조·설치된 엘리베이터로써 사람의 탑승이 금지된 것
   마. 에스컬레이터 : 일정한 경사로 또는 수평로를 따라 위·아래 또는 옆으로 움직이는 디딤판을 통해 사람이나 화물을 승강장으로 운송시키는 설비

제133조(정격하중 등의 표시)

사업주는 양중기(승강기는 제외한다) 및 달기구를 사용하여 작업하는 운전자 또는 작업자가 보기 쉬운 곳에 해당 기계의 정격하중, 운전속도, 경고표시 등을 부착하여야 한다. 다만, 달기구는 정격하중만 표시한다.

제134조(방호장치의 조정)

① 사업주는 다음 각 호의 양중기에 과부하방지장치, 권과방지장치(捲過防止裝置), 비상정지장치 및 제동장치, 그 밖의 방호장치(승강기의 파이널 리미트 스위치(final limit switch), 속도조절기, 출입문 인터 록(inter lock) 등을 말한다)가 정상적으로 작동될 수 있도록 미리 조정해 두어야 한다.
   1. 크레인
   2. 이동식 크레인
   3. 삭제
   4. 리프트
   5. 곤돌라
   6. 승강기

② 제1항제1호 및 제2호의 양중기에 대한 권과방지장치는 훅·버킷 등 달기구의 윗면(그

달기구에 권상용 도르래가 설치된 경우에는 권상용 도르래의 윗면)이 드럼, 상부 도르래, 트롤리 프레임 등 권상 장치의 아랫면과 접촉할 우려가 있는 경우에 그 간격이 0.25미터 이상(직동식(直動式) 권과방지장치는 0.05미터 이상으로 한다)이 되도록 조정하여야 한다.

③ 제2항의 권과방지장치를 설치하지 않은 크레인에 대해서는 권상용 와이어 로프에 위험 표시를 하고 경보장치를 설치하는 등 권상용 와이어 로프가 지나치게 감겨서 근로자가 위험해질 상황을 방지하기 위한 조치를 하여야 한다.

제135조(과부하의제한 등)

사업주는 제132조제1항 각 호의 양중기에 그 적재하중을 초과하는 하중을 걸어서 사용하도록 해서는 아니 된다.

제163조(와이어 로프 등 달기구의 안전계수)

① 사업주는 양중기의 와이어로프 등 달기구의 안전계수(달기구 절단하중의 값을 그 달기구에 걸리는 하중의 최댓값으로 나눈 값을 말한다)가 다음 각 호의 구분에 따른 기준에 맞지 아니한 경우에는 이를 사용해서는 아니 된다.

1. 근로자가 탑승하는 운반구를 지지하는 달기와이어 로프 또는 달기 체인의 경우 : 10 이상
2. 화물의 하중을 직접 지지하는 달기와이어 로프 또는 달기 체인의 경우 : 5 이상
3. 훅, 샤클, 클램프, 리프팅 빔의 경우 : 3 이상
4. 그 밖의 경우 : 4 이상

② 사업주는 달기구의 경우 최대허용하중 등의 표식이 견고하게 붙어 있는 것을 사용하여야 한다.

제164조(고리걸이 훅 등의 안전계수)

사업주는 양중기의 달기 와이어 로프 또는 달기 체인과 일체형인 고리걸이 훅 또는 샤클의 안전계수(훅 또는 샤클의 절단하중 값을 각각 그 훅 또는 샤클에 걸리는 하중의 최댓값으로 나눈 값을 말한다)가 사용되는 달기 와이어 로프 또는 달기 체인의 안전계수와 같은 값 이상의 것을 사용하여야 한다.

제166조(이음매가 있는 와이어 로프 등의 사용 금지)

와이어 로프의 사용에 관하여는 제63조제2항제9호를 준용한다. 이 경우 "달비계"는 "양중기"로 본다.

제167조(늘어난 달기 체인 등의 사용 금지)

달기 체인 사용에 관하여는 제63조제2호를 준용한다. 이 경우 "달비계"는 "양중기"로 본다.

제168조(변형되어 있는 훅·샤클 등의 사용금지 등)

① 사업주는 훅·샤클·클램프 및 링 등의 철구로써 변형되어 있는 것 또는 균열이 있는 것을 크레인 또는 이동식 크레인의 고리걸이 용구로 사용해서는 아니 된다.

② 사업주는 중량물을 운반하기 위해 제작하는 지그, 훅의 구조를 운반 중 주변 구조물과의 충돌로 슬링이 이탈되지 않도록 하여야 한다.

③ 사업주는 안전성 시험을 거쳐 안전율이 3 이상 확보된 중량물 취급 용구를 구매하여 사용하거나 자체 제작한 중량물 취급 용구에 대하여 비파괴시험을 하여야 한다.

제169조(꼬임이 끊어진 섬유로프 등의 사용금지)

섬유로프 사용에 관하여는 제63조제3호를 준용한다. 이 경우 "달비계"는 "양중기"로 본다.

제170조(링 등의 구비)

① 사업주는 엔드리스(endless)가 아닌 와이어 로프 또는 달기 체인에 대하여 그 양단에 훅·샤클·링 또는 고리를 구비한 것이 아니면 크레인 또는 이동식 크레인의 고리걸이 용구로 사용해서는 아니 된다.

② 제1항에 따른 고리는 꼬아넣기(아이 스플라이스(eye splice)를 말한다. 이하 같다), 압축멈춤 또는 이러한 것과 같은 정도 이상의 힘을 유지하는 방법으로 제작된 것이어야 한다. 이 경우 꼬아넣기는 와이어 로프의 모든 꼬임을 3회 이상 끼워 짠 후 각각의 꼬임의 소선 절반을 잘라내고 남은 소선을 다시 2회 이상(모든 꼬임을 4회 이상 끼워 짠 경우에는 1회 이상) 끼워 짜야 한다.

2.3.4 차량계 하역운반기계 등

작업장에서 차량용 하역운반기계를 사용하는 경우 아래 규칙을 확인하여 설치 및 관리 상태를 확인한다.

제171조(전도 등의 방지)

사업주는 차량계 하역운반기계 등을 사용하는 작업을 할 때 그 기계가 넘어지거나 굴러떨어짐으로써 근로자에게 위험을 미칠 우려가 있는 경우에는 그 기계를 유도하는 사람(이하 "유도자"라 한다)을 배치하고 지반의 부동침하와 방지 및 갓길 붕괴를 방지하기 위한 조치를 하여야 한다.

제173조(화물적재 시의 조치)

① 사업주는 차량계 하역운반기계 등에 화물을 적재하는 경우에 다음 각 호의 사항을 준수하여야 한다.
   1. 하중이 한쪽으로 치우치지 않도록 적재할 것
   2. 구내운반차 또는 화물자동차의 경우 화물의 붕괴 또는 낙하에 의한 위험을 방지하기 위하여 화물에 로프를 거는 등 필요한 조치를 할 것
   3. 운전자의 시야를 가리지 않도록 화물을 적재할 것

② 제1항의 화물을 적재하는 경우에는 최대적재량을 초과해서는 아니 된다.

제177조(싣거나 내리는 작업)

사업주는 차량계 하역운반기계 등에 단위화물의 무게가 100킬로그램 이상인 화물을 싣는 작업(로프 걸이 작업 및 덮개 덮기 작업을 포함한다. 이하 같다) 또는 내리는 작업(로프 풀기 작업 또는 덮개 벗기기 작업을 포함한다. 이하 같다)을 하는 경우에 해당 작업의 지휘자에게 다음 각 호의 사항을 준수하도록 하여야 한다.

1. 작업순서 및 그 순서마다의 작업방법을 정하고 작업을 지휘할 것
2. 기구와 공구를 점검하고 불량품을 제거할 것
3. 해당 작업을 하는 장소에 관계 근로자가 아닌 사람이 출입하는 것을 금지할 것
4. 로프 풀기 작업 또는 덮개 벗기기 작업은 적재함의 화물이 떨어질 위험이 없음을 확인한 후에 하도록 할 것

2.3.5 지게차 운영상태 확인 사항

작업장에서 지게차를 사용하는 경우 아래 규칙을 확인하여 설치 및 관리 상태를 확인한다.

제179조(전조등 등의 설치)

① 사업주는 전조등과 후미등을 갖추지 아니한 지게차를 사용해서는 아니 된다. 다만, 작업을 안전하게 수행하기 위하여 필요한 조명이 확보되어 있는 장소에서 사용하는 경우에는 그러하지 아니하다.

② 사업주는 지게차 작업 중 근로자와 충돌할 위험이 있는 경우에는 지게차에 후진경보기와 경광등을 설치하거나 후방감지기를 설치하는 등 후방을 확인할 수 있는 조치를 해야 한다.

제183조(좌석 안전띠의 착용 등)

① 사업주는 앉아서 조작하는 방식의 지게차를 운전하는 근로자에게 좌석 안전띠를 착용하도록 하여야 한다.

② 제1항에 따른 지게차를 운전하는 근로자는 좌석 안전띠를 착용하여야 한다.

2.3.6 컨베이어 운영상태 확인 사항

제191조(이탈 등의 방지)

사업주는 컨베이어, 이송용 롤러 등(이하 "컨베이어 등"이라 한다)을 사용하는 경우에는 정전·전압강하 등에 따른 화물 또는 운반구의 이탈 및 역주행을 방지하는 장치를 갖추어야 한다. 다만, 무동력상태 또는 수평상태로만 사용하여 근로자가 위험해질 우려가 없는 경우에는 그러하지 아니하다.

제192조(비상정지장치)

사업주는 컨베이어 등에 해당 근로자의 신체의 일부가 말려드는 등 근로자가 위험해질 우려가 있는 경우 및 비상시에는 즉시 컨베이어 등의 운전을 정지시킬 수 있는 장치를 설치하여야 한다. 다만, 무동력상태로만 사용하여 근로자가 위험해질 우려가 없는 경우에는 그러하지 아니하다.

제193조(낙하물에 의한 위험 방지)

사업주는 컨베이어 등으로부터 화물이 떨어져 근로자가 위험해질 우려가 있는 경우에는 해당 컨베이어 등에 덮개 또는 울을 설치하는 등 낙하 방지를 위한 조치를 하여야 한다.

제194조(트롤리 컨베이어)

사업주는 트롤리 컨베이어(trolley conveyor)를 사용하는 경우에는 트롤리와 체인·행거(hanger)가 쉽게 벗겨지지 않도록 서로 확실하게 연결하여 사용하도록 하여야 한다.

제195조(통행의 제한 등)

① 사업주는 운전 중인 컨베이어 등의 위로 근로자를 넘어가도록 하는 경우에는 위험을 방지하기 위하여 건널다리를 설치하는 등 필요한 조치를 하여야 한다.

② 사업주는 동일선상에 구간별 설치된 컨베이어에 중량물을 운반하는 경우에는 중량물 충돌에 대비한 스토퍼를 설치하거나 작업자 출입을 금지하여야 한다.

2.3.7 산업용 로봇 설치 및 관리상태 확인 항목

제222조(교시 등)

사업주는 산업용 로봇(이하 "로봇"이라 한다)의 작동범위에서 해당 로봇에 대하여 교시(敎示) 등(매니퓰레이터(manipulator)의 작동순서, 위치·속도의 설정·변경 또는 그 결과를 확인하는 것을 말한다. 이하 같다)의 작업을 하는 경우에는 해당 로봇의 예기치 못한 작동 또는 오(誤)조작에 의한 위험을 방지하기 위하여 다음 각 호의 조치를 하여야 한다. 다만, 로봇의 구동원을 차단하고 작업을 하는 경우에는 제2호와 제3호의 조치를 하지 아니할 수 있다.

1. 다음 각 목의 사항에 관한 지침을 정하고 그 지침에 따라 작업을 시킬 것
   가. 로봇의 조작 방법 및 순서
   나. 작업 중의 매니퓰레이터의 속도
   다. 2명 이상의 근로자에게 작업을 시킬 경우의 신호 방법
   라. 이상을 발견한 경우의 조치
   마. 이상을 발견하여 로봇의 운전을 정지시킨 후 이를 재가동시킬 경우의 조치
   바. 그 밖에 로봇의 예기치 못한 작동 또는 오조작에 의한 위험을 방지하기 위하여 필요한 조치

2. 작업에 종사하고 있는 근로자 또는 그 근로자를 감시하는 사람은 이상을 발견하면 즉시 로봇의 운전을 정지시키기 위한 조치를 할 것
3. 작업을 하고 있는 동안 로봇의 기동스위치 등에 작업 중이라는 표시를 하는 등 작업에 종사하고 있는 근로자가 아닌 사람이 그 스위치 등을 조작할 수 없도록 필요한 조치를 할 것

제223조(운전 중 위험 방지)

사업주는 로봇의 운전(제222조에 따른 교시 등을 위한 로봇의 운전과 제224조 단서에 따른 로봇의 운전은 제외한다)으로 인하여 근로자에게 발생할 수 있는 부상 등의 위험을 방지하기 위하여 높이 1.8미터 이상의 울타리(로봇의 가동범위 등을 고려하여 높이로 인한 위험성이 없는 경우에는 높이를 그 이하로 조절할 수 있다)를 설치하여야 하며, 컨베이어 시스템의 설치 등으로 울타리를 설치할 수 없는 일부 구간에 대해서는 안전매트 또는 광전자식 방호장치 등 감응형(感應形) 방호장치를 설치하여야 한다. 다만, 고용노동부 장관이 해당 로봇의 안전기준이 「산업표준화법」 제12조에 따른 한국산업표준에서 정하고 있는 안전기준 또는 국제적으로 통용되는 안전기준에 부합한다고 인정하는 경우에는 본문에 따른 조치를 하지 아니할 수 있다. 〈개정 2016.4.7., 2018.8.14.〉

제224조(수리 등 작업 시의 조치 등)

사업주는 로봇의 작동범위에서 해당 로봇의 수리·검사·조정(교시 등에 해당하는 것은 제외한다)·청소·급유 또는 결과에 대한 확인작업을 하는 경우에는 해당 로봇의 운전을 정지함과 동시에 그 작업을 하고 있는 동안 로봇의 기동스위치를 열쇠로 잠근 후 열쇠를 별도 관리하거나 해당 로봇의 기동스위치에 작업 중이란 내용의 표지판을 부착하는 등 해당 작업에 종사하고 있는 근로자가 아닌 사람이 해당 기동스위치를 조작할 수 없도록 필요한 조치를 하여야 한다. 다만, 로봇의 운전 중에 작업을 하지 아니하면 안 되는 경우로서 해당 로봇의 예기치 못한 작동 또는 오조작에 의한 위험을 방지하기 위하여 제222조 각 호의 조치를 한 경우에는 그러하지 아니하다.

2.4 화학설비 현장 안전진단

화학설비 현장 안전진단은 유해위험물질, 유해위험물질 취급장소 관리, 폭발위험장소 구분, 화재감시자, 소화설비, 목시관리(visual management), 안전밸브 및 파열판, 통기관 및 flame arrester, 내화처리, dike 등에 대한 안전기준을 확인하기 위하여 시행하며 아래의 checklist를 활용하여 현장관리 상태를 점검한다.

화학설비 현장안전진단 checklist (적 : 적합 / 부 : 부적합)

번호	대상설비	폭발위험 장소		화재 감시자		소화 설비		목시 관리		PSV 파열판		F/A 통기관		내화 처리		Dike	
		적	부	적	부	적	부	적	부	적	부	적	부	적	부	적	부
1																	
2																	
3																	
4																	

2.4.1 폭발·화재 및 위험물누출에 의한 위험방지

위험물질을 취급하는 경우에는 폭발위험장소 관리, 화재위험작업 시의 조치사항, 소화설비 설치기준, 방화조치 등에 대하여 확인하여야 하며, 자세한 확인 항목은 아래와 같다.

제225조(위험물질 등의제조 등 작업 시의 조치)

사업주는 별표 1의 위험물질(이하 "위험물"이라 한다)을 제조하거나 취급하는 경우에 폭발·화재 및 누출을 방지하기 위한 적절한 방호조치를 하지 아니하고 다음 각 호의 행위를 해서는 아니 된다.

1. 폭발성 물질, 유기과산화물을 화기나 그 밖에 점화원이 될 우려가 있는 것에 접근시키거나 가열하거나 마찰시키거나 충격을 가하는 행위
2. 물반응성 물질, 인화성 고체를 각각 그 특성에 따라 화기나 그 밖에 점화원이 될 우려가 있는 것에 접근시키거나 발화를 촉진하는 물질 또는 물에 접촉시키거나 가열하거나 마찰시키거나 충격을 가하는 행위

3. 산화성 액체·산화성 고체를 분해가 촉진될 우려가 있는 물질에 접촉시키거나 가열하거나 마찰시키거나 충격을 가하는 행위
4. 인화성 액체를 화기나 그 밖에 점화원이 될 우려가 있는 것에 접근시키거나 주입 또는 가열하거나 증발시키는 행위
5. 인화성 가스를 화기나 그 밖에 점화원이 될 우려가 있는 것에 접근시키거나 압축·가열 또는 주입하는 행위
6. 부식성 물질 또는 급성 독성물질을 누출시키는 등으로 인체에 접촉시키는 행위
7. 위험물을 제조하거나 취급하는 설비가 있는 장소에 인화성 가스 또는 산화성 액체 및 산화성 고체를 방치하는 행위

第227조(호스 등을 사용한 인화성 액체 등의 주입)

사업주는 위험물을 액체 상태에서 호스 또는 배관 등을 사용하여 별표 7의 화학설비, 탱크로리, 드럼 등에 주입하는 작업을 하는 경우에는 그 호스 또는 배관 등의 결합부를 확실히 연결하고 누출이 없는지를 확인한 후에 작업을 하여야 한다.

第230조(폭발위험이 있는 장소의 설정 및 관리)

① 사업주는 다음 각 호의 장소에 대하여 폭발위험장소의 구분도(區分圖)를 작성하는 경우에는 「산업표준화법」에 따른 한국산업표준으로 정하는 기준에 따라 가스폭발 위험장소 또는 분진폭발 위험장소로 설정하여 관리하여야 한다.
   1. 인화성 액체의 증기나 인화성 가스 등을 제조·취급 또는 사용하는 장소
   2. 인화성 고체를 제조·사용하는 장소

② 사업주는 제1항에 따른 폭발위험장소의 구분도를 작성·관리하여야 한다.

第231조(인화성 액체 등을 수시로 취급하는 장소)

① 사업주는 인화성 액체, 인화성 가스 등을 수시로 취급하는 장소에서는 환기가 충분하지 않은 상태에서 전기기계·기구를 작동시켜서는 아니 된다.

② 사업주는 수시로 밀폐된 공간에서 스프레이 건을 사용하여 인화성 액체로 세척·도장 등의 작업을 하는 경우에는 다음 각 호의 조치를 하고 전기기계·기구를 작동시켜야 한다.
   1. 인화성 액체, 인화성 가스 등으로 폭발위험 분위기가 조성되지 않도록 해당 물질의 공기 중 농도가 인화하한계 값의 25퍼센트를 넘지 않도록 충분히 환기를 유지할 것

2. 조명 등은 고무, 실리콘 등의 패킹이나 실링 재료를 사용하여 완전히 밀봉할 것
3. 가열성 전기기계·기구를 사용하는 경우에는 세척 또는 도장용 스프레이 건과 동시에 작동되지 않도록 연동장치 등의 조치를 할 것
4. 방폭구조 외의 스위치와 콘센트 등의 전기기기는 밀폐 공간 외부에 설치되어 있을 것

③ 사업주는 제1항과 제2항에도 불구하고 방폭 성능을 갖는 전기기계·기구에 대해서는 제1항의 상태 및 제2항 각 호의 조치를 하지 아니한 상태에서도 작동시킬 수 있다.

제232조(폭발 또는 화재 등의 예방)

① 사업주는 인화성 액체의 증기, 인화성 가스 또는 인화성 고체가 존재하여 폭발이나 화재가 발생할 우려가 있는 장소에서 해당 증기·가스 또는 분진에 의한 폭발 또는 화재를 예방하기 위해 환풍기, 배풍기(排風機) 등 환기장치를 적절하게 설치해야 한다.

② 사업주는 제1항에 따른 증기나 가스에 의한 폭발이나 화재를 미리 감지하기 위하여 가스 검지 및 경보 성능을 갖춘 가스 검지 및 경보장치를 설치하여야 한다. 다만, 「산업표준화법」의 한국산업표준에 따른 0종 또는 1종 폭발위험장소에 해당하는 경우로서 제311조에 따라 방폭구조 전기기계·기구를 설치한 경우에는 그러하지 아니하다.

제234조(가스 등의 용기)

사업주는 금속의 용접·용단 또는 가열에 사용되는 가스 등의 용기를 취급하는 경우에 다음 각 호의 사항을 준수하여야 한다.

1. 다음 각 목의 어느 하나에 해당하는 장소에서 사용하거나 해당 장소에 설치·저장 또는 방치하지 않도록 할 것
   가. 통풍이나 환기가 불충분한 장소
   나. 화기를 사용하는 장소 및 그 부근
   다. 위험물 또는 제236조에 따른 인화성 액체를 취급하는 장소 및 그 부근
2. 용기의 온도를 섭씨 40도 이하로 유지할 것
3. 전도의 위험이 없도록 할 것
4. 충격을 가하지 않도록 할 것
5. 운반하는 경우에는 캡을 씌울 것
6. 사용하는 경우에는 용기의 마개에 부착되어 있는 유류 및 먼지를 제거할 것
7. 밸브의 개폐는 서서히 할 것

8. 사용 전 또는 사용 중인 용기와 그 밖의 용기를 명확히 구별하여 보관할 것
9. 용해아세틸렌의 용기는 세워 둘 것
10. 용기의 부식·마모 또는 변형상태를 점검한 후 사용할 것

제235조(서로 다른 물질의 접촉에 의한 발화 등의 방지)

사업주는 서로 다른 물질끼리 접촉함으로 인하여 해당 물질이 발화하거나 폭발할 위험이 있는 경우에는 해당 물질을 가까이 저장하거나 동일한 운반기에 적재해서는 아니 된다. 다만, 접촉방지를 위한 조치를 한 경우에는 그러하지 아니하다.

제239조(위험물 등이 있는 장소에서 화기 등의 사용 금지)

사업주는 위험물이 있어 폭발이나 화재가 발생할 우려가 있는 장소 또는 그 상부에서 불꽃이나 아크를 발생하거나 고온으로 될 우려가 있는 화기·기계·기구 및 공구 등을 사용해서는 아니 된다.

제241조(화재위험작업 시의 준수사항)

① 사업주는 통풍이나 환기가 충분하지 않은 장소에서 화재위험작업을 하는 경우에는 통풍 또는 환기를 위하여 산소를 사용해서는 아니 된다.

② 사업주는 가연성물질이 있는 장소에서 화재위험작업을 하는 경우에는 화재예방에 필요한 다음 각 호의 사항을 준수하여야 한다.

   1. 작업 준비 및 작업 절차 수립
   2. 작업장 내 위험물의 사용·보관 현황 파악
   3. 화기작업에 따른 인근 가연성물질에 대한 방호조치 및 소화기구 비치
   4. 용접불티 비산방지덮개, 용접방화포 등 불꽃, 불티 등 비산방지 조치
   5. 인화성 액체의 증기 및 인화성 가스가 남아 있지 않도록 환기 등의 조치
   6. 작업근로자에 대한 화재예방 및 피난교육 등 비상조치

③ 사업주는 작업시작 전에 제2항 각 호의 사항을 확인하고 불꽃·불티 등의 비산을 방지하기 위한 조치 등 안전조치를 이행한 후 근로자에게 화재위험작업을 하도록 해야 한다.

④ 사업주는 화재위험작업이 시작되는 시점부터 종료될 때까지 작업내용, 작업일시, 안전점검 및 조치에 관한 사항 등을 해당 작업장소에 서면으로 게시해야 한다. 다만, 같은 장소에서 상시·반복적으로 화재위험작업을 하는 경우에는 생략할 수 있다.

제241조의2(화재감시자)

① 사업주는 근로자에게 다음 각 호의 어느 하나에 해당하는 장소에서 용접·용단 작업을 하도록 하는 경우에는 화재감시자를 지정하여 용접·용단 작업장소에 배치해야 한다. 다만, 같은 장소에서 상시·반복적으로 용접·용단작업을 할 때 경보용 설비·기구, 소화설비 또는 소화기가 갖추어진 경우에는 화재감시자를 지정·배치하지 않을 수 있다.

1. 작업반경 11미터 이내에 건물구조 자체나 내부(개구부 등으로 개방된 부분을 포함한다)에 가연성물질이 있는 장소
2. 작업반경 11미터 이내의 바닥 하부에 가연성물질이 11미터 이상 떨어져 있지만 불꽃에 의해 쉽게 발화될 우려가 있는 장소
3. 가연성물질이 금속으로 된 칸막이·벽·천장 또는 지붕의 반대쪽 면에 인접해 있어 열전도나 열복사에 의해 발화될 우려가 있는 장소

② 제1항 본문에 따른 화재감시자는 다음 각 호의 업무를 수행한다.

1. 제1항 각 호에 해당하는 장소에 가연성물질이 있는지 여부의 확인
2. 제232조제2항에 따른 가스 검지, 경보 성능을 갖춘 가스 검지 및 경보장치의 작동 여부의 확인

2.4.3 화재 발생 시 사업장 내 근로자의 대피 유도

사업주는 제1항 본문에 따라 배치된 화재감시자에게 업무 수행에 필요한 확성기, 휴대용 조명기구 및 방연마스크 등 대피용 방연 장비를 지급해야 한다.

제243조(소화설비)

① 사업주는 건축물, 별표 7의 화학설비 또는 제5절의 위험물 건조설비가 있는 장소, 그 밖에 위험물이 아닌 인화성 유류 등 폭발이나 화재의 원인이 될 우려가 있는 물질을 취급하는 장소(이하 이 조에서 “건축물 등”이라 한다)에는 소화설비를 설치하여야 한다.

② 제1항의 소화설비는 건축물 등의 규모·넓이 및 취급하는 물질의 종류 등에 따라 예상되는 폭발이나 화재를 예방하기에 적합하여야 한다.

제244조(방화조치)

사업주는 화로, 가열로, 가열장치, 소각로, 철제굴뚝, 그 밖에 화재를 일으킬 위험이 있는 설

비 및 건축물과 그 밖에 인화성 액체와의 사이에는 방화에 필요한 안전거리를 유지하거나 불연성 물체를 차열(遮熱)재료로 하여 방호하여야 한다.

2.4.2 화학설비·압력용기

위험물질을 저장, 취급하는 화학설비와 압력용기 등은 부식방지, 폭발위험장소 등에 대하여 확인하여야 하며, 자세한 확인 항목은 아래와 같다.

제256조(부식방지)
사업주는 화학설비 또는 그 배관(화학설비 또는 그 배관의 밸브나 콕은 제외한다) 중 위험물 또는 인화점이 섭씨 60도 이상인 물질(이하 "위험물질 등"이라 한다)이 접촉하는 부분에 대해서는 위험물질 등에 의하여 그 부분이 부식되어 폭발·화재 또는 누출되는 것을 방지하기 위하여 위험물질 등의 종류·온도·농도 등에 따라 부식이 잘 되지 않는 재료를 사용하거나 도장(塗裝) 등의 조치를 하여야 한다.

제257조(덮개 등의 접합부)
사업주는 화학설비 또는 그 배관의 덮개·플랜지·밸브 및 콕의 접합부에 대해서는 접합부에서 위험물질 등이 누출되어 폭발·화재 또는 위험물이 누출되는 것을 방지하기 위하여 적절한 개스킷(gasket)을 사용하고 접합면을 서로 밀착시키는 등 적절한 조치를 하여야 한다.

제258조(밸브 등의 개폐 방향의 표시 등)
사업주는 화학설비 또는 그 배관의 밸브·콕 또는 이것들을 조작하기 위한 스위치 및 누름버튼 등에 대하여 오조작으로 인한 폭발·화재 또는 위험물의 누출을 방지하기 위하여 열고 닫는 방향을 색채 등으로 표시하여 구분되도록 하여야 한다.

제259조(밸브 등의 재질)
사업주는 화학설비 또는 그 배관의 밸브나 콕에는 개폐의 빈도, 위험물질 등의 종류·온도·농도 등에 따라 내구성이 있는 재료를 사용하여야 한다.

제260조(공급 원재료의 종류 등의 표시)
사업주는 화학설비에 원재료를 공급하는 근로자의 오조작으로 인하여 발생하는 폭발·화재 또는 위험물의 누출을 방지하기 위하여 그 근로자가 보기 쉬운 위치에 원재료의 종류, 원재료가 공급되는 설비명 등을 표시하여야 한다.

제261조(안전밸브 등의 설치)

① 사업주는 다음 각 호의 어느 하나에 해당하는 설비에 대해서는 과압에 따른 폭발을 방지하기 위하여 폭발 방지 성능과 규격을 갖춘 안전밸브 또는 파열판(이하 "안전밸브 등"이라 한다)을 설치하여야 한다. 다만, 안전밸브 등에 상응하는 방호장치를 설치한 경우에는 그러하지 아니하다.

1. 압력용기(안지름이 150밀리미터 이하인 압력용기는 제외하며, 압력용기 중 관형 열교환기의 경우에는 관의 파열로 인하여 상승한 압력이 압력용기의 최고사용압력을 초과할 우려가 있는 경우만 해당한다)
2. 정변위 압축기
3. 정변위 펌프(토출 측에 차단밸브가 설치된 것만 해당한다)
4. 배관(2개 이상의 밸브에 의하여 차단되어 대기 온도에서 액체의 열팽창에 의하여 파열될 우려가 있는 것으로 한정한다)
5. 그 밖의 화학설비 및 그 부속설비로써 해당 설비의 최고사용압력을 초과할 우려가 있는 것

② 제1항에 따라 안전밸브 등을 설치하는 경우에는 다단형 압축기 또는 직렬로 접속된 공기압축기에 대해서는 각 단 또는 각 공기압축기별로 안전밸브 등을 설치하여야 한다.

③ 제1항에 따라 설치된 안전밸브에 대해서는 다음 각 호의 구분에 따른 검사 주기마다 국가교정기관에서 교정을 받은 압력계를 이용하여 설정 압력에서 안전밸브가 적정하게 작동하는지를 검사한 후 납으로 봉인하여 사용하여야 한다. 다만, 공기나 질소취급용기 등에 설치된 안전밸브 중 안전밸브 자체에 부착된 레버 또는 고리를 통하여 수시로 안전밸브가 적정하게 작동하는지를 확인할 수 있는 경우에는 검사하지 아니할 수 있고 납으로 봉인하지 아니할 수 있다. 〈개정 2019.12.26.〉

1. 화학공정 유체와 안전밸브의 디스크 또는 시트가 직접 접촉될 수 있도록 설치된 경우 : 매년 1회 이상
2. 안전밸브 전단에 파열판이 설치된 경우 : 2년마다 1회 이상
3. 영 제43조에 따른 공정안전보고서 제출 대상으로서 고용노동부 장관이 실시하는 공정안전보고서 이행상태 평가 결과가 우수한 사업장의 안전밸브의 경우 : 4년마다 1회 이상

④ 제3항 각 호에 따른 검사 주기에도 불구하고 안전밸브가 설치된 압력용기에 대하여 「고

압가스 안전관리법」 제17조제2항에 따라 시장·군수 또는 구청장의 재검사를 받는 경우로서 압력용기의 재검사 주기에 대하여 같은 법 시행규칙 별표22 제2호에 따라 산업통상자원부 장관이 정하여 고시하는 기법에 따라 산정하여 그 적합성을 인정받은 경우에는 해당 안전밸브의 검사 주기는 그 압력용기의 재검사 주기에 따른다.

⑤ 사업주는 제3항에 따라 납으로 봉인된 안전밸브를 해체하거나 조정할 수 없도록 조치하여야 한다.

제262조(파열판의 설치)

사업주는 제261조제1항 각 호의 설비가 다음 각 호의 어느 하나에 해당하는 경우에는 파열판을 설치하여야 한다.

1. 반응 폭주 등 급격한 압력 상승 우려가 있는 경우
2. 급성 독성물질의 누출로 인하여 주위의 작업환경을 오염시킬 우려가 있는 경우
3. 운전 중 안전밸브에 이상 물질이 누적되어 안전밸브가 작동되지 아니할 우려가 있는 경우

제263조(파열판 및 안전밸브의 직렬설치)

사업주는 급성 독성물질이 지속적으로 외부에 유출될 수 있는 화학설비 및 그 부속설비에 파열판과 안전밸브를 직렬로 설치하고 그 사이에는 압력지시계 또는 자동경보장치를 설치하여야 한다.

제266조(차단밸브의 설치 금지)

사업주는 안전밸브 등의 전단·후단에 차단밸브를 설치해서는 아니 된다. 다만, 다음 각 호의 어느 하나에 해당하는 경우에는 자물쇠형 또는 이에 준하는 형식의 차단밸브를 설치할 수 있다.

1. 인접한 화학설비 및 그 부속설비에 안전밸브 등이 각각 설치되어 있고, 해당 화학설비 및 그 부속설비의 연결배관에 차단밸브가 없는 경우
2. 안전밸브 등의 배출용량의 2분의 1 이상에 해당하는 용량의 자동압력조절밸브(구동용 동력원의 공급을 차단하는 경우 열리는 구조인 것으로 한정한다)와 안전밸브 등이 병렬로 연결된 경우
3. 화학설비 및 그 부속설비에 안전밸브 등이 복수방식으로 설치되어 있는 경우
4. 예비용 설비를 설치하고 각각의 설비에 안전밸브 등이 설치되어 있는 경우

5. 열팽창에 의하여 상승된 압력을 낮추기 위한 목적으로 안전밸브가 설치된 경우
6. 하나의 플레어 스택(flare stack)에 둘 이상의 단위공정의 플레어 헤더(flare header)를 연결하여 사용하는 경우로써 각각의 단위공정의 플레어헤더에 설치된 차단밸브의 열림·닫힘 상태를 중앙제어실에서 알 수 있도록 조치한 경우

제267조(배출물질의 처리)

사업주는 안전밸브 등으로부터 배출되는 위험물은 연소·흡수·세정(洗淨)·포집(捕集) 또는 회수 등의 방법으로 처리하여야 한다. 다만, 다음 각 호의 어느 하나에 해당하는 경우에는 배출되는 위험물을 안전한 장소로 유도하여 외부로 직접 배출할 수 있다.

1. 배출물질을 연소·흡수·세정·포집 또는 회수 등의 방법으로 처리할 때 파열판의 기능을 저해할 우려가 있는 경우
2. 배출물질을 연소 처리할 때 유해성 가스를 발생시킬 우려가 있는 경우
3. 고압 상태의 위험물이 대량으로 배출되어 연소·흡수·세정·포집 또는 회수 등의 방법으로 완전히 처리할 수 없는 경우
4. 공정설비가 있는 지역과 떨어진 인화성 가스 또는 인화성 액체 저장탱크에 안전밸브 등이 설치될 때 저장탱크에 냉각설비 또는 자동소화설비 등 안전상의 조치를 하였을 경우
5. 그 밖에 배출량이 적거나 배출 시 급격히 분산되어 재해의 우려가 없으며, 냉각설비 또는 자동소화설비를 설치하는 등 안전상의 조치를 하였을 경우

제268조(통기설비)

① 사업주는 인화성 액체를 저장·취급하는 대기압 탱크에는 통기관 또는 통기밸브(breather valve) 등(이하 "통기설비"라 한다)을 설치하여야 한다.
② 제1항에 따른 통기설비는 정상운전 시에 대기압 탱크 내부가 진공 또는 가압되지 않도록 충분한 용량의 것을 사용하여야 하며, 철저하게 유지·보수를 하여야 한다.

제269조(화염방지기의 설치 등)

① 사업주는 인화성 액체 및 인화성 가스를 저장 취급하는 화학설비에서 증기나 가스를 대기로 방출하는 경우에는 외부로부터의 화염을 방지하기 위하여 화염방지기를 그 설비 상단에 설치하여야 한다. 다만, 대기로 연결된 통기관에 통기밸브가 설치되어 있거나, 인화점이 섭씨 38도 이상 60도 이하인 인화성 액체를 저장·취급할 때 화염방지 기능을

가지는 인화방지망을 설치한 경우에는 그러하지 아니하다.

② 사업주는 제1항의 화염방지기를 설치하는 경우에는 「산업표준화법」에 따른 한국산업표준에서 정하는 화염방지장치 기준에 적합한 것을 설치하여야 하며, 항상 철저하게 보수·유지하여야 한다.

제270조(내화기준)

① 사업주는 제230조제1항에 따른 가스폭발 위험장소 또는 분진폭발 위험장소에 설치되는 건축물 등에 대해서는 다음 각 호에 해당하는 부분을 내화구조로 하여야 하며, 그 성능이 항상 유지될 수 있도록 점검·보수 등 적절한 조치를 하여야 한다. 다만, 건축물 등의 주변에 화재에 대비하여 물 분무시설 또는 폼 헤드(foam head)설비 등의 자동소화설비를 설치하여 건축물 등이 화재 시에 2시간 이상 그 안전성을 유지할 수 있도록 한 경우에는 내화구조로 하지 아니할 수 있다.

1. 건축물의 기둥 및 보 : 지상 1층(지상 1층의 높이가 6미터를 초과하는 경우에는 6미터)까지
2. 위험물 저장·취급용기의 지지대(높이가 30센티미터 이하인 것은 제외한다) : 지상으로부터 지지대의 끝부분까지
3. 배관·전선관 등의 지지대 : 지상으로부터 1단(1단의 높이가 6미터를 초과하는 경우에는 6미터)까지

② 내화재료는 「산업표준화법」에 따른 한국산업표준으로 정하는 기준에 적합하거나 그 이상의 성능을 가지는 것이어야 한다.

제271조(안전거리)

사업주는 별표 1 제1호부터 제5호까지의 위험물을 저장·취급하는 화학설비 및 그 부속설비를 설치하는 경우에는 폭발이나 화재에 따른 피해를 줄일 수 있도록 별표 8에 따라 설비 및 시설 간에 충분한 안전거리를 유지하여야 한다. 다만, 다른 법령에 따라 안전거리 또는 보유공지를 유지하거나, 법 제44조에 따른 공정안전보고서를 제출하여 피해 최소화를 위한 위험성 평가를 통하여 그 안전성을 확인받은 경우에는 그러하지 아니하다.

제272조(방유제 설치)

사업주는 별표 1 제4호부터 제7호까지의 위험물을 액체상태로 저장하는 저장탱크를 설치하

는 경우에는 위험물질이 누출되어 확산되는 것을 방지하기 위하여 방유제(防油堤)를 설치하여야 한다.

제277조(사용 전의 점검 등)

① 사업주는 다음 각 호의 어느 하나에 해당하는 경우에는 화학설비 및 그 부속설비의 안전검사 내용을 점검한 후 해당 설비를 사용하여야 한다.

1. 처음으로 사용하는 경우
2. 분해하거나 개조 또는 수리를 한 경우
3. 계속하여 1개월 이상 사용하지 아니한 후 다시 사용하는 경우

② 사업주는 제1항의 경우 외에 해당 화학설비 또는 그 부속설비의 용도를 변경하는 경우(사용하는 원재료의 종류를 변경하는 경우를 포함한다)에도 해당 설비의 다음 각 호의 사항을 점검한 후 사용하여야 한다.

1. 그 설비 내부에 폭발이나 화재의 우려가 있는 물질이 있는지 여부
2. 안전밸브·긴급차단장치 및 그 밖의 방호장치 기능의 이상 유무
3. 냉각장치·가열장치·교반장치·압축장치·계측장치 및 제어장치 기능의 이상 유무

2.5 전기설비 현장 안전진단

전기설비 현장 안전진단은 전기분전반 충전부의 방호, 기계장치 및 스위치 박스 접지, 비상전원, 임시사용 이동전선 관리, 방폭형 전기기계·기구 설치 및 관리, 변전실 및 MCC room 양압관리, 정전기 방지, 피뢰설비 등에 대한 안전기준을 확인하기 위하여 시행하며 아래의 checklist를 활용하여 현장관리 상태를 점검한다.

전기설비 현장안전진단 checklist (적 : 적합 / 부 : 부적합)

번호	대상설비	분전반 충전부		접지		비상 전원		이동 전선		방폭 설비		전기실 양압		정전기 방지		피뢰 설비	
		적	부	적	부	적	부	적	부	적	부	적	부	적	부	적	부
1																	
2																	
3																	
4																	

2.5.1 전기기계·기구 등으로 인한 위험 방지

제301조(전기기계·기구 등의 충전부 방호)

① 사업주는 근로자가 작업이나 통행 등으로 인하여 전기기계·기구(전동기·변압기·접속기·개폐기·분전반(分電盤)·배전반(配電盤) 등 전기를 통하는 기계·기구, 그 밖의 설비 중 배선 및 이동전선 외의 것을 말한다. 이하 같다) 또는 전로 등의 충전 부분(전열기의 발열체 부분, 저항접속기의 전극 부분 등 전기기계·기구의 사용 목적에 따라 노출이 불가피한 충전 부분은 제외한다. 이하 같다)에 접촉(충전 부분과 연결된 도전체와의 접촉을 포함한다. 이하 이 장에서 같다)하거나 접근함으로써 감전 위험이 있는 충전 부분에 대하여 감전을 방지하기 위하여 다음 각 호의 방법 중 하나 이상의 방법으로 방호하여야 한다.

1. 충전부가 노출되지 않도록 폐쇄형 외함(外函)이 있는 구조로 할 것
2. 충전부에 충분한 절연효과가 있는 방호망이나 절연덮개를 설치할 것
3. 충전부는 내구성이 있는 절연물로 완전히 덮어 감쌀 것
4. 발전소·변전소 및 개폐소 등 구획되어 있는 장소로서 관계 근로자가 아닌 사람의 출입이 금지되는 장소에 충전부를 설치하고, 위험표시 등의 방법으로 방호를 강화할 것
5. 전주 위 및 철탑 위 등 격리되어 있는 장소로서 관계 근로자가 아닌 사람이 접근할 우려가 없는 장소에 충전부를 설치할 것

② 사업주는 근로자가 노출 충전부가 있는 맨홀 또는 지하실 등의 밀폐공간에서 작업하는 경우에는 노출 충전부와의 접촉으로 인한 전기위험을 방지하기 위하여 덮개, 울타리 또는 절연 칸막이 등을 설치하여야 한다.

③ 사업주는 근로자의 감전위험을 방지하기 위하여 개폐되는 문, 경첩이 있는 패널 등(분전

반 또는 제어반 문)을 견고하게 고정시켜야 한다.

제302조(전기기계·기구의 접지)

① 사업주는 누전에 의한 감전의 위험을 방지하기 위하여 다음 각 호의 부분에 대하여 접지를 해야 한다.

1. 전기기계·기구의 금속제 외함, 금속제 외피 및 철대
2. 고정 설치되거나 고정배선에 접속된 전기기계·기구의 노출된 비충전 금속체 중 충전될 우려가 있는 다음 각 목의 어느 하나에 해당하는 비충전 금속체
   가. 지면이나 접지된 금속체로부터 수직거리 2.4미터, 수평거리 1.5미터 이내인 것
   나. 물기 또는 습기가 있는 장소에 설치되어 있는 것
   다. 금속으로 되어 있는 기기접지용 전선의 피복·외장 또는 배선관 등
   라. 사용전압이 대지 전압 150볼트를 넘는 것
3. 전기를 사용하지 아니하는 설비 중 다음 각 목의 어느 하나에 해당하는 금속체
   가. 전동식 양중기의 프레임과 궤도
   나. 전선이 붙어 있는 비전동식 양중기의 프레임
   다. 고압(1.5천 볼트 초과 7천 볼트 이하의 직류전압 또는 1천 볼트 초과 7천 볼트 이하의 교류전압을 말한다. 이하 같다) 이상의 전기를 사용하는 전기기계·기구 주변의 금속제 칸막이·망 및 이와 유사한 장치
4. 코드와 플러그를 접속하여 사용하는 전기기계·기구 중 다음 각 목의 어느 하나에 해당하는 노출된 비충전 금속체
   가. 사용전압이 대지 전압 150볼트를 넘는 것
   나. 냉장고·세탁기·컴퓨터 및 주변기기 등과 같은 고정형 전기기계·기구
   다. 고정형·이동형 또는 휴대형 전동기계·기구
   라. 물 또는 도전성(導電性)이 높은 곳에서 사용하는 전기기계·기구, 비접지형 콘센트
   마. 휴대형 손전등
5. 수중펌프를 금속제 물탱크 등의 내부에 설치하여 사용하는 경우 그 탱크(이 경우 탱크를 수중펌프의 접지선과 접속하여야 한다)

② 사업주는 다음 각 호의 어느 하나에 해당하는 경우에는 제1항을 적용하지 않을 수 있다.

1. 「전기용품 및 생활용품 안전관리법」이 적용되는 이중절연 또는 이와 같은 수준 이상으로 보호되는 구조로 된 전기기계·기구

2. 절연대 위 등과 같이 감전 위험이 없는 장소에서 사용하는 전기기계·기구
3. 비접지방식의 전로(그 전기기계·기구의 전원 측의 전로에 설치한 절연변압기의 2차 전압이 300볼트 이하, 정격용량이 3킬로 볼트 암페어 이하이고 그 절연전압기의 부하 측의 전로가 접지되어 있지 아니한 것으로 한정한다)에 접속하여 사용되는 전기기계·기구

③ 사업주는 특별고압(7천 볼트를 초과하는 직교류전압을 말한다. 이하 같다)의 전기를 취급하는 변전소·개폐소, 그 밖에 이와 유사한 장소에서 지락(地絡) 사고가 발생하는 경우에는 접지극의 전위상승에 의한 감전위험을 줄이기 위한 조치를 하여야 한다.

④ 사업주는 제1항에 따라 설치된 접지설비에 대하여 항상 적정상태가 유지되는지를 점검하고 이상이 발견되면 즉시 보수하거나 재설치하여야 한다.

제304조(누전차단기에 의한 감전 방지)

① 사업주는 다음 각 호의 전기기계·기구에 대하여 누전에 의한 감전 위험을 방지하기 위하여 해당 전로의 정격에 적합하고 감도(전류 등에 반응하는 정도)가 양호하며 확실하게 작동하는 감전방지용 누전차단기를 설치해야 한다.
1. 대지 전압이 150볼트를 초과하는 이동형 또는 휴대형 전기기계·기구
2. 물 등 도전성이 높은 액체가 있는 습윤장소에서 사용하는 저압(1,500 볼트 이하 직류전압이나 1천 볼트 이하의 교류전압을 말한다)용 전기기계·기구
3. 철판·철골 위 등 도전성이 높은 장소에서 사용하는 이동형 또는 휴대형 전기기계·기구
4. 임시배선의 전로가 설치되는 장소에서 사용하는 이동형 또는 휴대형 전기기계·기구

② 사업주는 제1항에 따라 감전방지용 누전차단기를 설치하기 어려운 경우에는 작업시작 전에 접지선의 연결 및 접속부 상태 등이 적합한지 확실하게 점검하여야 한다.

③ 다음 각 호의 어느 하나에 해당하는 경우에는 제1항과 제2항을 적용하지 않는다.
1. 「전기용품 및 생활용품 안전관리법」이 적용되는 이중절연 또는 이와 같은 수준 이상으로 보호되는 구조로 된 전기기계·기구
2. 절연대 위 등과 같이 감전 위험이 없는 장소에서 사용하는 전기기계·기구
3. 비접지방식의 전로

④ 사업주는 제1항에 따라 전기기계·기구를 사용하기 전에 해당 누전차단기의 작동상태를 점검하고 이상이 발견되면 즉시 보수하거나 교환하여야 한다.

⑤ 사업주는 제1항에 따라 설치한 누전차단기를 접속하는 경우에 다음 각 호의 사항을 준수하여야 한다.

1. 전기기계·기구에 설치되어 있는 누전차단기는 정격감도전류가 30밀리암페어 이하이고 작동시간은 0.03초 이내일 것. 다만, 정격전부하전류가 50암페어 이상인 전기기계·기구에 접속되는 누전차단기는 오작동을 방지하기 위하여 정격감도전류는 200밀리암페어 이하로, 작동시간은 0.1초 이내로 할 수 있다.
2. 분기회로 또는 전기기계·기구마다 누전차단기를 접속할 것. 다만, 평상시 누설전류가 매우 적은 소용량 부하의 전로에는 분기회로에 일괄하여 접속할 수 있다.
3. 누전차단기는 배전반 또는 분전반 내에 접속하거나 꽂음접속기형 누전차단기를 콘센트에 접속하는 등 파손이나 감전사고를 방지할 수 있는 장소에 접속할 것
4. 지락보호전용 기능만 있는 누전차단기는 과전류를 차단하는 퓨즈나 차단기 등과 조합하여 접속할 것

제308조(비상전원)

① 사업주는 정전에 의한 기계·설비의 갑작스러운 정지로 인하여 화재·폭발 등 재해가 발생할 우려가 있는 경우에는 해당 기계·설비에 비상발전기, 비상전원용 수전(受電)설비, 축전지 설비, 전기저장장치 등 비상전원을 접속하여 정전 시 비상전력이 공급되도록 하여야 한다.

② 비상전원의 용량은 연결된 부하를 각각의 필요에 따라 충분히 가동할 수 있어야 한다.

제309조(임시로 사용하는 전등 등의 위험 방지)

① 사업주는 이동 전선에 접속하여 임시로 사용하는 전등이나 가설의 배선 또는 이동 전선에 접속하는 가공매달기식 전등 등을 접촉함으로 인한 감전 및 전구의 파손에 의한 위험을 방지하기 위하여 보호망을 부착하여야 한다.

② 제1항의 보호망을 설치하는 경우에는 다음 각 호의 사항을 준수하여야 한다.

1. 전구의 노출된 금속 부분에 근로자가 쉽게 접촉되지 아니하는 구조로 할 것
2. 재료는 쉽게 파손되거나 변형되지 아니하는 것으로 할 것

제310조(전기기계·기구의 조작 시 등의 안전조치)

① 사업주는 전기기계·기구의 조작 부분을 점검하거나 보수하는 경우에는 근로자가 안전하

게 작업할 수 있도록 전기기계·기구로부터 폭 70센티미터 이상의 작업공간을 확보하여야 한다. 다만, 작업공간을 확보하는 것이 곤란하여 근로자에게 절연용 보호구를 착용하도록 한 경우에는 그러하지 아니하다.

② 사업주는 전기적 불꽃 또는 아크에 의한 화상의 우려가 있는 고압 이상의 충전전로 작업에 근로자를 종사시키는 경우에는 방염처리된 작업복 또는 난연(難燃)성능을 가진 작업복을 착용시켜야 한다.

제311조(폭발위험장소에서 사용하는 전기기계·기구의 선정 등)

① 사업주는 제230조제1항에 따른 가스폭발 위험장소 또는 분진폭발 위험장소에서 전기기계·기구를 사용하는 경우에는 「산업표준화법」에 따른 한국산업표준에서 정하는 기준으로 그 증기, 가스 또는 분진에 대하여 적합한 방폭성능을 가진 방폭구조 전기기계·기구를 선정하여 사용하여야 한다.

② 사업주는 제1항의 방폭구조 전기기계·기구에 대하여 그 성능이 항상 정상적으로 작동될 수 있는 상태로 유지·관리되도록 하여야 한다.

제312조(변전실 등의 위치)

사업주는 제230조제1항에 따른 가스폭발 위험장소 또는 분진폭발 위험장소에는 변전실, 배전반실, 제어실, 그 밖에 이와 유사한 시설(이하 이 조에서 "변전실 등"이라 한다)을 설치해서는 아니 된다. 다만, 변전실 등의 실내기압이 항상 양압(25파스칼 이상의 압력을 말한다. 이하 같다)을 유지하도록 하고 다음 각 호의 조치를 하거나, 가스폭발 위험장소 또는 분진폭발 위험장소에 적합한 방폭성능을 갖는 전기기계·기구를 변전실 등에 설치, 사용한 경우에는 그러하지 아니하다.

1. 양압을 유지하기 위한 환기설비의 고장 등으로 양압이 유지되지 아니한 경우 경보를 할 수 있는 조치
2. 환기설비가 정지된 후 재가동하는 경우 변전실 등에 가스 등이 있는지를 확인할 수 있는 가스검지기 등 장비의 비치
3. 환기설비에 의하여 변전실 등에 공급되는 공기는 제230조제1항에 따른 가스폭발 위험장소 또는 분진폭발 위험장소가 아닌 곳으로부터 공급되도록 하는 조치

2.5.2 배선 및 이동 전선으로 인한 위험 방지

제315조(통로바닥에서의 전선 등 사용 금지)

사업주는 통로바닥에 전선 또는 이동 전선 등을 설치하여 사용해서는 아니 된다. 다만, 차량이나 그 밖의 물체의 통과 등으로 인하여 해당 전선의 절연피복이 손상될 우려가 없거나 손상되지 않도록 적절한 조치를 하여 사용하는 경우에는 그러하지 아니하다.

제317조(이동 및 휴대장비 등의 사용 전기 작업)

① 사업주는 이동 중에나 휴대장비 등을 사용하는 작업에서 다음 각 호의 조치를 하여야 한다.

1. 근로자가 착용하거나 취급하고 있는 도전성 공구·장비 등이 노출 충전부에 닿지 않도록 할 것
2. 근로자가 사다리를 노출 충전부가 있는 곳에서 사용하는 경우에는 도전성 재질의 사다리를 사용하지 않도록 할 것
3. 근로자가 젖은 손으로 전기기계·기구의 플러그를 꽂거나 제거하지 않도록 할 것
4. 근로자가 전기회로를 개방, 변환 또는 투입하는 경우에는 전기 차단용으로 특별히 설계된 스위치, 차단기 등을 사용하도록 할 것
5. 차단기 등의 과전류 차단장치에 의하여 자동 차단된 후에는 전기회로 또는 전기기계·기구가 안전하다는 것이 증명되기 전까지는 과전류 차단장치를 재투입하지 않도록 할 것

② 제1항에 따라 사업주가 작업지시를 하면 근로자는 이행하여야 한다.

2.5.3 정전기 및 전자파로 인한 재해예방

제325조(정전기로 인한 화재 폭발 등 방지)

① 사업주는 다음 각 호의 설비를 사용할 때에 정전기에 의한 화재 또는 폭발 등의 위험이 발생할 우려가 있는 경우에는 해당 설비에 대하여 확실한 방법으로 접지를 하거나, 도전성 재료를 사용하거나 가습 및 점화원이 될 우려가 없는 제전(除電)장치를 사용하는 등 정전기의 발생을 억제하거나 제거하기 위하여 필요한 조치를 하여야 한다.

1. 위험물을 탱크로리·탱크차 및 드럼 등에 주입하는 설비
2. 탱크로리·탱크차 및 드럼 등 위험물저장설비

3. 인화성 액체를 함유하는 도료 및 접착제 등을 제조·저장·취급 또는 도포(塗布)하는 설비
4. 위험물 건조설비 또는 그 부속설비
5. 인화성 고체를 저장하거나 취급하는 설비
6. 드라이클리닝설비, 염색가공설비 또는 모피류 등을 씻는 설비 등 인화성 유기용제를 사용하는 설비
7. 유압, 압축공기 또는 고전위정전기 등을 이용하여 인화성 액체나 인화성 고체를 분무하거나 이송하는 설비
8. 고압가스를 이송하거나 저장·취급하는 설비
9. 화약류 제조설비
10. 발파공에 장전된 화약류를 점화시키는 경우에 사용하는 발파기(발파공을 막는 재료로 물을 사용하거나 갱도발파를 하는 경우는 제외한다)

② 사업주는 인체에 대전된 정전기에 의한 화재 또는 폭발 위험이 있는 경우에는 정전기 대전방지용 안전화 착용, 제전복(除電服) 착용, 정전기 제전용구 사용 등의 조치를 하거나 작업장 바닥 등에 도전성을 갖추도록 하는 등 필요한 조치를 하여야 한다.

③ 생산공정상 정전기에 의한 감전 위험이 발생할 우려가 있는 경우의 조치에 관하여는 제1항과 제2항을 준용한다.

제326조(피뢰설비의 설치)

① 사업주는 화약류 또는 위험물을 저장하거나 취급하는 시설물에 낙뢰에 의한 산업재해를 예방하기 위하여 피뢰설비를 설치하여야 한다.

② 사업주는 제1항에 따라 피뢰설비를 설치하는 경우에는 「산업표준화법」에 따른 한국산업표준에 적합한 피뢰설비를 사용하여야 한다.

2.6 유해위험물질 보건 진단

유해위험물질 현장보건진단은 관리대상 유해물질의 국소배기장치 후드의 제어풍속, 1일 100리터 이상 취급 시 경보설비 설치 여부, 탱크 내 작업관리, 작업중지 대상, 특별관리물질

취급기준, 세척세안설비 위치, 보호구, 소음, 진동, 분진, 밀폐공간 출입 작업, 근골격계 부담작업, 중량물 취급작업 등에 대한 안전기준을 확인하기 위하여 시행하며 아래의 checklist를 활용하여 현장관리 상태를 점검한다.

유해위험물질 보건 진단 checklist (적 : 적합 / 부 : 부적합)

번호	대상설비	제어풍속(m/s) 가스□ / 입자□				경보설비		특별관리물질취급		세척세안		보호구			기타				
		포위	측방	하방	상방	적	부	적	부	적	부	송기	방독	안경	소음	진동	분진	밀폐	근골
1																			
2																			
3																			
4																			

제420조(정의)

이 장에서 사용하는 용어의 뜻은 다음과 같다.

1. "관리대상 유해물질"이란 근로자에게 상당한 건강장해를 일으킬 우려가 있어 법 제39조에 따라 건강장해를 예방하기 위한 보건상의 조치가 필요한 원재료·가스·증기·분진·흄, 미스트로서 별표 12에서 정한 유기화합물, 금속류, 산·알칼리류, 가스상태 물질류를 말한다.
2. "유기화합물"이란 상온·상압(常壓)에서 휘발성이 있는 액체로서 다른 물질을 녹이는 성질이 있는 유기용제(有機溶劑)를 포함한 탄화수소계화합물 중 별표 12 제1호에 따른 물질을 말한다.
3. "금속류"란 고체가 되었을 때 금속광택이 나고 전기·열을 잘 전달하며, 전성(展性)과 연성(延性)을 가진 물질 중 별표 12 제2호에 따른 물질을 말한다.
4. "산·알칼리류"란 수용액(水溶液) 중에서 해리(解離)하여 수소이온을 생성하고 염기와 중화하여 염을 만드는 물질과 산을 중화하는 수산화화합물로써 물에 녹는 물질 중 별표 12 제3호에 따른 물질을 말한다.
5. "가스상태 물질류"란 상온·상압에서 사용하거나 발생하는 가스 상태의 물질로서 별표 12 제4호에 따른 물질을 말한다.
6. "특별관리물질"이란 「산업안전보건법 시행규칙」 별표 18 제1호 나목에 따른 발암성 물질, 생식세포 변이원성 물질, 생식독성(生殖毒性) 물질 등 근로자에게 중대한 건강장해

를 일으킬 우려가 있는 물질로서 별표 12에서 특별관리물질로 표기된 물질을 말한다.

7. "유기화합물 취급 특별장소"란 유기화합물을 취급하는 다음 각 목의 어느 하나에 해당하는 장소를 말한다.
   가. 선박의 내부
   나. 차량의 내부
   다. 탱크의 내부(반응기 등 화학설비 포함)
   라. 터널이나 갱의 내부
   마. 맨홀의 내부
   바. 피트의 내부
   사. 통풍이 충분하지 않은 수로의 내부
   아. 덕트의 내부
   자. 수관(水管)의 내부
   차. 그 밖에 통풍이 충분하지 않은 장소
8. "임시작업"이란 일시적으로 하는 작업 중 월 24시간 미만인 작업을 말한다. 다만, 월 10시간 이상 24시간 미만인 작업이 매월 행하여지는 작업은 제외한다.
9. "단시간작업"이란 관리대상 유해물질을 취급하는 시간이 1일 1시간 미만인 작업을 말한다. 다만, 1일 1시간 미만인 작업이 매일 수행되는 경우는 제외한다.

제422조(관리대상 유해물질과 관계되는 설비)

사업주는 근로자가 실내작업장에서 관리대상 유해물질을 취급하는 업무에 종사하는 경우에 그 작업장에 관리대상 유해물질의 가스·증기 또는 분진의 발산원을 밀폐하는 설비 또는 국소배기장치를 설치하여야 한다. 다만, 분말 상태의 관리대상 유해물질을 습기가 있는 상태에서 취급하는 경우에는 그러하지 아니하다.

제429조(국소배기장치의 성능)

사업주는 국소배기장치를 설치하는 경우에 별표 13(아래 표)에 따른 제어풍속을 낼 수 있는 성능을 갖춘 것을 설치하여야 한다.

물질의 상태	후드 형식	제어풍속(m/sec)
가스 상태	포위식 포위형 외부식 측방흡인형 외부식 하방흡인형 외부식 상방흡인형	0.4 0.5 0.5 1.0
입자 상태	포위식 포위형 외부식 측방흡인형 외부식 하방흡인형 외부식 상방흡인형	0.7 1.0 1.0 1.2

비고

1. "가스 상태"란 관리대상 유해물질이 후드로 빨아 들여질 때의 상태가 가스 또는 증기인 경우를 말한다.
2. "입자 상태"란 관리대상 유해물질이 후드로 빨아 들여질 때의 상태가 흄, 분진 또는 미스트인 경우를 말한다.
3. "제어풍속"이란 국소배기장치의 모든 후드를 개방한 경우의 제어풍속으로서 다음 각 목에 따른 위치에서의 풍속을 말한다.
   가. 포위식 후드에서는 후드 개구면에서의 풍속
   나. 외부식 후드에서는 해당 후드에 의하여 관리대상 유해물질을 빨아들이려는 범위 내에서 해당 후드 개구면으로부터 가장 먼 거리의 작업 위치에서의 풍속

제430조(전체환기장치의 성능 등)

① 사업주는 단일 성분의 유기화합물이 발생하는 작업장에 전체환기장치를 설치하려는 경우에 계산식에 따라 계산한 환기량(이하 이 조에서 "필요환기량"이라 한다) 이상으로 설치하여야 한다.

② 제1항에도 불구하고 유기화합물의 발생이 혼합물질인 경우에는 각각의 환기량을 모두 합한 값을 필요환기량으로 적용한다. 다만, 상가작용(相加作用)이 없을 경우에는 필요환기량이 가장 큰 물질의 값을 적용한다.

③ 사업주는 전체환기장치를 설치하려는 경우에 전체환기장치의 배풍기(덕트를 사용하는 전체환기장치의 경우에는 해당 덕트의 개구부를 말한다)를 관리대상 유해물질의 발산원에 가장 가까운 위치에 설치하여야 한다.

제431조(작업장의 바닥)

사업주는 관리대상 유해물질을 취급하는 실내작업장의 바닥에 불침투성의 재료를 사용하고 청소하기 쉬운 구조로 하여야 한다.

제432조(부식의 방지조치)

사업주는 관리대상 유해물질의 접촉설비를 녹슬지 않는 재료로 만드는 등 부식을 방지하기 위하여 필요한 조치를 하여야 한다.

제433조(누출의 방지조치)

사업주는 관리대상 유해물질 취급설비의 뚜껑·플랜지(flange)·밸브 및 콕(cock) 등의 접합부에 대하여 관리대상 유해물질이 새지 않도록 개스킷(gasket)을 사용하는 등 누출을 방지하기 위하여 필요한 조치를 하여야 한다.

2.5.2 경보설비의 설치

제434조(경보설비 등)

① 사업주는 관리대상 유해물질 중 금속류, 산·알칼리류, 가스상태 물질류를 1일 평균 합계 100리터(기체인 경우에는 해당 기체의 용적 1세제곱미터를 2리터로 환산한다) 이상 취급하는 사업장에서 해당 물질이 샐 우려가 있는 경우에 경보설비를 설치하거나 경보용 기구를 갖추어 두어야 한다.

② 사업주는 제1항에 따른 사업장에 관리대상 유해물질 등이 새는 경우에 대비하여 그 물질을 제거하기 위한 약제·기구 또는 설비를 갖추거나 설치하여야 한다.

2.5.3 긴급 차단장치

제435조(긴급 차단장치의 설치 등)

① 사업주는 관리대상 유해물질 취급설비 중 발열반응 등 이상화학반응에 의하여 관리대상 유해물질이 샐 우려가 있는 설비에 대하여 원재료의 공급을 막거나 불활성가스와 냉각용수 등을 공급하기 위한 장치를 설치하는 등 필요한 조치를 하여야 한다.

② 사업주는 제1항에 따른 장치에 설치한 밸브나 콕을 정상적인 기능을 발휘할 수 있는 상태로 유지하여야 하며, 관계 근로자가 이를 안전하고 정확하게 조작할 수 있도록 색깔로 구분하는 등 필요한 조치를 하여야 한다.

③ 사업주는 관리대상 유해물질을 내보내기 위한 장치는 밀폐식 구조로 하거나 내보내지는 관리대상 유해물질을 안전하게 처리할 수 있는 구조로 하여야 한다.

2.5.4 탱크 내 작업

제437조(탱크 내 작업)

① 사업주는 근로자가 관리대상 유해물질이 들어 있던 탱크 등을 개조·수리 또는 청소를 하거나 해당 설비나 탱크 등의 내부에 들어가서 작업하는 경우에 다음 각 호의 조치를 하여야 한다.

1. 관리대상 유해물질에 관하여 필요한 지식을 가진 사람이 해당 작업을 지휘하도록 할 것
2. 관리대상 유해물질이 들어올 우려가 없는 경우에는 작업을 하는 설비의 개구부를 모두 개방할 것
3. 근로자의 신체가 관리대상 유해물질에 의하여 오염된 경우나 작업이 끝난 경우에는 즉시 몸을 씻게 할 것
4. 비상시에 작업설비 내부의 근로자를 즉시 대피시키거나 구조하기 위한 기구와 그 밖의 설비를 갖추어 둘 것
5. 작업을 하는 설비의 내부에 대하여 작업 전에 관리대상 유해물질의 농도를 측정하거나 그 밖의 방법에 따라 근로자가 건강에 장해를 입을 우려가 있는지를 확인할 것
6. 제5호에 따른 설비 내부에 관리대상 유해물질이 있는 경우에는 설비 내부를 환기장치로 충분히 환기시킬 것
7. 유기화합물을 넣었던 탱크에 대하여 제1호부터 제6호까지의 규정에 따른 조치 외에 작업 시작 전에 다음 각 목의 조치를 할 것
   가. 유기화합물이 탱크로부터 배출된 후 탱크 내부에 재유입되지 않도록 할 것
   나. 물이나 수증기 등으로 탱크 내부를 씻은 후 그 씻은 물이나 수증기 등을 탱크로부터 배출시킬 것
   다. 탱크 용적의 3배 이상의 공기를 채웠다가 내보내거나 탱크에 물을 가득 채웠다가 배출시킬 것

② 사업주는 제1항제7호에 따른 조치를 확인할 수 없는 설비에 대하여 근로자가 그 설비의 내부에 머리를 넣고 작업하지 않도록 하고 작업하는 근로자에게 주의하도록 미리 알려야 한다.

2.5.5 대피

제438조(사고 시의 대피 등)

① 사업주는 관리대상 유해물질을 취급하는 근로자에게 다음 각 호의 어느 하나에 해당하는

상황이 발생하여 관리대상 유해물질에 의한 중독이 발생할 우려가 있을 경우에 즉시 작업을 중지하고 근로자를 그 장소에서 대피시켜야 한다.

1. 해당 관리대상 유해물질을 취급하는 장소의 환기를 위하여 설치한 환기장치의 고장으로 그 기능이 저하되거나 상실된 경우
2. 해당 관리대상 유해물질을 취급하는 장소의 내부가 관리대상 유해물질에 의하여 오염되거나 관리대상 유해물질이 새는 경우

② 사업주는 제1항 각 호에 따른 상황이 발생하여 작업을 중지한 경우에 관리대상 유해물질에 의하여 오염되거나 새어 나온 것이 제거될 때까지 관계자가 아닌 사람의 출입을 금지하고, 그 내용을 보기 쉬운 장소에 게시하여야 한다. 다만, 안전한 방법에 따라 인명구조 또는 유해방지에 관한 작업을 하도록 하는 경우에는 그러하지 아니하다.

③ 근로자는 제2항에 따라 출입이 금지된 장소에 사업주의 허락 없이 출입해서는 아니 된다.

2.5.6 특별관리물질

제439조(특별관리물질 취급 시 적어야 하는 사항)

법 제164조제1항제3호에서 "안전조치 및 보건조치에 관한 사항으로서 고용노동부령으로 정하는 사항"이란 근로자가 별표 12에 따른 특별관리물질을 취급하는 경우에는 다음 각 호의 사항을 말한다.

1. 근로자의 이름
2. 특별관리물질의 명칭
3. 취급량
4. 작업내용
5. 작업 시 착용한 보호구
6. 누출, 오염, 흡입 등의 사고가 발생한 경우 피해 내용 및 조치 사항

제440조(특별관리물질의 고지)

사업주는 근로자가 별표 12에 따른 특별관리물질을 취급하는 경우에는 그 물질이 특별관리물질이라는 사실과 「산업안전보건법 시행규칙」 별표 18 제1호 나목에 따른 발암성 물질, 생식세포 변이원성 물질 또는 생식독성 물질 등 중 어느 것에 해당하는지에 관한 내용을 게시판 등을 통하여 근로자에게 알려야 한다.

2.5.7 사용 전 점검

제441조(사용 전 점검 등)

① 사업주는 국소배기장치를 설치한 후 처음으로 사용하는 경우 또는 국소배기장치를 분해하여 개조하거나 수리한 후 처음으로 사용하는 경우에는 다음 각 호에서 정하는 사항을 사용 전에 점검하여야 한다.

1. 덕트와 배풍기의 분진 상태
2. 덕트 접속부가 헐거워졌는지 여부
3. 흡기 및 배기 능력
4. 그 밖에 국소배기장치의 성능을 유지하기 위하여 필요한 사항

② 사업주는 제1항에 따른 점검 결과 이상이 발견되었을 때에는 즉시 청소·보수 또는 그 밖에 필요한 조치를 하여야 한다.

③ 제1항에 따른 점검을 한 후 그 기록의 보존에 관하여는 제555조를 준용한다.

2.5.8 작업장 개시

제442조(명칭 등의 게시)

① 사업주는 관리대상 유해물질을 취급하는 작업장의 보기 쉬운 장소에 다음 각 호의 사항을 게시하여야 한다. 다만, 법 제114조제2항에 따른 작업공정별 관리요령을 게시한 경우에는 그러하지 아니하다.

1. 관리대상 유해물질의 명칭
2. 인체에 미치는 영향
3. 취급상 주의사항
4. 착용하여야 할 보호구
5. 응급조치와 긴급 방재 요령

② 제1항 각 호의 사항을 게시하는 경우에는 「산업안전보건법 시행규칙」 별표 18 제1호 나목에 따른 건강 및 환경 유해성 분류기준에 따라 인체에 미치는 영향이 유사한 관리대상 유해물질별로 분류하여 게시할 수 있다.

2.5.9 저장

제443조(관리대상 유해물질의 저장)

① 사업주는 관리대상 유해물질을 운반하거나 저장하는 경우에 그 물질이 새거나 발산될

우려가 없는 뚜껑 또는 마개가 있는 튼튼한 용기를 사용하거나 단단하게 포장을 하여야 하며, 그 저장장소에는 다음 각 호의 조치를 하여야 한다.

1. 관계 근로자가 아닌 사람의 출입을 금지하는 표시를 할 것
2. 관리대상 유해물질의 증기를 실외로 배출시키는 설비를 설치할 것

② 사업주는 관리대상 유해물질을 저장할 경우에 일정한 장소를 지정하여 저장하여야 한다.

제444조(빈 용기 등의 관리)

사업주는 관리대상 유해물질의 운반·저장 등을 위하여 사용한 용기 또는 포장을 밀폐하거나 실외의 일정한 장소를 지정하여 보관하여야 한다.

제447조(흡연 등의 금지)

① 사업주는 관리대상 유해물질을 취급하는 실내작업장에서 근로자가 담배를 피우거나 음식물을 먹지 않도록 하여야 하며, 그 내용을 보기 쉬운 장소에 게시하여야 한다.

② 근로자는 제1항에 따라 흡연 또는 음식물의 섭취가 금지된 장소에서 흡연 또는 음식물 섭취를 해서는 아니 된다.

2.5.10 세척세안설비

제448조(세척시설 등)

① 사업주는 근로자가 관리대상 유해물질을 취급하는 작업을 하는 경우에 세면·목욕·세탁 및 건조를 위한 시설을 설치하고 필요한 용품과 용구를 갖추어 두어야 한다.

② 사업주는 제1항에 따라 시설을 설치할 경우에 오염된 작업복과 평상복을 구분하여 보관할 수 있는 구조로 하여야 한다.

제449조(유해성 등의 주지)

① 사업주는 관리대상 유해물질을 취급하는 작업에 근로자를 종사하도록 하는 경우에 근로자를 작업에 배치하기 전에 다음 각 호의 사항을 근로자에게 알려야 한다.

1. 관리대상 유해물질의 명칭 및 물리적·화학적 특성
2. 인체에 미치는 영향과 증상
3. 취급상의 주의사항

4. 착용하여야 할 보호구와 착용 방법
5. 위급상황 시의 대처 방법과 응급조치 요령
6. 그 밖에 근로자의 건강장해 예방에 관한 사항

② 사업주는 근로자가 별표 12 제1호12)·44)·56)·67)·96)·106)의 물질을 취급하는 경우에 근로자가 작업을 시작하기 전에 해당 물질이 급성 독성을 일으키는 물질임을 근로자에게 알려야 한다.

2.5.11 보호구 등

제450조(호흡용 보호구의 지급 등)

① 사업주는 근로자가 다음 각 호의 어느 하나에 해당하는 업무를 하는 경우에 해당 근로자에게 송기마스크를 지급하여 착용하도록 하여야 한다.

1. 유기화합물을 넣었던 탱크(유기화합물의 증기가 발산할 우려가 없는 탱크는 제외한다) 내부에서의 세척 및 페인트칠 업무
2. 제424조제2항에 따라 유기화합물 취급 특별장소에서 유기화합물을 취급하는 업무

② 사업주는 근로자가 다음 각 호의 어느 하나에 해당하는 업무를 하는 경우에 해당 근로자에게 송기마스크나 방독마스크를 지급하여 착용하도록 하여야 한다.

1. 제423조제1항 및 제2항, 제424조제1항, 제425조, 제426조 및 제428조제1항에 따라 밀폐설비나 국소배기장치가 설치되지 아니한 장소에서의 유기화합물 취급업무
2. 유기화합물 취급 장소에 설치된 환기장치 내의 기류가 확산될 우려가 있는 물체를 다루는 유기화합물 취급업무
3. 유기화합물 취급 장소에서 유기화합물의 증기 발산원을 밀폐하는 설비(청소 등으로 유기화합물이 제거된 설비는 제외한다)를 개방하는 업무

③ 사업주는 제1항과 제2항에 따라 근로자에게 송기마스크를 착용시키려는 경우에 신선한 공기를 공급할 수 있는 성능을 가진 장치가 부착된 송기마스크를 지급하여야 한다.

④ 사업주는 금속류, 산·알칼리류, 가스상태 물질류 등을 취급하는 작업장에서 근로자의 건강장해 예방에 적절한 호흡용 보호구를 근로자에게 지급하여 필요 시 착용하도록 하고, 호흡용 보호구를 공동으로 사용하여 근로자에게 질병이 감염될 우려가 있는 경우에는 개인 전용의 것을 지급하여야 한다.

⑤ 근로자는 제1항, 제2항 및 제4항에 따라 지급된 보호구를 사업주의 지시에 따라 착용하

여야 한다.

제451조(보호복 등의 비치 등)

① 사업주는 근로자가 피부 자극성 또는 부식성 관리대상 유해물질을 취급하는 경우에 불침투성 보호복·보호장갑·보호장화 및 피부보호용 바르는 약품을 갖추어 두고, 이를 사용하도록 하여야 한다.

② 사업주는 근로자가 관리대상 유해물질이 흩날리는 업무를 하는 경우에 보안경을 지급하고 착용하도록 하여야 한다.

③ 사업주는 관리대상 유해물질이 근로자의 피부나 눈에 직접 닿을 우려가 있는 경우에 즉시 물로 씻어낼 수 있도록 세면·목욕 등에 필요한 세척시설을 설치하여야 한다.

④ 근로자는 제1항 및 제2항에 따라 지급된 보호구를 사업주의 지시에 따라 착용하여야 한다.

2.5.12 소음 및 진동

제512조(정의)

이 장에서 사용하는 용어의 뜻은 다음과 같다.

1. "소음작업"이란 1일 8시간 작업을 기준으로 85데시벨 이상의 소음이 발생하는 작업을 말한다.
2. "강렬한 소음작업"이란 다음 각목의 어느 하나에 해당하는 작업을 말한다.
   가. 90데시벨 이상의 소음이 1일 8시간 이상 발생하는 작업
   나. 95데시벨 이상의 소음이 1일 4시간 이상 발생하는 작업
   다. 100데시벨 이상의 소음이 1일 2시간 이상 발생하는 작업
   라. 105데시벨 이상의 소음이 1일 1시간 이상 발생하는 작업
   마. 110데시벨 이상의 소음이 1일 30분 이상 발생하는 작업
   바. 115데시벨 이상의 소음이 1일 15분 이상 발생하는 작업
3. "충격소음작업"이란 소음이 1초 이상의 간격으로 발생하는 작업으로써 다음 각 목의 어느 하나에 해당하는 작업을 말한다.
   가. 120데시벨을 초과하는 소음이 1일 1만 회 이상 발생하는 작업
   나. 130데시벨을 초과하는 소음이 1일 1천 회 이상 발생하는 작업
   다. 140데시벨을 초과하는 소음이 1일 1백 회 이상 발생하는 작업

4. "진동작업"이란 다음 각 목의 어느 하나에 해당하는 기계·기구를 사용하는 작업을 말한다.
   가. 착암기(鑿巖機)
   나. 동력을 이용한 해머
   다. 체인톱
   라. 엔진 커터(engine cutter)
   마. 동력을 이용한 연삭기
   바. 임팩트 렌치(impact wrench)
   사. 그 밖에 진동으로 인하여 건강장해를 유발할 수 있는 기계·기구
5. "청력보존 프로그램"이란 소음노출 평가, 소음노출 기준 초과에 따른 공학적 대책, 청력보호구의 지급과 착용, 소음의 유해성과 예방에 관한 교육, 정기적 청력검사, 기록·관리 사항 등이 포함된 소음성 난청을 예방·관리하기 위한 종합적인 계획을 말한다.

2.5.13 강렬한 소음작업 등의 관리기준

제513조(소음 감소 조치)

사업주는 강렬한 소음작업이나 충격소음작업 장소에 대하여 기계·기구 등의 대체, 시설의 밀폐·흡음(吸音) 또는 격리 등 소음 감소를 위한 조치를 하여야 한다. 다만, 작업의 성질상 기술적·경제적으로 소음 감소를 위한 조치가 현저히 곤란하다는 관계 전문가의 의견이 있는 경우에는 그러하지 아니하다.

제514조(소음수준의 주지 등)

사업주는 근로자가 소음작업, 강렬한 소음작업 또는 충격소음작업에 종사하는 경우에 다음 각 호의 사항을 근로자에게 알려야 한다.

1. 해당 작업장소의 소음수준
2. 인체에 미치는 영향과 증상
3. 보호구의 선정과 착용 방법
4. 그 밖에 소음으로 인한 건강장해 방지에 필요한 사항

제516조(청력보호구의 지급 등)

① 사업주는 근로자가 소음작업, 강렬한 소음작업 또는 충격소음작업에 종사하는 경우에 근

로자에게 청력보호구를 지급하고 착용하도록 하여야 한다.
② 제1항에 따른 청력보호구는 근로자 개인 전용의 것으로 지급하여야 한다.
③ 근로자는 제1항에 따라 지급된 보호구를 사업주의 지시에 따라 착용하여야 한다.

第517조(청력보존 프로그램 시행 등)
사업주는 다음 각 호의 어느 하나에 해당하는 경우에 청력보존 프로그램을 수립하여 시행해야 한다.
1. 법 제125조에 따른 소음의 작업환경 측정 결과 소음수준이 법 제106조에 따른 유해인자 노출기준에서 정하는 소음의 노출기준을 초과하는 사업장
2. 소음으로 인하여 근로자에게 건강장해가 발생한 사업장

2.5.14 진동작업 관리

第518조(진동보호구의 지급 등)
① 사업주는 진동작업에 근로자를 종사하도록 하는 경우에 방진장갑 등 진동보호구를 지급하여 착용하도록 하여야 한다.
② 근로자는 제1항에 따라 지급된 진동보호구를 사업주의 지시에 따라 착용하여야 한다.

第519조(유해성 등의 주지)
사업주는 근로자가 진동작업에 종사하는 경우에 다음 각 호의 사항을 근로자에게 충분히 알려야 한다.
1. 인체에 미치는 영향과 증상
2. 보호구의 선정과 착용 방법
3. 진동 기계·기구 관리 방법
4. 진동 장해 예방 방법

2.5.15 분진에 의한 건강장해의 예방

第605조(정의)
이 장에서 사용하는 용어의 뜻은 다음과 같다.

1. “분진”이란 근로자가 작업하는 장소에서 발생하거나 흩날리는 미세한 분말 상태의 물질(황사, 미세먼지(PM-10, PM-2.5)를 포함한다)을 말한다.
2. “분진작업”이란 별표 16에서 정하는 작업을 말한다.
3. “호흡기보호 프로그램”이란 분진노출에 대한 평가, 분진노출기준 초과에 따른 공학적 대책, 호흡용 보호구의 지급 및 착용, 분진의 유해성과 예방에 관한 교육, 정기적 건강진단, 기록·관리 사항 등이 포함된 호흡기질환 예방·관리를 위한 종합적인 계획을 말한다.

제607조(국소배기장치의 설치)

사업주는 별표 16 제5호부터 제25호까지의 규정에 따른 분진작업을 하는 실내작업장(갱내를 포함한다)에 대하여 해당 분진작업에 따른 분진을 줄이기 위하여 밀폐설비나 국소배기장치를 설치하여야 한다.

제608조(전체환기장치의 설치)

사업주는 분진작업을 하는 때에 분진 발산 면적이 넓어 제607조에 따른 설비를 설치하기 곤란한 경우에 전체환기장치를 설치할 수 있다.

제609조(국소배기장치의 성능)

제607조 또는 제617조제1항 단서에 따라 설치하는 국소배기장치는 별표 17에서 정하는 제어풍속 이상의 성능을 갖춘 것이어야 한다.

제611조(설비에 의한 습기 유지)

사업주는 제617조제1항 단서에 따라 분진작업장소에 습기 유지 설비를 설치한 경우에 분진작업을 하고 있는 동안 그 설비를 사용하여 해당 분진작업장소를 습한 상태로 유지하여야 한다.

제612조(사용 전 점검 등)

① 사업주는 제607조와 제617조제1항 단서에 따라 설치한 국소배기장치를 처음으로 사용하는 경우나 국소배기장치를 분해하여 개조하거나 수리를 한 후 처음으로 사용하는 경우에 다음 각 호에서 정하는 바에 따라 사용 전에 점검하여야 한다.

1. 국소배기장치
   가. 덕트와 배풍기의 분진 상태
   나. 덕트 접속부가 헐거워졌는지 여부
   다. 흡기 및 배기 능력
   라. 그 밖에 국소배기장치의 성능을 유지하기 위하여 필요한 사항
2. 공기정화장치
   가. 공기정화장치 내부의 분진상태
   나. 여과제진장치(濾過除塵裝置)의 여과재 파손 여부
   다. 공기정화장치의 분진 처리능력
   라. 그 밖에 공기정화장치의 성능 유지를 위하여 필요한 사항

② 사업주는 제1항에 따른 점검 결과 이상을 발견한 경우에 즉시 청소, 보수, 그 밖에 필요한 조치를 하여야 한다.

제613조(청소의 실시)

① 사업주는 분진작업을 하는 실내작업장에 대하여 매일 작업을 시작하기 전에 청소를 하여야 한다.

② 분진작업을 하는 실내작업장의 바닥·벽 및 설비와 휴게시설이 설치되어 있는 장소의 마루 등(실내만 해당한다)에 대해서는 쌓인 분진을 제거하기 위하여 매월 1회 이상 정기적으로 진공청소기나 물을 이용하여 분진이 흩날리지 않는 방법으로 청소하여야 한다. 다만, 분진이 흩날리지 않는 방법으로 청소하는 것이 곤란한 경우로서 그 청소작업에 종사하는 근로자에게 적절한 호흡용 보호구를 지급하여 착용하도록 한 경우에는 그러하지 아니하다.

제614조(분진의 유해성 등의 주지)

사업주는 근로자가 상시 분진작업에 관련된 업무를 하는 경우에 다음 각 호의 사항을 근로자에게 알려야 한다.

1. 분진의 유해성과 노출경로
2. 분진의 발산 방지와 작업장의 환기 방법
3. 작업장 및 개인위생 관리
4. 호흡용 보호구의 사용 방법

5. 분진에 관련된 질병 예방 방법

제615조(세척시설 등)

사업주는 근로자가 분진작업(별표 16 제26호에 따른 분진작업은 제외한다)을 하는 경우에 목욕시설 등 필요한 세척시설을 설치하여야 한다.

제616조(호흡기보호 프로그램 시행 등)

사업주는 다음 각 호의 어느 하나에 해당하는 경우에 호흡기보호 프로그램을 수립하여 시행하여야 한다.

1. 법 제125조에 따른 분진의 작업환경 측정 결과 노출기준을 초과하는 사업장
2. 분진작업으로 인하여 근로자에게 건강장해가 발생한 사업장

제617조(호흡용 보호구의 지급 등)

① 사업주는 근로자가 분진작업을 하는 경우에 해당 작업에 종사하는 근로자에게 적절한 호흡용 보호구를 지급하여 착용하도록 하여야 한다. 다만, 해당 작업장소에 분진 발생원을 밀폐하는 설비나 국소배기장치를 설치하거나 해당 분진작업장소를 습기가 있는 상태로 유지하기 위한 설비를 갖추어 가동하는 등 필요한 조치를 한 경우에는 그러하지 아니하다.

② 사업주는 제1항에 따라 보호구를 지급하는 경우에 근로자 개인전용 보호구를 지급하고, 보관함을 설치하는 등 오염 방지를 위하여 필요한 조치를 하여야 한다.

③ 근로자는 제1항에 따라 지급된 보호구를 사업주의 지시에 따라 착용하여야 한다.

2.5.16 밀폐공간 작업

제618조(정의)

이 장에서 사용하는 용어의 뜻은 다음과 같다.

1. "밀폐공간"이란 산소결핍, 유해가스로 인한 질식·화재·폭발 등의 위험이 있는 장소로서 별표 18에서 정한 장소를 말한다.
2. "유해가스"란 탄산가스·일산화탄소·황화수소 등의 기체로서 인체에 유해한 영향을 미치는 물질을 말한다.

3. “적정공기”란 산소농도의 범위가 18퍼센트 이상 23.5퍼센트 미만, 탄산가스의 농도가 1.5퍼센트 미만, 일산화탄소의 농도가 30피피엠 미만, 황화수소의 농도가 10피피엠 미만인 수준의 공기를 말한다.
4. “산소결핍”이란 공기 중의 산소농도가 18퍼센트 미만인 상태를 말한다.
5. “산소결핍증”이란 산소가 결핍된 공기를 들이마심으로써 생기는 증상을 말한다.

제619조(밀폐공간 작업 프로그램의 수립·시행)

① 사업주는 밀폐공간에서 근로자에게 작업을 하도록 하는 경우 다음 각 호의 내용이 포함된 밀폐공간 작업 프로그램을 수립하여 시행하여야 한다.
  1. 사업장 내 밀폐공간의 위치 파악 및 관리 방안
  2. 밀폐공간 내 질식·중독 등을 일으킬 수 있는 유해·위험 요인의 파악 및 관리 방안
  3. 제2항에 따라 밀폐공간 작업 시 사전 확인이 필요한 사항에 대한 확인 절차
  4. 안전보건교육 및 훈련
  5. 그 밖에 밀폐공간 작업 근로자의 건강장해 예방에 관한 사항

② 사업주는 근로자가 밀폐공간에서 작업을 시작하기 전에 다음 각 호의 사항을 확인하여 근로자가 안전한 상태에서 작업하도록 하여야 한다.
  1. 작업 일시, 기간, 장소 및 내용 등 작업 정보
  2. 관리감독자, 근로자, 감시인 등 작업자 정보
  3. 산소 및 유해가스 농도의 측정 결과 및 후속 조치 사항
  4. 작업 중 불활성가스 또는 유해가스의 누출·유입·발생 가능성 검토 및 후속 조치 사항
  5. 작업 시 착용하여야 할 보호구의 종류
  6. 비상 연락 체계

③ 사업주는 밀폐공간에서의 작업이 종료될 때까지 제2항 각 호의 내용을 해당 작업장 출입구에 게시하여야 한다.

제619조의2(산소 및 유해가스 농도의 측정)

① 사업주는 밀폐공간에서 근로자에게 작업을 하도록 하는 경우 작업을 시작(작업을 일시 중단하였다가 다시 시작하는 경우를 포함한다)하기 전 다음 각 호의 어느 하나에 해당하는 자로 하여금 해당 밀폐공간의 산소 및 유해가스 농도를 측정(「전파법」 제2조제1항제5호·제5호의2에 따른 무선설비 또는 무선통신을 이용한 원격 측정을 포함한다. 이하 제

629조, 제638조 및 제641조에서 같다)하여 적정공기가 유지되고 있는지를 평가하도록 해야 한다.

1. 관리감독자
2. 법 제17조제1항에 따른 안전관리자 또는 법 제18조제1항에 따른 보건관리자
3. 법 제21조에 따른 안전관리전문기관 또는 보건관리전문기관
4. 법 제74조에 따른 건설재해예방전문지도기관
5. 법 제125조제3항에 따른 작업환경측정기관
6. 「한국산업안전보건공단법」에 따른 한국산업안전보건공단이 정하는 산소 및 유해가스 농도의 측정·평가에 관한 교육을 이수한 사람

② 사업주는 제1항에 따라 산소 및 유해가스 농도를 측정한 결과 적정공기가 유지되고 있지 아니하다고 평가된 경우에는 작업장을 환기시키거나, 근로자에게 공기호흡기 또는 송기마스크를 지급하여 착용하도록 하는 등 근로자의 건강장해 예방을 위하여 필요한 조치를 하여야 한다.

제620조(환기 등)

① 사업주는 근로자가 밀폐공간에서 작업을 하는 경우에 작업을 시작하기 전과 작업 중에 해당 작업장을 적정공기 상태가 유지되도록 환기하여야 한다. 다만, 폭발이나 산화 등의 위험으로 인하여 환기할 수 없거나 작업의 성질상 환기하기가 매우 곤란한 경우에는 근로자에게 공기호흡기 또는 송기마스크를 지급하여 착용하도록 하고 환기하지 아니할 수 있다.

② 근로자는 제1항 단서에 따라 지급된 보호구를 착용하여야 한다.

제621조(인원의 점검)

사업주는 근로자가 밀폐공간에서 작업을 하는 경우에 그 장소에 근로자를 입장시킬 때와 퇴장시킬 때마다 인원을 점검하여야 한다.

제622조(출입의 금지)

① 사업주는 사업장 내 밀폐공간을 사전에 파악하여 밀폐공간에는 관계 근로자가 아닌 사람의 출입을 금지하고, 별지 제4호서식에 따른 출입금지 표지를 밀폐공간 근처의 보기 쉬운 장소에 게시하여야 한다.

② 근로자는 제1항에 따라 출입이 금지된 장소에 사업주의 허락 없이 출입해서는 아니 된다.

제623조(감시인의 배치 등)

① 사업주는 근로자가 밀폐공간에서 작업을 하는 동안 작업상황을 감시할 수 있는 감시인을 지정하여 밀폐공간 외부에 배치하여야 한다.

② 제1항에 따른 감시인은 밀폐공간에 종사하는 근로자에게 이상이 있을 경우에 구조요청 등 필요한 조치를 한 후 이를 즉시 관리감독자에게 알려야 한다.

③ 사업주는 근로자가 밀폐공간에서 작업을 하는 동안 그 작업장과 외부의 감시인 간에 항상 연락을 취할 수 있는 설비를 설치하여야 한다.

제624조(안전대 등)

① 사업주는 밀폐공간에서 작업하는 근로자가 산소결핍이나 유해가스로 인하여 추락할 우려가 있는 경우에는 해당 근로자에게 안전대나 구명밧줄, 공기호흡기 또는 송기마스크를 지급하여 착용하도록 하여야 한다.

② 사업주는 제1항에 따라 안전대나 구명밧줄을 착용하도록 하는 경우에 이를 안전하게 착용할 수 있는 설비 등을 설치하여야 한다.

③ 근로자는 제1항에 따라 지급된 보호구를 착용하여야 한다.

제625조(대피용 기구의 비치)

사업주는 근로자가 밀폐공간에서 작업을 하는 경우에 공기호흡기 또는 송기마스크, 사다리 및 섬유로프 등 비상시에 근로자를 피난시키거나 구출하기 위하여 필요한 기구를 갖추어 두어야 한다.

2.5.17 근골격계부담작업

제656조(정의)

이 장에서 사용하는 용어의 뜻은 다음과 같다.

1. "근골격계부담작업"이란 법 제39조제1항제5호에 따른 작업으로서 작업량·작업속도·작업강도 및 작업장 구조 등에 따라 고용노동부 장관이 정하여 고시하는 작업을 말한다.
2. "근골격계질환"이란 반복적인 동작, 부적절한 작업 자세, 무리한 힘의 사용, 날카로운 면

과의 신체접촉, 진동 및 온도 등의 요인에 의하여 발생하는 건강장해로서 목, 어깨, 허리, 팔·다리의 신경·근육 및 그 주변 신체조직 등에 나타나는 질환을 말한다.

3. "근골격계질환 예방관리 프로그램"이란 유해요인 조사, 작업환경 개선, 의학적 관리, 교육·훈련, 평가에 관한 사항 등이 포함된 근골격계질환을 예방·관리하기 위한 종합적인 계획을 말한다.

제657조(유해요인 조사)

① 사업주는 근로자가 근골격계부담작업을 하는 경우에 3년마다 다음 각 호의 사항에 대한 유해요인 조사를 하여야 한다. 다만, 신설되는 사업장의 경우에는 신설일 부터 1년 이내에 최초의 유해요인 조사를 하여야 한다.
  1. 설비·작업공정·작업량·작업속도 등 작업장 상황
  2. 작업시간·작업자세·작업방법 등 작업조건
  3. 작업과 관련된 근골격계질환 징후와 증상 유무 등

② 사업주는 다음 각 호의 어느 하나에 해당하는 사유가 발생하였을 경우에 제1항에도 불구하고 지체 없이 유해요인 조사를 하여야 한다. 다만, 제1호의 경우는 근골격계부담작업이 아닌 작업에서 발생한 경우를 포함한다. 〈개정 2017. 3. 3.〉
  1. 법에 따른 임시건강진단 등에서 근골격계 질환자가 발생하였거나 근로자가 근골격계 질환으로 「산업재해보상보험법 시행령」 별표 3 제2호 가목·마목 및 제12호 라목에 따라 업무상 질병으로 인정받은 경우
  2. 근골격계부담작업에 해당하는 새로운 작업·설비를 도입한 경우
  3. 근골격계부담작업에 해당하는 업무의 양과 작업공정 등 작업환경을 변경한 경우

③ 사업주는 유해요인 조사에 근로자 대표 또는 해당 작업 근로자를 참여시켜야 한다.

제658조(유해요인 조사 방법 등)

사업주는 유해요인 조사를 하는 경우에 근로자와의 면담, 증상 설문조사, 인간공학적 측면을 고려한 조사 등 적절한 방법으로 하여야 한다. 이 경우 제657조제2항제1호에 해당하는 경우에는 고용노동부 장관이 정하여 고시하는 방법에 따라야 한다.

제659조(작업환경 개선)

사업주는 유해요인 조사 결과 근골격계질환이 발생할 우려가 있는 경우에 인간공학적으로

설계된 인력작업 보조설비 및 편의설비를 설치하는 등 작업환경 개선에 필요한 조치를 하여야 한다.

第660조(통지 및 사후조치)

① 근로자는 근골격계부담작업으로 인하여 운동범위의 축소, 쥐는 힘의 저하, 기능의 손실 등의 징후가 나타나는 경우 그 사실을 사업주에게 통지할 수 있다.

② 사업주는 근골격계부담작업으로 인하여 제1항에 따른 징후가 나타난 근로자에 대하여 의학적 조치를 하고 필요한 경우에는 제659조에 따른 작업환경 개선 등 적절한 조치를 하여야 한다.

第661조(유해성 등의 주지)

① 사업주는 근로자가 근골격계부담작업을 하는 경우에 다음 각 호의 사항을 근로자에게 알려야 한다.

1. 근골격계부담작업의 유해 요인
2. 근골격계질환의 징후와 증상
3. 근골격계질환 발생 시의 대처요령
4. 올바른 작업 자세와 작업 도구, 작업시설의 올바른 사용 방법
5. 그 밖에 근골격계질환 예방에 필요한 사항

② 사업주는 제657조제1항과 제2항에 따른 유해요인 조사 및 그 결과, 제658조에 따른 조사 방법 등을 해당 근로자에게 알려야 한다.

③ 사업주는 근로자 대표의 요구가 있으면 설명회를 개최하여 제657조제2항제1호에 따른 유해요인 조사 결과를 해당 근로자와 같은 방법으로 작업하는 근로자에게 알려야 한다.

第662조(근골격계질환 예방관리 프로그램 시행)

① 사업주는 다음 각 호의 어느 하나에 해당하는 경우에 근골격계질환 예방관리 프로그램을 수립하여 시행하여야 한다.

1. 근골격계질환으로 「산업재해보상보험법 시행령」 별표 3 제2호 가목·마목 및 제12호 라목에 따라 업무상 질병으로 인정받은 근로자가 연간 10명 이상 발생한 사업장 또는 5명 이상 발생한 사업장으로서 발생 비율이 그 사업장 근로자 수의 10퍼센트 이상인 경우

2. 근골격계질환 예방과 관련하여 노사 간 이견(異見)이 지속되는 사업장으로서 고용노동부 장관이 필요하다고 인정하여 근골격계질환 예방관리 프로그램을 수립하여 시행할 것을 명령한 경우

② 사업주는 근골격계질환 예방관리 프로그램을 작성·시행할 경우에 노사협의를 거쳐야 한다.

③ 사업주는 근골격계질환 예방관리 프로그램을 작성·시행할 경우에 인간공학·산업의학·산업위생·산업간호 등 분야별 전문가로부터 필요한 지도·조언을 받을 수 있다.

2.5.18 중량물을 들어 올리는 작업

제663조(중량물의제한)

사업주는 근로자가 인력으로 들어 올리는 작업을 하는 경우에 과도한 무게로 인하여 근로자의 목·허리 등 근골격계에 무리한 부담을 주지 않도록 최대한 노력하여야 한다.

제664조(작업조건)

사업주는 근로자가 취급하는 물품의 중량·취급 빈도·운반 거리·운반 속도 등 인체에 부담을 주는 작업의 조건에 따라 작업시간과 휴식시간 등을 적정하게 배분하여야 한다.

제665조(중량의 표시 등)

사업주는 근로자가 5킬로그램 이상의 중량물을 들어 올리는 작업을 하는 경우에 다음 각 호의 조치를 하여야 한다.

1. 주로 취급하는 물품에 대하여 근로자가 쉽게 알 수 있도록 물품의 중량과 무게중심에 대하여 작업장 주변에 안내표시를 할 것
2. 취급하기 곤란한 물품은 손잡이를 붙이거나 갈고리, 진공빨판 등 적절한 보조도구를 활용할 것

제666조(작업 자세 등)

사업주는 근로자가 중량물을 들어 올리는 작업을 하는 경우에 무게중심을 낮추거나 대상물에 몸을 밀착하도록 하는 등 신체의 부담을 줄일 수 있는 자세에 대하여 알려야 한다.

제3장

공정안전관리(PSM)

3.1 중대산업사고 예방 활동

공정설비에서의 누출, 화재, 폭발로 인한 중대산업사고를 예방하기 위하여 유럽연합에서는 1974년 영국 사이클로헥산 누출로 인한 증기운 폭발 사고와 1976년 이탈리아 세베소에서 발생한 다이옥신 누출 사고 등을 계기로 1982년 세베소 지침을 채택하고, 세베소 지침-Ⅲ으로 개정하여 운영하고 있다.

미국은 1989년 10월 23일 휴스턴에 위치하고 있던 Phillips Pasadena HDPE Plant의 증기운 폭발 사고를 계기로, 1992년 미국 노동성 산하의 산업안전보건청(Occupational Safety and Health Administration, OSHA)에서 공정안전관리(Process Safety Management, PSM)제도를 규정하여 시행하고 있다.

또한 미국화학공학회(AIChE)의 화학공정안전센터(Center for Chemical Process Safety, 이하 CCPS)에서는 대부분의 사고가 인적요인이 원인이 되어 발생하므로 인적요인 6가지를 추가하여 PSM을 20개 요소로 운영하여야 한다는 RBPS(Risk Based Process Safety) 및 Responsible Care Process Safety Code를 제안하는 등 중대산업사고 예방과 관련한 많은 연구가 진행되고 있다.

3.2 PSM 대상 및 목적

우리나라는 1995년 1월 5일, 미국에서 시행하고 있는 PSM 제도를 국내에 도입하여 1996년 1월 1일부터 7개 업종, 21개 물질을 대상으로 산업안전보건법에 따라 운영하고 있다. 2012년 9월에 발생한 불화수소 누출사고를 계기로 2013년 8월 6일 공정안전보고서 제출 대상을 상시 근로자 5인 미만 사업장까지 확대 시행하고 2014년 3월 12일 공정안전보고서 제출 대상 물질에 불산, 염산, 수산화암모늄 등을 추가하여 21종에서 51종으로 확대하였다.

PSM 대상 사업장은 대통령령으로 정하는 유해·위험설비를 보유한 사업장이며, 대상 사업장의 사업주는 그 설비로부터 발생한 누출, 화재, 폭발 등으로 사업장 내의 근로자에게 즉시 피해를 주거나 사업장 인근지역에 피해를 줄 수 있는 중대산업사고를 예방하기 위하여 대통령령으로 정하는 바에 따라 공정안전보고서를 작성하여 고용노동부 장관에게 제출하여 심사를 받아야 하며, 공정안전보고서의 내용이 중대산업사고를 예방하기 위하여 적합하다고 통보받기 전에는 관련 설비를 가동하여서는 안 된다.

산업안전보건법 시행령 제43조에 의하여 규정하고 있는,

① 법 제44조 제1항 전단에서 "대통령령으로 정하는 유해하거나 위험한 설비"란 "원유 정제처리업 등 7개 업종의 어느 하나에 해당하는 사업을 하는 사업장의 경우에는 그 보유설비를 말하고, 그 외의 사업을 하는 사업장의 경우에는 산업안전보건보건법 시행령 별표 13의 51개 유해·위험물질 중 하나 이상을 규정량 이상 제조·취급·저장하는 설비 및 그 설비의 운영과 관련된 모든 공정설비를 말한다.

1. 원유 정제처리업
2. 기타 석유정제물 재처리업
3. 석유화학계 기초화학물질 제조업 또는 합성수지 및 기타 플라스틱물질 제조업. 다만, 합성수지 및 기타 플라스틱 물질 제조업은 별표 13 제1호 또는 제2호에 해당하는 경우로 한정한다.
4. 질소 화합물, 질소·인산 및 칼리질 화학비료 제조업 중 질소질 비료 제조
5. 복합비료 및 기타 화학비료 제조업 중 복합비료 제조(단순혼합 또는 배합에 의한 경우는 제외한다)
6. 화학 살균·살충제 및 농업용 약제 제조업(농약 원제(原劑) 제조만 해당한다)
7. 화약 및 불꽃제품 제조업

② 제1항에도 불구하고 다음 각 호의 설비는 유해하거나 위험한 설비로 보지 않는다.

1. 원자력 설비
2. 군사시설
3. 사업주가 해당 사업장 내에서 직접 사용하기 위한 난방용 연료의 저장설비 및 사용설비
4. 도매·소매시설
5. 차량 등의 운송설비
6. 「액화석유가스의 안전관리 및 사업법」에 따른 액화석유가스의 충전·저장시설
7. 「도시가스사업법」에 따른 가스공급시설
8. 그 밖에 고용노동부 장관이 누출·화재·폭발 등의 사고가 있더라도 그에 따른 피해의 정도가 크지 않다고 인정하여 고시하는 설비(비상발전기용 경유의 저장탱크 및 사용설비를 말한다)

③ 법 제44조 제1항 전단에서 대통령으로 정하는 사고 즉, 중대산업사고는 다음 각 호에 해당하는 사고이다.

1. 근로자가 사망하거나 부상을 입을 수 있는 제1항에 따른 설비(제2항에 따른 설비는 제외한다. 이하 제2호에서 같다)에서의 누출·화재·폭발 사고
2. 인근지역의 주민이 인적 피해를 입을 수 있는 제1항에 따른 설비에서의 누출·화재·폭발 사고

산업안전보건법시행령 별표 13. 유해·위험물질 규정량 (제43조 제1항 관련)

번호	유해·위험물질	CAS번호	규정량(kg)
1	인화성 가스	-	제조·취급 : 5,000(저장 : 200,000)
2	인화성 액체	-	제조·취급 : 5,000(저장 : 200,000)
3	메틸 이소시아네이트	624-83-9	제조·취급·저장 : 1,000
4	포스겐	75-44-5	제조·취급·저장 : 500
5	아크릴로니트릴	107-13-1	제조·취급·저장 : 10,000
6	암모니아	7664-41-7	제조·취급·저장 : 10,000
7	염소	7782-50-5	제조·취급·저장 : 1,500
8	이산화황	7446-09-5	제조·취급·저장 : 10,000
9	삼산화황	7446-11-9	제조·취급·저장 : 10,000
10	이황화탄소	75-15-0	제조·취급·저장 : 10,000

번호	유해·위험물질	CAS번호	규정량(kg)
11	시안화수소	74-90-8	제조·취급·저장 : 500
12	불화수소(무수불산)	7664-39-3	제조·취급·저장 : 1,000
13	염화수소(무수염산)	7647-01-0	제조·취급·저장 : 10,000
14	황화수소	7783-06-4	제조·취급·저장 : 1,000
15	질산암모늄	6484-52-2	제조·취급·저장 : 500,000
16	니트로글리세린	55-63-0	제조·취급·저장 : 10,000
17	트리니트로톨루엔	118-96-7	제조·취급·저장 : 50,000
18	수소	1333-74-0	제조·취급·저장 : 5,000
19	산화에틸렌	75-21-8	제조·취급·저장 : 1,000
20	포스핀	7803-51-2	제조·취급·저장 : 500
21	실란(Silane)	7803-62-5	제조·취급·저장 : 1,000
22	질산(중량 94.5% 이상)	7697-37-2	제조·취급·저장 : 50,000
23	발연황산 (삼산화황 중량 65% 이상, 80% 미만)	8014-95-7	제조·취급·저장 : 20,000
24	과산화수소(중량 52% 이상)	7722-84-1	제조·취급·저장 : 10,000
25	톨루엔 디이소시아네이트	91-08-7, 584-84-9, 26471-62-5	제조·취급·저장 : 2,000
26	클로로술폰산	7790-94-5	제조·취급·저장 : 10,000
27	브롬화수소	10035-10-6	제조·취급·저장 : 10,000
28	삼염화인	7719-12-2	제조·취급·저장 : 10,000
29	염화 벤질	100-44-7	제조·취급·저장 : 2,000
30	이산화염소	10049-04-4	제조·취급·저장 : 500
31	염화 티오닐	7719-09-7	제조·취급·저장 : 10,000
32	브롬	7726-95-6	제조·취급·저장 : 1,000
33	일산화질소	10102-43-9	제조·취급·저장 : 10,000
34	붕소 트리염화물	10294-34-5	제조·취급·저장 : 10,000
35	메틸에틸케톤과산화물	1338-23-4	제조·취급·저장 : 10,000
36	삼불화 붕소	7637-07-2	제조·취급·저장 : 1,000
37	니트로아닐린	88-74-4, 99-09-2, 100-01-6, 29757-24-2	제조·취급·저장 : 2,500

번호	유해·위험물질	CAS번호	규정량(kg)
38	염소 트리플루오르화	7790-91-2	제조·취급·저장 : 1,000
39	불소	7782-41-4	제조·취급·저장 : 500
40	시아누르 플루오르화물	675-14-9	제조·취급·저장 : 2,000
41	질소 트리플루오르화물	7783-54-2	제조·취급·저장 : 20,000
42	니트로 셀룰로오스(질소 함유량 12.6% 이상)	9004-70-0	제조·취급·저장 : 100,000
43	과산화벤조일	94-36-0	제조·취급·저장 : 3,500
44	과염소산 암모늄	7790-98-9	제조·취급·저장 : 3,500
45	디클로로실란	4109-96-0	제조·취급·저장 : 1,000
46	디에틸 알루미늄 염화물	96-10-6	제조·취급·저장 : 10,000
47	디이소프로필 퍼옥시디카보네이트	105-64-6	제조·취급·저장 : 3,500
48	불산(중량 10% 이상)	7664-39-3	제조·취급·저장 : 10,000
49	염산(중량 20% 이상)	7647-01-0	제조·취급·저장 : 20,000
50	황산(중량 20% 이상)	7664-93-9	제조·취급·저장 : 20,000
51	암모니아수(중량 20% 이상)	1336-21-6	제조·취급·저장 : 50,000

[비고]

1. "인화성 가스"란 인화한계 농도의 최저한도가 13% 이하 또는 최고한도와 최저한도의 차가 12% 이상인 것으로서 표준압력(101.3 kPa)에서 20℃에서 가스 상태인 물질을 말한다.
2. 인화성 가스 중 사업장 외부로부터 배관을 통해 공급받아 최초 압력조정기 후단 이후의 압력이 0.1 Mpa(계기압력) 미만으로 취급되는 사업장의 연료용 도시가스(메탄 중량성분 85% 이상으로 이 표에 따른 유해·위험물질이 없는 설비에 공급되는 경우에 한정한다)는 취급 규정량을 50,000 kg으로 한다.
3. 인화성 액체란 표준압력(101.3 kPa)에서 인화점이 60℃ 이하이거나 고온·고압의 공정운전 조건으로 인하여 화재·폭발위험이 있는 상태에서 취급되는 가연성물질을 말한다.
4. 인화점의 수치는 태그밀폐식 또는 펜스키마르테르식 등의 밀폐식 인화점 측정기로 표준압력(101.3 kPa)에서 측정한 수치 중 작은 수치를 말한다.
5. 유해·위험물질의 규정량이란 제조·취급·저장설비에서 공정 과정 중에 저장되는 양을 포함하여 하루 동안 최대로 제조·취급 또는 저장할 수 있는 양을 말한다.
6. 규정량은 화학물질의 순도 100%를 기준으로 산출하되, 농도가 규정되어 있는 화학물질은 그 규정된 농도를 기준으로 한다.
7. 사업장에서 다음 각 목의 구분에 따라 해당 유해·위험물질을 그 규정량 이상 제조·취급·저장하는 경우에는 유해·위험 설비로 본다.
   가. 한 종류의 유해·위험물질을 제조·취급·저장하는 경우 : 해당 유해·위험물질의 규정량 대비 하루 동안 제조·취급 또는 저장할 수 있는 최대치 중 가장 큰 값이 1 이상인 경우
   나. 두 종류 이상의 유해·위험물질을 제조·취급·저장하는 경우 : 유해·위험물질별로 가목에 따른 가장 큰 값을 각각 구하여 합산한 값(R)이 1 이상인 경우, 그 계산식은 다음과 같다

$$R값 : \frac{C_1}{T_1} + \frac{C_1}{T_1} + \cdots\cdots + \frac{C_n}{T_n}$$

여기서, C_n : 유해·위험물질별(n) 규정량과 비교하여 하루 동안 제조·취급 또는 저장할 수 있는 최대치 중 가장 큰 값

T_n : 유해·위험물질별(n) 규정량

8. 가스를 전문으로 저장·판매하는 시설 내의 가스는 이 표의 규정량 산정에서 제외한다.

3.3 PSM 구성항목

PSM은 12대 항목으로 구성되어 있으며, 공정안전보고서의 이행상태를 평가하는 항목에서는 안전경영과 근로자 참여와 현장 확인 항목을 추가하여 14개 평가항목으로 운영되고 있다.

안전경영과 근로자 참여	안전운전계획 9가지
공정안전자료	1. 안전운전지침서 2. 설비점검검사 및 보수계획, 유지계획 및 지침서 3. 안전작업허가 4. 도급업체 안전관리계획 5. 근로자 등 교육계획 6. 가동전 점검 7. 변경요소 관리계획 8. 사고조사계획 9. 자체감사계획
공정 위험성평가	
비상조치계획	
현장 확인	

1. 안전경영과 근로자 참여는 사업주와 근로자가 공정안전보고서의 내용을 준수하고 있는지 확인하는 항목이며, 특히 안전보건관리책임자(경영층)의 안전경영에 대한 의지는 공정안전관리 운영에서 가장 중요한 요소이다.
2. 공정안전자료는 PSM 제도 중에서 가장 기본이 되는 요소로 유해위험물질을 저장·취급하는 설비 목록, 운전 도면(P&ID) 등 사업장 내의 모든 정보이다.
3. 공정 위험성평가에서는 설비의 신규설치, 기존 설비, 이설, 변경 등과 같은 공장 내 신

설, 변경 작업 및 설비의 운전을 시행할 때 발생할 수 있는 잠재 위험요인을 파악하여 개선 방법을 찾아내고 공정에 반영하여 위험요인의 발생 가능성을 감소시키기 위하여 실시한다.

4. 안전운전 지침서는 최초의 시운전, 정상운전, 비상운전, 정상적인 운전정지, 비상정지, 정비 후 운전개시, 운전 범위를 벗어났을 경우의 조치 절차, 화학물질의 유해위험성과 물성, 위험물질의 누출 예방 조치, 개인보호구 착용 및 관리방법, 위험물질 폭로 시 조치 방법과 절차, 안전설비 계통 관리 절차 등 운전에 대한 표준절차를 만들어 설비(공정)를 효율적이고 안전하게 운전하기 위하여 실시한다.
5. 설비점검·검사 및 유지계획 및 지침은 공정설비에 대한 관리 방법 및 기준을 문서화하고, 설비의 중요도에 따라 설비를 분류하고, 설비의 설계 수명기간 동안 제 성능을 유지할 수 있도록 정비 및 유지보수 계획에 따라 모든 설비를 체계적으로 관리함으로써 설비를 안전하게 운전할 수 있도록 하는 데 있다.
6. 안전작업허가는 안전작업절차를 정하고 그 절차에 따라서 작업을 실시하여 사고 가능성을 최소화하는 데 있다.
7. 도급업체 안전관리계획은 협력(도급)업체에 의하여 시행되는 부분에 대해 원청사의 안전기준과 동등 수준 이상으로 안전관리를 할 수 있도록 관리하여 안전을 확보하는 데 목적이 있다.
8. 근로자 등 교육계획은 PSM 제도와 관련 있는 모든 근로자, 관리감독자, 도급업체, 사업주 및 일용 근로자에게 실시할 교육계획을 수립하여 실시함으로써 공정사고를 예방하는 데 목적이 있다.
9. 가동 전 점검지침은 사업장에서 새로운 설비를 설치하거나, 공정 또는 설비를 변경한 후 설비의 안전운전을 위하여 설비를 가동하기 전에 점검을 하는 데 필요한 지침이다.
10. 변경 요소 관리계획은 제안된 변경 내용을 사전에 충분히 검토하고 변경의 결과로 요구되는 새로운 절차와 자료(SOP, PSI, 공정운전 및 정비교육 교재 및 설비 정비대장 등)를 최신화하여 공정을 안전하게 운전 및 관리하기 위하여 실시한다.
11. 자체감사 계획은 PSM 제도의 각 요소들이 지침대로 충실히 이행되고 있는지를 사업장 스스로 평가 및 확인하여 지속적으로 개선하고자 실시한다.
12. 공정사고 조사계획은 사고 원인 및 대책을 수립하여 유사 및 동종 사고를 예방하는 데 있다.
13. 비상조치계획은 비상사태의 최소화 또는 제거, 인적· 물적 및 환경적 유해 영향의 최소

화, 인근 주민에 대한 피해를 최소화하기 위하여 실시한다.

14. 현장 확인은 공정안전보고서의 내용과 현장이 일치되는지, 현장에서 PSM 관련 지침을 충실히 준수하는지, 비상시 사용할 수 있는 비상 설비 및 비상 대피로 등이 정상 기능을 유지하는지 등을 확인하기 위함이다.

3.4 PSM 등급 기준

고용노동부에서는 PSM 대상사업장에서 중대산업사고가 발생하지 않도록 "공정안전보고서의 제출·심사·확인 및 이행상태평가 등에 관한 규정"에 의하여 공정안전관리가 규정대로 이행되고 있는지를 평가하고 있으며 사업장 스스로도 매년 자체감사를 시행하도록 규정하고 있다.

이행상태평가 및 자체감사 시에는 고용노동부 고시에 의하여 162개 세부평가항목별 평가점수는 우수(A, 10점), 양호(B, 8점), 보통(C, 6점), 미흡(D, 4점), 불량(E, 2점) 등 5단계로 구분하여 평가한다.

번호	항목	배점	환산계수	환산점수
평가항목 및 점수	안전경영과 근로자 참여	370	0.057	21
	공정 안전자료	70	0.071	5
	공정 위험성평가	130	0.041	5.5
	안전운전 지침과 절차	80	0.05	4
	설비의 점검·검사 유지계획	120	0.046	5.5
	안전작업허가 및 절차	80	0.106	8.5
	도급업체 안전관리	100	0.08	8
	공정운전에 대한 교육·훈련	70	0.071	5
	가동 전 점검지침	60	0.05	3
	공정사고조사 지침	90	0.1	3
	변경요소 관리계획	70	0.044	7
	자체감사	90	0.033	4
	비상조치계획	80	0.044	3.5
	현장 확인	210	0.081	17
	합 계	1,620		100점

이행상태평가 결과 고용노동부 지방관서의 장은 고용노동부 고시에 의하여 평가기준에 의해 부여한 점수에 따라 사업장 또는 단위공장별로 아래와 같이 해당하는 등급을 부여한다.

번호	등급	기준
1	P등급 (우수)	환산점수의 총합이 90점 이상 등급 부여 후 1회/4년 점검
2	S등급 (양호)	환산점수의 총합이 80점 이상 90점 미만 등급 부여 후 1회/2년 점검
3	M+등급 (보통)	환산점수의 총합이 70점 이상 80점 미만 등급 부여 후 1회/2년 점검 및 1회/2년 기술지도 (기술지원팀)
4	M-등급 (불량)	환산점수의 총합이 70점 미만 등급 부여 후 1회/1년 점검 및 1회/2년 기술지도 (기술지원팀)

3.5 공정안전보고서 작성 기준

공정안전보고서의 제출·심사·확인 및 이행상태평가 등에 관한 규정[시행 2020.1.16.]에 의하여 아래와 같이 작성한다.

제18조(사업개요 등)

① 사업주는 보고서 제출 대상 설비에 대한 사업개요를 별지 제12호서식의 사업개요에 작성하여야 한다.

② 보고서 제출 대상 설비가 전체설비 중 일부분 또는 변경 설비인 경우에는 그 해당 부분에 한정하여 보고서를 작성·제출할 수 있다. 이 경우 다음 각 호의 사항을 첨부하여야 한다.

1. 전체설비 개요
2. 전체설비에서 사용되는 원료의 종류 및 사용량
3. 전체설비에서 제조되는 생산품의 종류 및 생산량
4. 전체설비의 배치도

「산업안전보건법 시행령」(이하 "영"이라 한다) 제45조제1항에서 "**고용노동부 장관이 정하는 주요 구조부분의 변경**"이란 다음 각 목의 어느 하나에 해당하는 경우를 말한다.

가. 반응기를 교체(같은 용량과 형태로 교체되는 경우는 제외한다)하거나 추가로 설치하는 경우 또는 이미 설치된 반응기를 변형하여 용량을 늘리는 경우

나. 생산설비 및 부대설비(유해·위험물질의 누출·화재·폭발과 무관한 자동화창고·조명설비 등은 제외한다)가 교체 또는 추가되어 늘어나게 되는 전기 정격용량의 총합이 300킬로와트 이상인 경우

다. 플레어스택을 설치 또는 변경하는 경우

3.5.1 공정안전자료 작성 기준

제19조(유해·위험물질의 종류 및 수량)

① 보고서의 대상 설비에서 취급·저장하는 원료, 부원료, 첨가제, 촉매, 촉매보조제, 부산물, 중간 생성물, 중간제품, 완제품 등 모든 유해·위험 물질은 별지 제13호서식에 기재하여야 한다.

② 저장량은 설비의 최대 저장량을, 취급량은 그 설비에서 하루 동안 취급할 수 있는 최대량을 기재하여야 한다.

제20조(유해·위험물질 목록)

① 유해·위험물질 목록은 별지 제13호서식의 유해·위험물질 목록에 다음 각 호의 사항에 따라 작성하여야 한다.

1. "노출기준"란에는 고용노동부 장관이 고시한「화학물질 및 물리적 인자의 노출기준」에 따른 시간가중 평균노출기준을 기재하고, 위 고용노동부 고시에 규정되어 있지 않은 물질에 대하여는 통상적으로 사용하고 있는 시간가중 평균노출기준을 조사하여 기재한다.
2. "독성치"란에는 취급하는 물질의 독성값(경구, 경피, 흡입)을 기재한다.
3. "이상반응 유무"란에는 이상반응을 일으키는 물질 및 조건을 기재한다.

② 유해·위험물질 목록에는 법 제110조에 따라 작성된 물질안전보건자료를 첨부하여야 한다.

제21조(유해·위험설비의 목록 및 명세)

① 유해·위험설비 중 동력기계 목록은 별지 제14호서식의 동력기계 목록에 다음 각 호의 사항에 따라 작성하여야 한다.

1. 대상 설비에 포함되는 동력기계는 모두 기재한다.
2. "명세"란에는 펌프 및 압축기의 시간당 처리량, 토출 측의 압력, 분당 회전속도 등, 교반기의 임펠러의 반경, 분당 회전속도 등, 양중기의 들어 올릴 수 있는 무게, 높이 등 그 밖에 동력기계의 시간당 처리량 등을 기재한다.
3. "주요 재질"란에는 해당 기계의 주요 부분의 재질을 재질분류기호로 기재한다.
4. "방호장치의 종류"란에는 해당 설비에 필요한 모든 방호장치의 종류를 기재한다.

② 장치 및 설비 명세는 별지 제15호서식의 장치 및 설비 명세에 다음 각 호의 사항에 따라 작성하여야 한다.

1. "용량"란에는 탑류의 직경·전체길이 및 처리 단수 또는 높이, 반응기 및 드럼류의 직경·길이 및 처리량, 열교환기류의 시간당 열량·직경 및 높이, 탱크류의 저장량·직경 및 높이 등을 기재한다.
2. 이중 구조형 또는 내외부의 코일이 설치되어 있는 반응기 및 드럼류는 동체 및 자켓 또는 코일에 대하여 구분하여 각각 기재한다.
3. "사용 재질"란에는 재질 분류 기호로 기재한다.
4. "개스킷의 재질"란에는 상품명이 아닌 일반명을 기재한다.
5. "계산 두께"란에 부식 여유를 제외한 수치를 기재한다.
6. "비고"란에는 안전인증, 안전검사 등 적용받는 법령명을 기재한다.

③ 배관 및 개스킷 명세는 별지 제16호서식의 배관 및 개스킷 명세에 다음 각 호의 사항에 따라 작성하여야 한다.

1. 해당 설비에서 사용되는 배관에 관련된 사항은 공정 배관·계장도(piping & instrument diagram, P&ID)상의 배관 재질 코드별로 기재한다.
2. "분류코드"란에는 공정 배관·계장도 상의 배관 분류 코드를 기재한다.
3. "유체의 명칭 또는 구분"란에는 관련 배관에 흐르는 유체의 종류 또는 이름을 기재한다.

4. "배관 재질"란에는 사용 재질을 재질 분류 기호로 기재한다.
5. "개스킷 재질 및 형태"란에는 상품명이 아닌 일반적인 명칭 및 형태를 기재한다.

④ 안전밸브 및 파열판 명세는 별지 제17호서식의 안전밸브 및 파열판 명세에 다음 각 호의 사항에 따라 작성하여야 한다.

1. 설정압력 및 배출용량은 안전보건규칙 제264조 및 제265조에 따라 산출하여 설정한다.
2. "보호기기 번호"란에는 안전밸브 또는 파열판이 설치되는 장치 및 설비의 번호를 기재한다.
3. 보호기기의 운전압력 및 설계압력은 별지 제15호서식의 장치 및 설비 명세에 기록된 운전압력 및 설계압력과 일치하여야 한다.
4. 안전밸브 및 파열판의 트림(trim)은 취급하는 물질에 대하여 내식성 및 내마모성을 가진 재질을 사용하여야 한다.
5. 안전밸브와 파열판의 정밀도 오차범위는 아래 기준에 적합하여야 한다.

구분	설정압력	설정압력 대비 오차범위
안전밸브	0.5 Mpa 미만	±0.015 Mpa 이내
	0.5 Mpa 이상 2.0 Mpa 미만	±3% 이내
	2.0 Mpa 이상 10.0 Mpa 미만	±2% 이내
	10 Mpa 이상	±1.5% 이내
파열판	0.3 Mpa 미만	±0.015 Mpa 이내
	0.3 Mpa 이상	±5% 이내

6. "배출구 연결 부위"란에는 배출물 처리 설비에 연결된 경우에는 그 설비 이름을 기재하고, 그렇지 않은 경우에는 대기방출이라고 기재한다.
8. "정격용량"란에는 안전밸브의 정격용량을 기재한다.

제22조(공정도면)

① 공정개요에는 해당 설비에서 일어나는 화학반응 및 처리방법 등이 포함된 공정에 대한 운전조건, 반응조건, 반응열, 이상반응 및 그 대책, 이상 발생 시의 인터록 및 조업중지조

건 등의 사항들이 구체적으로 기술되어야 하며, 이 중 이상 발생 시의 인터록 작동조건 및 가동중지 범위 등에 관한 사항은 별지 제17호의2서식의 이상발생 시 인터록 작동조건 및 가동중지 범위에 작성하여야 한다.

② 공정흐름도(Process Fow Diagram, PFD) 에는 주요 동력기계, 장치 및 설비의 표시 및 명칭, 주요 계장설비 및 제어설비, 물질 및 열 수지, 운전온도 및 운전압력 등의 사항들이 포함되어야 한다. 다만, 영 제43조제1항제1호부터 제7호까지에 해당하지 아니하는 사업장으로서 공정 특성상 공정흐름도와 공정배관·계장도를 분리하여 작성하기 곤란한 경우에는 공정흐름도와 공정배관·계장도를 하나의 도면으로 작성할 수 있다.

③ 공정배관·계장도에는 다음 각 호의 사항을 상세히 표시하여야 한다.

1. 모든 동력기계와 장치 및 설비의 명칭, 기기번호 및 주요 명세(예비기기를 포함한다) 등
2. 모든 배관의 공칭직경, 라인번호, 재질, 플랜지의 공칭압력 등
3. 설치되는 모든 밸브류 및 모든 배관의 부속품 등
4. 배관 및 기기의 열 유지 및 보온·보냉
5. 모든 계기류의 번호, 종류 및 기능 등
6. 제어밸브(control valve)의 작동 중지 시의 상태
7. 안전밸브 등의 크기 및 설정 압력
8. 인터록 및 조업 중지 여부

④ 유틸리티 계통도에는 유틸리티의 종류별로 사용처, 사용처별 소요량 및 총 소요량, 공급설비 및 제어개념 등의 사항을 포함하여야 한다.

⑤ 유틸리티 배관 계장도(utility flow diagram, UFD) 에는 공정 배관·계장도에 표시되는 모든 것을 포함하여야 한다

제23조(건물·설비의 배치도 등)

각종 건물, 설비 등의 전체 배치도에 관련된 사항들은 다음 각 호의 사항에 따라 작성하여야 한다.

1. 각종 건물, 설비의 전체 배치도에는 건물 및 설비위치, 건물과 건물 사이의 거리, 건물과 단위설비 간의 거리 및 단위설비와 단위설비 간의 거리 등의 사항들이 표시되어야 하고 도면은 축척에 의하여 표시한다.
2. 설비 배치도에는 각 기기 간의 거리, 기기의 설치 높이 등을 축척에 의하여 표시한다.
3. 기기 설치용 철구조물, 배관 설치용 철구조물, 제어실(control room) 및 전기실 등의 평

면도 및 입면도 등을 각각 작성한다.

4. 철구조물의 내화 처리에 관한 사항은 다음 각 목의 사항에 따라 작성한다.
   가. 설비 내의 철구조물에 대한 내화(fire proofing) 처리 여부를 별지 제18호서식의 내화구조 명세에 기재하고 이와 관련된 상세도면을 작성한다.
   나. 상세도면에는 기둥 및 보 등에 대한 내화 처리 방법 및 부위를 명확히 표시한다.
   다. 내화처리 기준은 안전보건규칙 제270조를 참조하여 작성하되 이 기준은 내화에 대한 최소의 기준이므로 사업장의 상황에 따라 이 기준 이상으로 실시하여야 한다.
5. 소화설비 설치계획을 별지 제17호의3서식 또는 소방 관련법(위험물안전관리법 등) 서식의 소화설비 설치계획에 작성하고 소화설비 용량산출 근거 및 설계기준, 소화설비 계통도 및 계통 설명서, 소화설비 배치도 등의 서류 및 도면 등을 작성한다.
6. 화재탐지·경보설비 설치계획을 별지 제17호의4서식 또는 소방 관련법 (위험물안전관리법 등) 서식 화재탐지·경보설비 설치계획에 작성하고 화재탐지 및 경보설비 명세 배치도 등의 서류 및 도면 등을 작성한다.
7. 심사대상 설비에서 취급·저장하는 화학물질의 누출로 인한 화재·폭발 및 독성물질의 중독 등에 의한 피해를 방지하기 위하여 누출이 예상되는 장소에는 해당 화학물질에 적합한 가스누출감지 경보기 설치계획을 별지 제17호의5서식의 가스누출감지경보기 설치계획에 작성하고 감지 대상 화학물질별 수량 및 감지기의 종류·형식, 감지기 종류·형식별 배치도 등의 서류 및 도면 등을 작성한다.
8. 심사대상 설비에서 취급·저장하는 화학물질에 근로자가 다량 노출되었을 경우에 대한 세척·세안시설 및 안전 보호장구 등의 설치계획·배치에 관하여 안전 보호장구의 수량 및 확보계획, 세척·세안시설 설치계획 및 배치도 등의 서류 및 도면 등을 작성한다.
9. 해당 설비에 설치하는 국소배기장치 설치계획은 별지 제19호서식의 국소배기장치 개요에 작성하되, 다음 각 목의 사항을 포함하여야 한다.
   가. 덕트, 배풍기, 공기정화장치 등의 설계 근거
   나. 제어 및 인터록 장치
   다. 후드, 덕트, 배풍기, 공기정화장치(제진설비, 세정설비 및 흡착설비 등), 배기구 등의 배관 및 계장도(piping & instrument diagram, P&ID)
   라. 그 밖의 유해물질·분진작업 관련 설비별 특성에 따른 사항
   마. 비상정지 시 발생원 처리대책

제24조(폭발위험장소 구분도 및 전기단선도 등)

① 가스 폭발위험장소 또는 분진 폭발위험장소에 해당되는 경우에는 「한국산업 표준(KS)」에 따라 폭발위험장소 구분도 및 방폭기기 선정기준을 다음 각 호의 사항에 따라 작성하여야 한다.

1. 폭발위험장소 구분도에는 가스 또는 분진 폭발위험장소 구분도와 각 위험원별 폭발위험장소 구분도표를 포함한다.
2. 방폭기기 선정기준은 별지 제20호서식의 방폭전기/계장 기계·기구 선정기준에 작성하되, 각 공장 또는 공정별로 구분하여 해당되는 모든 전기·계장 기계·기구를 품목별로 기재한다.
3. 방폭기기 형식 표시기호는 「한국산업표준(KS)」에 따라 기재한다.

② 전기단선도는 수전설비의 책임분계점부터 저압 변압기의 2차 측(부하설비 1차 측)까지를 말하며, 이 단선도에는 다음 각 호의 사항을 포함하여야 한다.

1. 부스바 또는 케이블의 종류, 굵기 및 가닥 수 등
2. 변압기의 종류, 정격(상수, 1·2차 전압), 1·2차 결선 및 접지방식, 보호방식, 전동기 등 연동장치와 관련된 기기의 제어회로
3. 각종 보호장치(차단기, 단로기)의 종류와 차단 및 정격용량, 보호방식 등
4. 예비 동력원 또는 비상전원 설비의 용량 및 단선도
5. 각종 보호장치의 단락용량 계산서 및 비상전원 설비용량 산출계산서(해당될 경우에 한정한다.)

③ 심사대상기기·철구조물 등에 대한 접지계획 및 배치에 관한 서류·도면 등은 다음 각 호의 사항에 따라 작성하여야 한다.

1. 접지계획에는 접지의 목적, 적용법규·규격, 적용범위, 접지방법, 접지종류(계통접지, 기기접지, 피뢰설비접지, 정밀장비접지 및 정전기 등을 포함) 및 접지설비의 유지관리 등을 포함한다.
2. 접지 배치도에는 접지극의 위치, 접지선의 종류와 굵기 등을 표기한다.

제25조(안전설계제작 및 설치 관련 지침서)

모든 유해·위험설비에 대해서는 안전설계·제작 및 설치 등에 관한 설계·제작·설치관련 코드 및 기준을 작성하여야 한다.

제26조(그 밖에 관련된 자료)

① 플레어스택을 포함한 압력방출설비에 대하여는 플레어스택의 용량 산출 근거, 플레어스택의 높이 계산 근거 및 압력방출설비의 공정상세도면(P&ID) 등의 사항을 작성하여야 한다.

② 환경오염물질의 처리에 관련된 설비에 대하여는 설비 내에서 발생되는 환경 오염물질의 수지, 처리방법 및 최종 배출농도 등의 사항을 작성하여야 한다.

3.5.2 공정위험성 평가서 작성 기준

제27조(공정위험성 평가서의 작성 등)

① 규칙 제50조제1항에 따라 작성하는 공정위험성 평가서에는 다음 각 호의 사항을 포함하여야 한다.

1. 위험성 평가의 목적
2. 공정위험 특성
3. 위험성 평가 결과에 따른 잠재위험의 종류 등
4. 위험성평가 결과에 따른 사고빈도 최소화 및 사고 시의 피해 최소화 대책 등
5. 기법을 이용한 위험성 평가 보고서
6. 위험성 평가 수행자 등

② 제1항에 따른 공정위험성 평가서를 작성할 때에는 공정상에 잠재하고 있는 위험을 그 특성별로 구분하여 작성하여야 하고, 잠재된 공정 위험 특성에 대하여 필요한 방호방법과 안전 시스템을 작성하여야 한다.

③ 선정된 위험성평가 기법에 의한 평가 결과는 잠재 위험의 높은 순위별로 작성하여야 한다.

④ 잠재위험 순위는 사고빈도 및 그 결과에 따라 우선순위를 결정하여야 한다.

⑤ 기존설비에 대해서 이미 위험성평가를 실시하여 그 결과에 따른 필요한 조치를 취하고 보고서 제출 시점까지 변경된 사항이 없는 경우에는 이미 실시한 공정위험성 평가서로 대치할 수 있다.

⑥ 사업주는 공정위험성 평가 외에 화학설비 등의 설치, 개·보수, 촉매 등의 교체 등 각종 작업에 관한 위험성평가를 수행하기 위하여 고용노동부 고시 「사업장 위험성평가에 관한 지침」에 따라 작업안전 분석기법(job safety analysis, JSA) 등을 활용하여 위험성평가 실시 규정을 별도로 마련하여야 한다.

제28조(사고빈도 및 피해 최소화 대책 등)

① 사업주는 단위공장별로 인화성가스·액체에 따른 화재·폭발 및 독성물질 누출사고에 대하여 각각 1건의 최악의 사고 시나리오와 각각 1건 이상의 대안의 사고 시나리오를 선정하여 정량적 위험성평가(피해 예측)를 실시한 후 그 결과를 별지 제19호의2서식의 시나리오 및 피해 예측 결과에 작성하고 사업장 배치도 등에 표시하여야 한다.

② 제1항의 시나리오는 공단 기술지침 중 「누출원 모델링에 관한 기술지침」, 「사고 피해예측 기법에 관한 기술지침」, 「최악의 누출 시나리오 선정지침」, 「화학공장의 피해 최소화 대책 수립에 관한 기술지침」 등에 따라 작성하여야 한다.

③ 사업주는 제1항의 시나리오별로 사고발생 빈도를 최소화하기 위한 대책과 사고 시 피해 정도 및 범위 등을 고려한 피해 최소화 대책을 수립하여야 한다.

제29조(공정위험성 평가기법)

① 위험성평가 기법은 규칙 규칙 제50조제1항제2호 각 목에 규정된 기법 중에서 해당 공정의 특성에 맞게 사업장 스스로 선정하되, 다음 각 호의 기준에 따라 선정하여야 한다.

1. 제조공정 중 반응, 분리(증류, 추출 등), 이송시스템 및 전기·계장시스템 등의 단위공정
   가. 위험과 운전분석기법
   나. 공정위험 분석기법
   다. 이상위험도 분석기법
   라. 원인결과 분석기법
   마. 결함 수 분석기법
   바. 사건 수 분석기법
   사. 공정안전성 분석기법
   아. 방호계층 분석기법
2. 저장탱크설비, 유틸리티설비 및 제조공정 중 고체 건조·분쇄설비 등 간단한 단위공정
   가. 체크리스트기법
   나. 작업자실수 분석기법
   다. 사고예상 질문분석기법
   라. 위험과 운전분석기법
   마. 상대위험순위 결정기법
   바. 공정위험 분석기법
   사. 공정안정성 분석기법

② 하나의 공장이 반응공정, 증류·분리공정 등과 같이 여러 개의 단위공정으로 구성되어 있을 경우 각 단위 공정 특성별로 별도의 위험성 평가기법을 선정할 수 있다.

제30조(위험성 평가 수행자)

위험성 평가를 수행할 때는 다음 각 호의 전문가가 참여하여야 하며, 위험성 평가에 참여한 전문가 명단을 별지 제21호서식의 위험성 평가 참여 전문가 명단에 기록하여야 한다.

1. 위험성 평가 전문가
2. 설계 전문가
3. 공정운전 전문가

3.5.3 안전운전계획(9가지) 작성 기준

제31조(안전운전 지침서)

규칙 제50조제1항제3호 가목의 안전운전 지침서에는 다음 각 호의 사항을 포함하여야 한다.

1. 최초의 시운전
2. 정상운전
3. 비상시 운전
4. 정상적인 운전정지
5. 비상정지
6. 정비 후 운전개시
7. 운전 범위를 벗어났을 경우 조치 절차
8. 화학물질의 물성과 유해·위험성
9. 위험물질 누출 예방 조치
10. 개인보호구 착용 방법
11. 위험물질에 폭로 시의 조치요령과 절차
12. 안전설비 계통의 기능·운전 방법 및 절차 등

제32조(설비점검·검사 및 보수계획, 유지계획 및 지침서)

규칙 제50조제1항제3호 나목의 설비점검 검사 및 보수계획, 유지계획 및 지침서는 공단기술 지침 중 「유해·위험설비의 점검·정비·유지관리 지침」을 참조하여 작성하되, 다음 각 호의 사항을 포함하여야 한다.

1. 목적
2. 적용 범위
3. 구성 기기의 우선순위 등급
4. 기기의 점검
5. 기기의 결함관리
6. 기기의 정비
7. 기기 및 기자재의 품질관리
8. 외주업체 관리
9. 설비의 유지관리 등

제33조(안전작업허가)

규칙 제50조제1항제3호 다목의 안전작업허가는 공단기술지침 중 「안전작업허가 지침」을 참조하여 작성하되, 다음 각 호의 사항을 포함하여야 한다.

1. 목적
2. 적용 범위
3. 안전작업허가의 일반사항
4. 안전작업 준비
5. 화기작업 허가
6. 일반위험작업 허가
7. 밀폐공간 출입작업 허가
8. 정전작업 허가
9. 굴착작업 허가
10. 방사선 사용작업 허가 등

제34조(도급업체 안전관리계획)

규칙 제50조제1항제3호 라목의 도급업체 안전관리계획은 다음 각 호의 사항을 포함하여야 한다.

1. 목적
2. 적용 범위

3. 적용대상
4. 사업주의 의무 : 다음 각 목의 사항
   가. 법 제63조부터 제66조까지에 따른 조치 사항
   나. 도급업체 선정에 관한 사항
   다. 도급업체의 안전관리수준 평가
   라. 비상조치계획(최악 및 대안의 사고 시나리오 포함)의 제공 및 훈련
5. 도급업체 사업주의 의무 : 다음 각 목의 사항
   가. 법 제63조부터 제66조까지에 따른 조치 사항의 이행
   나. 작업자에 대한 교육 및 훈련
   다. 작업 표준 작성 및 작업 위험성평가 실시 등
6. 계획서 작성 및 승인 등

제35조(근로자 등 교육계획)

규칙 제50조제1항제3호 마목의 근로자 등 교육계획은 다음 각 호의 사항을 포함하여야 한다.

1. 목적
2. 적용 범위
3. 교육대상
4. 교육의 종류
5. 교육계획의 수립
6. 교육의 실시
7. 교육의 평가 및 사후관리

제36조(가동전 점검지침)

규칙 제50조제1항제3호 바목의 가동 전 점검지침에는 다음 각 호의 사항을 포함하여야 한다.

1. 목적
2. 적용 범위
3. 점검팀의 구성
4. 점검 시기
5. 점검표의 작성
6. 점검보고서

7. 점검 결과의 처리

제37조(변경요소 관리계획)

규칙 제50조제1항제3호 사목의 변경 요소 관리계획은 다음 각 호의 사항을 포함하여야 한다.

1. 목적
2. 적용 범위
3. 변경 요소 관리의 원칙
4. 정상변경 관리 절차
5. 비상변경 관리 절차
6. 변경관리위원회의 구성
7. 변경 시의 검토항목
8. 변경업무 분담
9. 변경에 대한 기술적 근거
10. 변경요구서 서식 등

제38조(자체감사 계획)

규칙 제50조제1항제3호 아목의 자체감사 계획은 다음 각 호의 사항을 포함하여야 한다.

1. 목적
2. 적용 범위
3. 감사계획
4. 감사팀의 구성
5. 감사 시행
6. 평가 및 시정
7. 문서화 등

제39조(공정사고 조사계획)

규칙 제50조제1항제3호 아목의 사고조사 계획은 다음 각 호의 사항을 포함하여야 한다.

1. 목적
2. 적용 범위

3. 공정사고 조사팀의 구성
4. 공정사고 조사 보고서의 작성
5. 공정사고 조사 결과의 처리

3.5.4 비상조치계획 작성 기준

제40조(비상조치 계획의 작성)

규칙 제50조제1항제4호의 비상조치 계획은 다음 각 호의 사항을 포함하여야 한다.

1. 목적
2. 비상사태의 구분
3. 위험성 및 재해의 파악 분석
4. 유해·위험물질의 성상 조사
5. 비상조치계획의 수립(최악 및 대안의 사고 시나리오의 피해 예측 결과를 구체적으로 반영한 대응계획을 포함한다)
6. 비상조치 계획의 검토
7. 비상대피 계획
8. 비상사태의 발령(중대산업사고의 보고를 포함한다)
9. 비상경보의 사업장 내·외부 사고 대응기관 및 피해범위 내 주민 등에 대한 비상경보의 전파
10. 비상사태의 종결
11. 사고조사
12. 비상조치 위원회의 구성
13. 비상통제 조직의 기능 및 책무
14. 장비보유 현황 및 비상통제소의 설치
15. 운전정지 절차
16. 비상훈련의 실시 및 조정
17. 주민 홍보계획 등

제4장

공정안전 자료

4.1 공정안전 자료 개요

major industrial accident 발생 원인으로는 human error, 유해위험 취급설비의 설계 오류, 설비 bath curve를 고려하지 않는 maintenance 등이라고 할 수 있다.

psm은 process safety management의 약어이며 유해위험물질이 closed system(설비 내부)에서 opened system(외부)으로 누출되어 발생하는 major industrial accident인 중대산업사고를 방지하여 인명을 안전하게 하는 데 목적이 있다.

그리고 공정안전 자료는 process safety management의 대상이 되는 유해위험물질 취급설비의 process safety information을 관리하여 설계 오류를 최소화하기 위한 항목이라고 할 수 있으며 가장 먼저 파악되어야 할 항목은 PSM 대상 공정에서 어떤 물질이 취급되며 그 물질이 누출되었을 경우에는 어떤 위험이 있는지, 그리고 그 물질은 어느 정도의 양이 사용되고 있는지를 확인할 수 있는 물질안전보건자료(MSDS) 및 유해위험물질 목록이 process safety information의 가장 첫 번째 항목이다.

그리고 그 다음으로는 크게 나누어서 유해위험물질이 closed system 밖으로 나가지 못하게 하여 사고 자체를 방지하는 prevention system과 누출사고가 발생한 경우 그 피해를 최소화하는 mitigation system이고 mitigation system은 작동 mechanism에 따라 다시 passive system과 active system으로 구분할 수 있다.

Prevention System

1. 유해위험물질을 공급받아 저장하는 저장탱크 등의 장치
2. 장치에 저장된 유해위험물질을 이송하는 동력기계
3. 유해화학물질이 이송하는 배관
4. 이와 같은 설비(장치, 동력기계, 배관)에서 과압이 발생할 경우 설비보호를 위한 안전밸브 및 파열판 명세
5. 공정흐름과 관련된 정보를 확인할 수 있는 공정개요
6. PFD(process flow diagram)
7. P&ID(piping & instrument diagram)

Mitigation System – Passive

1. 이와 같은 유해위험물질 취급설비가 설치되어 있는 layout(설비/건물 배치도/dike 등)
2. 불연재료인 철골로 된 시설(건물, 지지대 등)에 유해위험물질 취급시설이 설치되어 있는 경우 화재 폭발로 인한 복사열로 붕괴가 발생하는 것을 방지하기 위한 내화 처리

Mitigation System – Active

1. 유해위험물질이 누출되어 누출지점으로부터 폭발하한(LEL or LFL)에 도달하는 거리를 나타내는 방폭 반경 내 점화원 제거를 위한 방폭형 전기설비의 설치
2. 유해위험물질 취급시설에서 누출 및 화재가 발생한 경우 피해를 최소화하기 위한 소화설비
3. 유해위험물질의 누출 및 화재사고를 초기에 감지하여 피해를 최소화하기 위한 가스누출 감지경보기 및 화재탐지경보설비 설치
4. 누출발생 시 인명안전을 위한 세척·세안설비 및 안전보호장구, 국소배기장치
5. 유해위험물질 취급설비에 전기를 공급하는 전력계통 보호 계전설비 및 비상전력 공급설비를 확인할 수 있는 전기 단선도(single line diagram)
6. 낙뢰 및 누설전류로 인한 피해를 예방하기 위한 피뢰설비 및 접지
7. 공정에 이상 발생 시 배출된 과압을 처리하는 배출물질 처리설비인 flare system 또는 AC(activated carbon) tower

공정안전자료 종류(사진출처 : www.kosha.or.kr/epsm 화면)

4.2 MSDS(Material Safety Data Sheet)

MSDS는 총 16가지 항목으로 구성되어 있고 모든 항목이 중요하지만 그중에서도 중요도가 높은 항목으로는 2번(유해위험성 pictogram), 8번(노출기준), 9번(물리화학적 특성), 11번(독성), 15번(법적 규제)이라고 할 수 있다.

1. 화학제품과 회사에 관한 정보
2. 유해·위험성
3. 구성성분의 명칭 및 함유량
4. 응급조치요령
5. 폭발·화재 시 대처방법
6. 누출사고 시 대처방법
7. 취급 및 저장방법
8. 노출방지 및 개인보호구

9. 물리화학적 특성
10. 안정성 및 반응성
11. 독성에 관한 정보
12. 환경에 미치는 영향
13. 폐기 시 주의사항
14. 운송에 필요한 정보
15. 법적 규제 현황
16. 기타 참고자료

4.2.1 유해, 위험성

고용노동부는 국제적으로 통일된 기준에 따라 화학물질의 유해위험성을 분류하여 통일된 형태의 경고표시와 물질안전보건자료 정보 전달을 위하여 단일물질은 2010년 7월 1일부터, 혼합물질은 2013년 7월 1일부터 산업안전보건법에 의하여 GHS(Globally Harmonized System of Classification and Labelling of Chemicals) MSDS를 시행하여 물질의 유해, 위험성은 아래와 같은 총 9가지의 pictogram에 의하여 통일되게 적용하고 있다.

불꽃(Flame)

- 인화성 가스
- 에어로졸
- 인화성 액체
- 인화성 고체
- 자기반응성 물질 및 혼합물
- 자연발화성 액체
- 자연발화성 고체
- 자기발열성 물질 및 혼합물
- 물반응성 물질 및 혼합물
- 유기과산화물

1. "인화성 가스"는 20℃, 표준압력 101.3 kPa에서 공기와 혼합하여 인화범위에 있는 가스와 54℃ 이하 공기 중에서 자연 발화하는 가스, 20℃, 표준압력 101.3 kPa에서 화학적으로 불안정한 가스
2. "인화성 액체"란 인화점이 93℃ 이하인 액체를 말한다.
3. "에어로졸(에어로졸 분사기)"은 재충전이 불가능한 용기(금속, 유리 또는 플라스틱 소재)에 가스(압축가스, 액화가스 또는 용해가스)만을 충전하거나 액체, 페이스트(paste) 또는 분말(powder)과 함께 충전하고, 특정상태(가스에 현탁시킨 고체나 액체 입자 형태나 포(foam), 페이스트, 분말, 액체, 또는 가스 상태)로 배출하는 분사장치를 갖춘 것을 말한다.

원 위의 불꽃(Flame over Circle)

- 산화성 가스
- 산화성 액체
- 산화성 고체

가스 실린더(Gas cylinder)

- 산화성 가스

폭발하는 폭탄(Exploding bomb)

- 폭발성 물질
- 자기반응성 물질 및 혼합물
- 유기과산화물

해골과 X자형 뼈

- 급성 독성

부식성(Corrosion)

- 금속부식성 물질
- 피부부식성 / 피부자극성
- 심한 눈 손상

감탄부호(Exclamation mark)

- 경고
- 피부 과민성

환경(Environment)

- 수생물환경 유해성

건강 유해성(Health hazard)

- 호흡기 과민성
- 발암성
- 생식세포 변이원성
- 생식독성
- 특정표적장기 독성

5. "산화성 가스"란 일반적으로 산소를 공급함으로써 공기와 비교하여 다른 물질의 연소를 더 잘 일으키거나 연소를 돕는 가스를 말한다.
6. "산화성 액체"란 그 자체는 연소하지 않더라도 일반적으로 산소를 발생시켜 다른 물질을 연소시키거나 연소를 돕는 액체를 말한다.
7. "산화성 고체"란 그 자체로는 연소하지 아니하더라도 일반적으로 산소를 발생시켜 다른 물질을 연소시키거나 연소를 돕는 고체를 말한다.
8. "고압가스"는 200 kPa 이상의 게이지 압력 상태로 용기에 충전되어 있는 가스 또는 액화되거나 냉동 액화된 가스를 말한다. 고압가스는 압축가스, 액화가스, 용해가스 및 냉동액화가스로 구성된다.

4.2.2 노출기준

고용노동부 고시 제2018-62호(화학물질 및 물리적 인자의 노출기준)은「산업안전보건법」 제39조제2항 및 제42조,「산업안전보건법 시행규칙」제81조의2에 따라 인체에 유해한 가스, 증기, 미스트, 흄이나 분진과 소음 및 고온 등 화학물질 및 물리적 인자(이하 "유해인자"라 한다)에 대한 작업환경평가와 근로자의 보건상 유해하지 아니한 기준을 정함으로써 유해인자로부터 근로자의 건강을 보호하는 데 기여하는 목적이 있다.

"노출 기준" 이란 근로자가 유해인자에 노출되는 경우 노출기준 이하 수준에서는 거의 모든 근로자에게 건강상 나쁜 영향을 미치지 아니하는 기준을 말하며, 1일 작업시간 동안의 시간가중 평균노출기준(time weighted average, TWA), 단시간노출기준(short term exposure limit, STEL) 또는 최고노출기준(ceiling, C)으로 표시한다.

"시간가중 평균노출기준(TWA)"이란 1일 8시간 작업을 기준으로 하여 유해인자의 측정치에 발생시간을 곱하여 8시간으로 나눈 값을 말하며, 다음 식에 따라 산출한다.

$$\text{TWA환산 값} = \frac{C_1 \cdot T_1 + C_2 \cdot T_2 + \cdots\cdots + C_n \cdot T_n}{8}$$

여기서, C : 유해인자의 측정치(단위 : ppm, mg/m^3 또는 개/cm^3)

T : 유해인자의 발생 시간(단위 : 시간)

"단시간노출기준(STEL)"이란 15분간의 시간가중 평균노출값으로서 노출농도가 시간가중 평균노출기준(TWA)을 초과하고 단시간노출기준(STEL) 이하인 경우에는 1회 노출 지속시간이 15분 미만이어야 하고, 이러한 상태가 1일 4회 이하로 발생하여야 하며, 각 노출의 간격은 60분 이상이어야 한다.

"최고노출기준(C)"이란 근로자가 1일 작업시간 동안 잠시라도 노출되어서는 아니 되는 기준을 말하며, 노출기준 앞에 "C"를 붙여 표시한다.

4.2.3 물리화학적 성질

물리화학적 성질에는 많은 항목이 있는데 그중에서 화재 폭발과 연관성이 큰 항목인 인화점, 자연 발화점, 폭발범위이다.

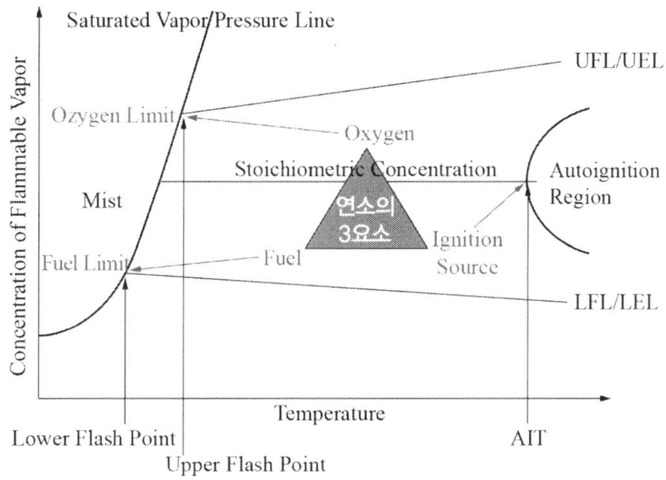

인화성 물질은 온도증가에 따라 더 이상 액체 상태로 존재할 수 없는 포화 증기압(saturation vapor pressure)을 가지고 있으며, 포화 증기압은 온도가 높아질수록 포화 증기압의 변화폭이 커지는 비선형적인 증가를 보인다.

그러므로 위의 그림에서와 같이 포화 증기압선도(saturation vapor pressure curve)를 기준으로 하여 좌측부분은 액상 등의 mists이며, 우측부분은 vapor상이라고 할 수 있다. 따라서 대부분의 모든 물질은 vapor phase에서만 점화되므로 모든 화재 폭발은 우측 부분에서만 발생한다.

이와 같은 포화 증기압선도를 기준으로,

1. 클리블랜드 open-cup 인화점 측정방식을 예로 들면, 대상 물질을 sample cup에 담아 장착한 후 temperature controller를 조작하여 온도를 올리면서 온도계를 확인하며 test flame을 작동시켜 점화를 시도했을 경우 연소를 개시할 수 있는 최저온도를 인화점이라고 한다.
2. 그리고 그 인화점에서의 인화성 물질의 농도를 폭발하한 또는 연소하한이라고 하며 점화원을 접촉했을 때 불이 붙을 수 있는 연료-공기혼합기의 최저 농도이다. 폭발하한과 연소하한의 구분은 대상 물질이 가스인 경우에는 폭발하한(LEL, lower explosive limit)이라고 하고, 액체인 경우에는 연소하한(LFL, lower flammable limit)이라고 한다.
3. 이와 같은 상태에서 온도를 계속해서 증가시키면 연료의 농도가 너무 높아져 연료-공기 혼합기의 농도에 연소의 3요소인 조연성 물질(공기 또는 산소)의 부족으로 점화가 일어나지 않는 점이 존재하는데 이때의 농도를 폭발(연소) 상한(upper explosive(flammable)

limit)이라고 하며 점화할 수 있는 최고 농도이다.

4. 점화는 LEL과 UEL 사이에서만 일어나며 포화 증기압선도를 벗어난 상태에서 온도가 상승하면 온도상승에 따른 activation 증가로 인하여 LEL보다 더 낮은 농도에서도 불이 붙고 UEL보다도 더 높은 농도에서도 점화가 발생합니다.
5. 계속해서 온도를 가열하면 점화원을 접촉하지 않아도 불이 붙는 온도가 나타나게 되는데 이 온도를 자연 발화 온도(AIT, auto ignition temperature)라고 하며 연료-공기혼합기가 이상적으로 결합되어 있는 양론혼합농도(stoichiometric concentration)에서 가장 낮은 AIT가 생성되고 양론혼합농도를 벗어나면 발화하는 온도가 높아지게 되므로, MSDS 상의 AIT는 양론혼합농도에서의 AIT이다.

4.2.4 독성에 관한 정보

MSDS 11번 독성에 관한 정보에 기입되어 있는 독성 값을 MSDS 8번의 노출기준과 비교하여 설명하면,

1. MSDS 8번의 TWA, STEL, ceiling 값은 이 농도를 넘어서면 위험하다는 정성적인 위험의 상태라고 할 수 있다. 즉, hazard의 개념
2. MSDS 11번의 독성은 실험동물의 50%가 치사할 수 있는 정량적인 농도라고 할 수 있다. 즉, risk의 개념
3. 독성의 종류로는 경구독성(LD50), 경피독성(LD50), 흡입독성(LC50)이 있으며 흡입독성은 대상 물질이 가스인지, 증기인지, 분진인지에 따라 다른 기준값을 가지고 있다.

위험물질의 종류(산업안전보건기준에 관한 규칙 별표 1)

1. 폭발성 물질 및 유기과산화물

   가. 질산에스테르류

   나. 니트로화합물

   다. 니트로소화합물

   라. 아조화합물

   마. 디아조화합물

   바. 하이드라진 유도체

   사. 유기과산화물

   아. 그 밖에 가목부터 사목까지의 물질과 같은 정도의 폭발 위험이 있는 물질

자. 가목부터 아목까지의 물질을 함유한 물질

2. 물반응성 물질 및 인화성 고체
   가. 리튬
   나. 칼륨·나트륨
   다. 황
   라. 황린
   마. 황화인·적린
   바. 셀룰로이드류
   사. 알킬알루미늄·알킬리튬
   아. 마그네슘 분말
   자. 금속 분말(마그네슘 분말은 제외한다)
   차. 알칼리금속(리튬·칼륨 및 나트륨은 제외한다)
   카. 유기 금속화합물(알킬알루미늄 및 알킬리튬은 제외한다)
   타. 금속의 수소화물
   파. 금속의 인화물
   하. 칼슘 탄화물, 알루미늄 탄화물
   거. 그 밖에 가목부터 하목까지의 물질과 같은 정도의 발화성 또는 인화성이 있는 물질
   너. 가목부터 거목까지의 물질을 함유한 물질

3. 산화성 액체 및 산화성 고체
   가. 차아염소산 및 그 염류
   나. 아염소산 및 그 염류
   다. 염소산 및 그 염류
   라. 과염소산 및 그 염류
   마. 브롬산 및 그 염류
   바. 요오드산 및 그 염류
   사. 과산화수소 및 무기 과산화물
   아. 질산 및 그 염류
   자. 과망간산 및 그 염류

차. 중크롬산 및 그 염류

카. 그 밖에 가목부터 차목까지의 물질과 같은 정도의 산화성이 있는 물질

타. 가목부터 카목까지의 물질을 함유한 물질

4. 인화성 액체

가. 에틸에테르, 가솔린, 아세트알데히드, 산화프로필렌, 그 밖에 인화점이 섭씨 23도 미만이고 초기 끓는점이 섭씨 35도 이하인 물질

나. 노말헥산, 아세톤, 메틸에틸케톤, 메틸알코올, 에틸알코올, 이황화탄소, 그 밖에 인화점이 섭씨 23도 미만이고 초기 끓는점이 섭씨 35도를 초과하는 물질

다. 크실렌, 아세트산아밀, 등유, 경유, 테레핀유, 이소아밀알코올, 아세트산, 하이드라진, 그 밖에 인화점이 섭씨 23도 이상 섭씨 60도 이하인 물질

5. 인화성 가스

가. 수소

나. 아세틸렌

다. 에틸렌

라. 메탄

마. 에탄

바. 프로판

사. 부탄

아. 영 별표 13에 따른 인화성 가스

6. 부식성 물질

가. 부식성 산류

(1) 농도가 20퍼센트 이상인 염산, 황산, 질산, 그 밖에 이와 같은 정도 이상의 부식성을 가지는 물질

(2) 농도가 60퍼센트 이상인 인산, 아세트산, 불산, 그 밖에 이와 같은 정도 이상의 부식성을 가지는 물질

나. 부식성 염기류

농도가 40퍼센트 이상인 수산화나트륨, 수산화칼륨, 그 밖에 이와 같은 정도 이상의

부식성을 가지는 염기류

7. 급성 독성 물질
   가. 쥐에 대한 경구투입실험에 의하여 실험동물의 50퍼센트를 사망시킬 수 있는 물질의 양, 즉 LD50(경구, 쥐)이 킬로그램당 300밀리그램-(체중) 이하인 화학물질
   나. 쥐 또는 토끼에 대한 경피흡수실험에 의하여 실험동물의 50퍼센트를 사망시킬 수 있는 물질의 양, 즉 LD50(경피, 토끼 또는 쥐)이 킬로그램당 1000밀리그램-(체중) 이하인 화학물질
   다. 쥐에 대한 4시간 동안의 흡입실험에 의하여 실험동물의 50퍼센트를 사망시킬 수 있는 물질의 농도, 즉 가스 LC_{50}(쥐, 4시간 흡입)이 2500 ppm 이하인 화학물질, 증기 LC_{50}(쥐, 4시간 흡입)이 10mg/L 이하인 화학물질, 분진 또는 미스트 1mg/L 이하인 화학물질

제273조(계측장치 등의 설치)

사업주는 별표 9에 따른 위험물을 같은 표에서 정한 기준량 이상으로 제조하거나 취급하는 다음 각 호의 어느 하나에 해당하는 화학설비(이하 "특수화학설비"라 한다)를 설치하는 경우에는 내부의 이상 상태를 조기에 파악하기 위하여 필요한 온도계·유량계·압력계 등의 계측장치를 설치하여야 한다.

1. 발열반응이 일어나는 반응장치
2. 증류·정류·증발·추출 등 분리를 하는 장치
3. 가열시켜 주는 물질의 온도가 가열되는 위험물질의 분해온도 또는 발화점보다 높은 상태에서 운전되는 설비
4. 반응폭주 등 이상 화학반응에 의하여 위험물질이 발생할 우려가 있는 설비
5. 온도가 섭씨 350도 이상이거나 게이지 압력이 980킬로파스칼 이상인 상태에서 운전되는 설비
6. 가열로 또는 가열기

산업안전보건기준에 관한 규칙 [별표 9] 위험물질의 기준량 (제273조 관련)

위험물질	기준량
1. 폭발성 물질 및 유기과산화물	
가. 질산에스테르류	10킬로그램
니트로글리콜·니트로글리세린·니트로셀룰로오스 등	
나. 니트로 화합물	200킬로그램
트리니트로벤젠·트리니트로톨루엔·피크린산 등	
다. 니트로소 화합물	200킬로그램
라. 아조 화합물	200킬로그램
마. 디아조 화합물	200킬로그램
바. 하이드라진 유도체	200킬로그램
사. 유기과산화물	50킬로그램
과초산, 메틸에틸케톤 과산화물, 과산화벤조일 등	
2. 물반응성 물질 및 인화성 고체	
가. 리튬	5킬로그램
나. 칼륨·나트륨	10킬로그램
다. 황	100킬로그램
라. 황린	20킬로그램
마. 황화인·적린	50킬로그램
바. 셀룰로이드류	150킬로그램
사. 알킬알루미늄·알킬리튬	10킬로그램
아. 마그네슘 분말	500킬로그램
자. 금속 분말(마그네슘 분말은 제외한다)	1,000킬로그램
차. 알칼리금속(리튬·칼륨 및 나트륨은 제외한다)	50킬로그램
카. 유기금속화합물(알킬알루미늄 및 알킬리튬은 제외한다)	50킬로그램
타. 금속의 수소화물	300킬로그램
파. 금속의 인화물	300킬로그램
하. 칼슘 탄화물, 알루미늄 탄화물	300킬로그램
3. 산화성 액체 및 산화성 고체	
가. 차아염소산 및 그 염류	
(1) 차아염소산	300킬로그램
(2) 차아염소산칼륨, 그 밖의 차아염소산염류	50킬로그램
나. 아염소산 및 그 염류	
(1) 아염소산	300킬로그램
(2) 아염소산칼륨, 그 밖의 아염소산염류	50킬로그램
다. 염소산 및 그 염류	
(1) 염소산	300킬로그램

위험물질	기준량
(2) 염소산칼륨, 염소산나트륨, 염소산암모늄, 그 밖의 염소산염류	50킬로그램
라. 과염소산 및 그 염류	
(1) 과염소산	300킬로그램
(2) 과염소산칼륨, 과염소산나트륨, 과염소산암모늄, 그 밖의 과염소산염류	50킬로그램
마. 브롬산 및 그 염류	
브롬산염류	100킬로그램
바. 요오드산 및 그 염류	
요오드산염류	300킬로그램
사. 과산화수소 및 무기 과산화물	
(1) 과산화수소	300킬로그램
(2) 과산화칼륨, 과산화나트륨, 과산화바륨, 그 밖의 무기 과산화물	50킬로그램
아. 질산 및 그 염류	
질산칼륨, 질산나트륨, 질산암모늄, 그 밖의 질산염류	1,000킬로그램
자. 과망간산 및 그 염류	1,000킬로그램
차. 중크롬산 및 그 염류	3,000킬로그램
4. 인화성 액체	
가. 에틸에테르·가솔린·아세트알데히드·산화프로필렌, 그 밖에 인화점이 23℃ 미만이고 초기 끓는점이 35℃ 이하인 물질	200리터
나. 노말헥산·아세톤·메틸에틸케톤·메틸알코올·에틸알코올·이황화탄소, 그 밖에 인화점이 23℃ 미만이고 초기 끓는점이 35℃를 초과하는 물질	400리터
다. 크실렌·아세트산아밀·등유·경유·테레핀유·이소아밀알코올·아세트산·하이드라진, 그 밖에 인화점이 23℃ 이상 60℃ 이하인 물질	1,000리터
5. 인화성 가스	50세제곱미터
가. 수소	
나. 아세틸렌	
다. 에틸렌	
라. 메탄	
마. 에탄	
바. 프로판	
사. 부탄	
아. 영 별표 13 에 따른 인화성 가스	
6. 부식성 물질로서 다음 각 목의 어느 하나에 해당하는 물질	
가. 부식성 산류	
(1) 농도가 20퍼센트 이상인 염산·황산·질산, 그 밖에 이와 동등 이상의 부식성을 가지는 물질	300킬로그램

위험물질	기준량
(2) 농도가 60퍼센트 이상인 인산·아세트산·불산, 그 밖에 이와 동등 이상의 부식성을 가지는 물질 나. 부식성 염기류 농도가 40퍼센트 이상인 수산화나트륨·수산화칼륨, 그 밖에 이와 동등 이상의 부식성을 가지는 염기류	300킬로그램
7. 급성 독성 물질	
가. 시안화수소·플루오르아세트산 및 소디움염·디옥신 등 LD50(경구, 쥐)이 킬로그램당 5밀리그램 이하인 독성물질	5킬로그램
나. LD50(경피, 토끼 또는 쥐)이 킬로그램당 50밀리그램(체중) 이하인 독성물질	5킬로그램
다. 데카보란·디보란·포스핀·이산화질소·메틸이소시아네이트·디클로로아세틸렌·플루오로아세트아마이드·케텐·1,4-디클로로-2-부텐·메틸비닐케톤·벤조트라이클로라이드·산화카드뮴·규산메틸·디페닐메탄디이소시아네이트·디페닐설페이트 등 가스 LC50(쥐, 4시간 흡입)이 100 ppm 이하인 화학물질, 증기 LC50(쥐, 4시간 흡입)이 0.5 mg/L 이하인 화학물질, 분진 또는 미스트 0.05 mg/L 이하인 독성물질	5킬로그램
라. 산화제2수은·시안화나트륨·시안화칼륨·폴리비닐알코올·2-클로로아세트알데히드·염화제2수은 등 LD50(경구, 쥐)이 킬로그램당 5밀리그램(체중) 이상 50밀리그램(체중) 이하인 독성물질	20킬로그램
마. LD50(경피, 토끼 또는 쥐)이 킬로그램 당 50밀리그램(체중) 이상 200밀리그램(체중) 이하인 독성물질	20킬로그램
바. 황화수소·황산·질산·테트라메틸납·디에틸렌트리아민·플루오린화 카보닐·헥사플루오로아세톤·트리플루오르화염소·푸르푸릴알코올·아닐린·불소·카보닐플루오라이드·발연황산·메틸에틸케톤 과산화물·디메틸에테르·페놀·벤질클로라이드·포스포러스펜톡사이드·벤질디메틸아민·피롤리딘 등 가스 LC50(쥐, 4시간 흡입)이 100 ppm 이상 500 ppm 이하인 화학물질, 증기 LC50(쥐, 4시간 흡입)이 0.5 mg/L 이상 2.0 mg/L 이하인 화학물질, 분진 또는 미스트 0.05 mg/L 이상 0.5 mg/L 이하인 독성물질	20킬로그램
사. 이소프로필아민·염화카드뮴·산화제2코발트·사이클로헥실아민·2-아미노피리딘·아조디이소부티로니트릴 등 LD50(경구, 쥐)이 킬로그램당 50밀리그램(체중) 이상 300밀리그램(체중) 이하인 독성물질	100킬로그램
아. 에틸렌디아민 등 LD50(경피, 토끼 또는 쥐)이 킬로그램 당 200밀리그램(체중) 이상 1,000밀리그램(체중) 이하인 독성물질	100킬로그램
자. 불화수소·산화에틸렌·트리에틸아민·에틸아크릴산·브롬화수소·무수아세트산·황화불소·메틸프로필케톤·사이클로헥실아민 등 가스 LC50(쥐, 4시간 흡입)이 500 ppm 이상 2,500 ppm 이하인 독성물질, 증기 LC50(쥐, 4시간 흡입)이 2.0 mg/L 이상 10 mg/L 이하인 독성물질, 분진 또는 미스트 0.5 mg/L 이상 1.0 mg/L 이하인 독성물질	100킬로그램

위험물질	기준량

비고

1. 기준량은 제조 또는 취급하는 설비에서 하루 동안 최대로 제조하거나 취급할 수 있는 수량을 말한다.
2. 기준량 항목의 수치는 순도 100퍼센트를 기준으로 산출한다.
3. 2종 이상의 위험물질을 제조하거나 취급하는 경우에는 각 위험물질의 제조 또는 취급량을 구한 후 다음 공식에 따라 산출한 값 R이 1 이상인 경우 기준량을 초과한 것으로 본다.

$$R = \frac{C_1}{T_1} + \frac{C_2}{T_2} + \cdots\cdots + \frac{C_n}{T_n}$$

여기서, C_n : 위험물질 각각의 제조 또는 취급량

T_n : 위험물질 각각의 기준량

4. 위험물질이 둘 이상의 위험물질로 분류되어 서로 다른 기준량을 가지게 될 경우에는 가장 작은 값의 기준량을 해당 위험물질의 기준량으로 한다.
5. 인화성 가스의 기준량은 운전온도 및 운전압력 상태에서의 값으로 한다.

4.3 유해위험물질 목록

유해위험물질 목록은 사업장 내에서 제조·취급·저장되는 순수화학물질뿐만 아니라 복합화학물질을 포함한 원료, 중간제품 및 완제품 등에 대한 안전·보건자료(MSDS)를 아래 표와 같이 정리하여 관리한다.

고용노동부 고시 별지 제13호 서식

화학물질	CAS No	분자식	폭발한계(%)		노출기준	독성치	인화점(℃)	발화점(℃)	증기압(20℃, mmHg)	부식성 유무	이상반응 유무	일일 사용량	저장량	비고
			하한	상한										

① 유해·위험물질은 제출대상 설비에서 제조 또는 취급하는 모든 화학물질을 기재
② 화학물질명은 가능한 한글로 작성하고 상품명이 아닌 고유의 화학물질명을 작성
③ CAS No. 란에는 물질안전보건자료(MSDS) 등을 참고하여 화학물질의 고유번호를 작성
④ 분자식 란에는 어떤 분자를 이루는 모든 원자의 종류와 수를 전부 나타낸 식으로 작성
⑤ 폭발한계 란에는 공기 중에서 연소 및 폭발이 발생할 수 있는 농도(vol%)를 작성하되, 하한값과 상한값을 구분하여 작성
⑥ 노출기준에는 작업장 허용농도 값(TWA, STEL, Ceiling 값 등)을 기재하며 국내기준과 해외기준(ACGIH, American Conference of Governmental Industrial Hygienists, 미국 산업위생 전문가협의회)을 모두 기재
⑦ 독성치에는 LD50(경구, 쥐), LD50(경피, 쥐 또는 토끼) 또는 LC50(흡입, 4시간 쥐), ERPG-2, AEGL-2, PAC-2, IDLH 중 해당되는 값과 해당 단위를 기재
⑧ 증기압은 20℃에서의 증기압을 작성하거나 증기압과 해당온도를 함께 기재
⑨ 부식성유무 란에는 해당물질의 부식성 여부를 작성하며, GHS-MSDS의 금속 부식성 및 피부부식성 번호를 기재
⑩ 이상반응 여부는 그 물질과 이상반응을 일으키는 물질과 그 조건(금수성 등)을 표시하고 필요시 별도로 작성하고 이상반응이 없는 경우에는 NFPA 지수 중 반응위험성 지수를 기록하거나, MSDS 10항의 내용 중 해당 공정에서 취급하는 물질과의 반응을 요약해서 기재
⑪ 일일 사용량은 설비에서 하루 동안 취급할 수 있는 최대량(또는 해당 설비·시설에서 제조·사용 또는 보관·저장할 수 있는 취급량 중에 가장 큰 값)을 작성
⑫ 저장량은 저장설비의 설계용량 기입
⑬ 비고란에는 해당물질의 사용용도(원료, 제품, 부산물 등)를 작성

4.4 동력기계 목록

① 동력기계 번호는 공정흐름도(PFD) 또는 공정배관계장도(P&ID)에 표기된 동력기계의 고유번호(item number)를 작성
② 동력기계명은 펌프, 압축기 및 송풍기 등 동력을 사용하는 모든 기계명을 구체적으로 작성
③ 명세 항목은 용량(m^3/hr) × 토출압력(MPa) × 분당 회전수(RPM) 등을 작성

④ 주요재질은 casing(check ball 등), impeller(diaphragm, 피스톤, 기어 등), shaft(head 등)의 재질을 가능한 한 KS 또는 ASTM 규격 기호로 작성

⑤ 전동기 용량란에는 해당 동력기계의 회전수와 전동기의 정격용량을 작성

⑥ 방호·보호장치의 종류는 회전기계, 안전밸브(정변위 펌프 및 압축기류), 모터 보호장치 THT/R, EOCR, EMPR 등) 등을 기입하며 안전밸브는 PSV 번호를 기입하여야 함(내장형 안전밸브가 설치되어 있는 경우에는 내장형이라고 표기)

⑦ 비고란에는 펌프 및 압축기의 경우 형식 분류, 인버터 또는 기동방식, 방폭기기 여부 등 기타 사항을 작성

고용노동부 고시 별지 제14호 서식

동력기계 번호	동력 기계명	명세	주요재질	전동기용량 (kW)	방호·보호 장치의 종류	비고

4.5 장치 및 설비 명세

고용노동부 고시 별지 제15호 서식

장치 번호	장치명	내용물	용량	압력 (MPa)		온도 (℃)		사용재질			용접 효율	계산 두께 (mm)	부식 여유 (mm)	사용 두께 (mm)	후열 처리 여부	비파 괴율 검사 (%)	비고
				운전	설계	운전	설계	본체	부속품	개스킷							

① 장치 번호는 공정흐름도(PFD) 또는 공정배관계장도(P&ID)에 표기된 장치 및 설비의 고유번호(item number)를 기재
② 장치명은 압력용기, 증류탑, 반응기, 열교환기, 탱크류 등 고정 장치를 기재
③ 열교환기류는 동체 측과 튜브 측을 구별하여 기재
④ 자켓이 있는 압력용기류는 동체 측과 자켓 측을 구별하여 기재
⑤ 내용물은 취급하는 화학물질명과 농도(%)를 기재
⑥ 용량은 장치 및 설비의 크기와 총용량을 기재하며 이 경우 크기는 원통형인 경우에는 지름(또는 넓이) 및 높이를, 구형인 경우에는 지름을, 육면체인 경우에는 가로×세로×높이를 각각 기재
⑦ 압력, 온도란에는 장치 및 설비의 설계 및 운전 상태를 기재
⑧ 사용 재질은 취급시설의 주요 부분의 재질을 가능한 한 KS 또는 ASTM 규격기호로 기재
⑨ 부속물은 증류탑 충진물, 데미스터(demister), 내부의 지지물 등을 말하며 개스킷 재질은 상표명이 아닌 일반명(S.W.SS316LF/graphite 등) 작성
⑩ 용접효율 란은 용접이음 종류 및 방사선 투과시험 실시 여부에 따라 기입
⑪ 계산 두께는 부식 여유를 제외한 계산 두께 기입(사용두께 ≥ 계산두께 + 부식여유)
⑫ 후열처리 여부 란은 용접 전/후 응력제거를 위한 열처리 여부를 기입하며 예(Yes), 아니오(No)를 작성
⑬ 비파괴검사율은 spot(20%), full(100%) 등으로 표시
⑭ 비고 란에는 안전인증, 안전검사 등 적용받는 법령명, 설계 및 제작 기준(KS, ASME, TEMA, API 등) 등을 작성

산업안전보건법 제84조(안전인증)

① 유해·위험기계 등 중 근로자의 안전 및 보건에 위해(危害)를 미칠 수 있다고 인정되어 대통령령으로 정하는 것(이하 "안전인증대상기계 등"이라 한다)을 제조하거나 수입하는 자(고용노동부령으로 정하는 안전인증대상기계 등을 설치·이전하거나 주요 구조 부분을 변경하는 자를 포함한다. 이하 이 조 및 제85조부터 제87조까지의 규정에서 같다)는 안전인증대상기계 등이 안전인증기준에 맞는지에 대하여 고용노동부 장관이 실시하는 안전인증을 받아야 한다.

산업안전보건법 제85조(안전인증의 표시 등)

① 안전인증을 받은 자는 안전인증을 받은 유해·위험기계 등이나 이를 담은 용기 또는 포

장에 고용노동부령으로 정하는 바에 따라 안전인증의 표시(이하 "안전인증표시"라 한다)를 하여야 한다.

② 안전인증을 받은 유해·위험기계 등이 아닌 것은 안전인증표시 또는 이와 유사한 표시를 하거나 안전인증에 관한 광고를 해서는 아니 된다.

③ 안전인증을 받은 유해·위험기계 등을 제조·수입·양도·대여하는 자는 안전인증표시를 임의로 변경하거나 제거해서는 아니 된다.

④ 고용노동부 장관은 다음 각 호의 어느 하나에 해당하는 경우에는 안전인증표시나 이와 유사한 표시를 제거할 것을 명하여야 한다.

1. 제2항을 위반하여 안전인증 표시나 이와 유사한 표시를 한 경우
2. 제86조제1항에 따라 안전인증이 취소되거나 안전인증 표시의 사용 금지 명령을 받은 경우

산업안전보건법 제89조(자율안전확인의 신고)

① 안전인증대상기계 등이 아닌 유해·위험기계 등으로서 대통령령으로 정하는 것(이하 "자율안전확인대상기계 등"이라 한다)을 제조하거나 수입하는 자는 자율안전확인대상기계 등의 안전에 관한 성능이 고용노동부 장관이 정하여 고시하는 안전기준(이하 "자율안전기준"이라 한다)에 맞는지 확인(이하 "자율안전확인"이라 한다)하여 고용노동부 장관에게 신고(신고한 사항을 변경하는 경우를 포함한다)하여야 한다. 다만, 다음 각 호의 어느 하나에 해당하는 경우에는 신고를 면제할 수 있다.

1. 연구·개발을 목적으로 제조·수입하거나 수출을 목적으로 제조하는 경우
2. 제84조제3항에 따른 안전인증을 받은 경우(제86조제1항에 따라 안전인증이 취소되거나 안전인증표시의 사용 금지 명령을 받은 경우는 제외한다)
3. 다른 법령에 따라 안전성에 관한 검사나 인증을 받은 경우로서 고용노동부령으로 정하는 경우

② 고용노동부 장관은 제1항 각 호 외의 부분 본문에 따른 신고를 받은 경우 그 내용을 검토하여 이 법에 적합하면 신고를 수리하여야 한다.

③ 제1항 각 호 외의 부분 본문에 따라 신고를 한 자는 자율안전확인대상기계 등이 자율안전기준에 맞는 것임을 증명하는 서류를 보존하여야 한다.

④ 제1항 각 호 외의 부분 본문에 따른 신고의 방법 및 절차, 그 밖에 필요한 사항은 고용노동부령으로 정한다.

산업안전보건법 제90조(자율안전확인의 표시 등)

① 제89조제1항 각 호 외의 부분 본문에 따라 신고를 한 자는 자율안전확인대상기계 등이나 이를 담은 용기 또는 포장에 고용노동부령으로 정하는 바에 따라 자율안전확인의 표시(이하 “자율안전확인표시”라 한다)를 하여야 한다.

② 제89조제1항 각 호 외의 부분 본문에 따라 신고된 자율안전확인대상기계 등이 아닌 것은 자율안전확인표시 또는 이와 유사한 표시를 하거나 자율안전확인에 관한 광고를 해서는 아니 된다.

③ 제89조제1항 각 호 외의 부분 본문에 따라 신고된 자율안전확인대상기계 등을 제조·수입·양도·대여하는 자는 자율안전확인표시를 임의로 변경하거나 제거해서는 아니 된다.

④ 고용노동부 장관은 다음 각 호의 어느 하나에 해당하는 경우에는 자율안전확인표시나 이와 유사한 표시를 제거할 것을 명하여야 한다.

1. 제2항을 위반하여 자율안전확인표시나 이와 유사한 표시를 한 경우
2. 거짓이나 그 밖의 부정한 방법으로 제89조제1항 각 호 외의 부분 본문에 따른 신고를 한 경우
3. 제91조제1항에 따라 자율안전확인표시의 사용 금지 명령을 받은 경우

산업안전보건법 제93조(안전검사)

① 유해하거나 위험한 기계·기구·설비로서 대통령령으로 정하는 것(이하 “안전검사대상기계 등”이라 한다)을 사용하는 사업주(근로자를 사용하지 아니하고 사업을 하는 자를 포함한다. 이하 이 조, 제94조, 제95조 및 제98조에서 같다)는 안전검사대상기계 등의 안전에 관한 성능이 고용노동부 장관이 정하여 고시하는 검사기준에 맞는지에 대하여 고용노동부 장관이 실시하는 검사(이하 “안전검사”라 한다)를 받아야 한다. 이 경우 안전검사대상기계 등을 사용하는 사업주와 소유자가 다른 경우에는 안전검사대상기계 등의 소유자가 안전검사를 받아야 한다.

② 제1항에도 불구하고 안전검사대상기계 등이 다른 법령에 따라 안전성에 관한 검사나 인증을 받은 경우로서 고용노동부령으로 정하는 경우에는 안전검사를 면제할 수 있다.

③ 안전검사의 신청, 검사 주기 및 검사합격 표시방법, 그 밖에 필요한 사항은 고용노동부령으로 정한다. 이 경우 검사 주기는 안전검사대상기계 등의 종류, 사용연한(使用年限) 및 위험성을 고려하여 정한다.

산업안전보건법 시행령 제74조(안전인증대상기계 등)

① 법 제84조 제1항에서 "대통령령으로 정하는 것"이란 다음 각 호의 어느 하나에 해당하는 것을 말한다.

1. 다음 각 목의 어느 하나에 해당하는 기계 또는 설비
   가. 프레스
   나. 전단기 및 절곡기(折曲機)
   다. 크레인
   라. 리프트
   마. 압력용기
   바. 롤러기
   사. 사출성형기(射出成形機)
   아. 고소(高所) 작업대
   자. 곤돌라
2. 다음 각 목의 어느 하나에 해당하는 방호장치
   가. 프레스 및 전단기 방호장치
   나. 양중기용(揚重機用) 과부하 방지장치
   다. 보일러 압력방출용 안전밸브
   라. 압력용기 압력방출용 안전밸브
   마. 압력용기 압력방출용 파열판
   바. 절연용 방호구 및 활선작업용(活線作業用) 기구
   사. 방폭구조(防爆構造) 전기기계·기구 및 부품
   아. 추락·낙하 및 붕괴 등의 위험 방지 및 보호에 필요한 가설기자재로서 고용노동부 장관이 정하여 고시하는 것
   자. 충돌·협착 등의 위험 방지에 필요한 산업용 로봇 방호장치로서 고용노동부 장관이 정하여 고시하는 것
3. 다음 각 목의 어느 하나에 해당하는 보호구
   가. 추락 및 감전 위험방지용 안전모
   나. 안전화
   다. 안전장갑
   라. 방진마스크

마. 방독마스크

바. 송기(送氣)마스크

사. 전동식 호흡보호구

아. 보호복

자. 안전대

차. 차광(遮光) 및 비산물(飛散物) 위험방지용 보안경

카. 용접용 보안면

타. 방음용 귀마개 또는 귀덮개

② 안전인증대상기계 등의 세부적인 종류, 규격 및 형식은 고용노동부 장관이 정하여 고시한다.

산업안전보건법 시행령 77조(자율안전확인대상기계 등)

① 법 제89조 제1항 각 호 외의 부분 본문에서 "대통령령으로 정하는 것"이란 다음 각 호의 어느 하나에 해당하는 것을 말한다.

1. 다음 각 목의 어느 하나에 해당하는 기계 또는 설비

가. 연삭기(硏削機) 또는 연마기. 이 경우 휴대형은 제외한다.

나. 산업용 로봇

다. 혼합기

라. 파쇄기 또는 분쇄기

마. 식품가공용 기계(파쇄·절단·혼합·제면기만 해당한다)

바. 컨베이어

사. 자동차정비용 리프트

아. 공작기계(선반, 드릴기, 평삭·형삭기, 밀링만 해당한다)

자. 고정형 목재가공용 기계(둥근톱, 대패, 루타기, 띠톱, 모떼기 기계만 해당한다)

차. 인쇄기

2. 다음 각 목의 어느 하나에 해당하는 방호장치

가. 아세틸렌 용접장치용 또는 가스집합 용접장치용 안전기

나. 교류 아크용접기용 자동전격방지기

다. 롤러기 급정지장치

라. 연삭기 덮개

마. 목재 가공용 둥근톱 반발 예방장치와 날 접촉 예방장치
바. 동력식 수동대패용 칼날 접촉 방지장치
사. 추락·낙하 및 붕괴 등의 위험 방지 및 보호에 필요한 가설기자재(제74조 제1항 제2호 아목의 가설기자재는 제외한다)로서 고용노동부 장관이 정하여 고시하는 것

산업안전보건법 시행령 제78조(안전검사대상기계 등)

① 법 제93조 제1항 전단에서 "대통령령으로 정하는 것"이란 다음 각 호의 어느 하나에 해당하는 것을 말한다.
1. 프레스
2. 전단기
3. 크레인(정격 하중이 2톤 미만인 것은 제외한다)
4. 리프트
5. 압력용기
6. 곤돌라
7. 국소 배기장치(이동식은 제외한다)
8. 원심기(산업용만 해당한다)
9. 롤러기(밀폐형 구조는 제외한다)
10. 사출성형기(형 체결력(型 締結力) 294킬로뉴턴(KN) 미만은 제외한다)
11. 고소작업대(「자동차관리법」 제3조 제3호 또는 제4호에 따른 화물자동차 또는 특수자동차에 탑재한 고소작업대로 한정한다)
12. 컨베이어
13. 산업용 로봇

② 법 제93조 제1항에 따른 안전검사대상기계 등의 세부적인 종류, 규격 및 형식은 고용노동부 장관이 정하여 고시한다.

4.6 배관 및 개스킷 명세

① 분류코드는 공정흐름도(PFD) 또는 공정배관계장도(P&ID)에 표기된 배관의 구분기호를 기재

② 배관 재질란에는 배관의 재질명(가능한 한 KS 또는 ASTM의 분류에 따른 재질명), 제작형태(seamless관 등) 및 두께(schedule number 등) 등을 작성

③ 개스킷 재질 및 형태 란에는 재질(STS 304, PTFE, 순흑연 등) 및 형태(판형, 스파이럴형, O-ring 등)를 각각 작성하되 개스킷 재질은 상표명이 아닌 일반명으로 작성하고 spiral gasket은 후프(hoop)재질 및 충진제(filler) 등을 각각 작성

고용노동부 고시 별지 제16호 서식

분류 코드	유체의 명칭 또는 구분	설계 온도	설계 압력	배관 재질	개스킷 재질 및 형태	비파괴검사율	후열처리여부	비고

4.7 안전밸브 및 파열판 명세

4.7.1 용어설명

① "소요 분출량(required capacity)"이라 함은 발생 가능한 모든 압력상승 요인에 의하여 각각 분출될 수 있는 유체의 양을 말한다.

② "배출용량(relieving capacity)"이라 함은 각각의 소요 분출량 중 가장 큰 소요 분출량을 말한다.

③ 정격용량(capacity or 분출량) : safety margin이 적용된 안전밸브 설계용량 – PSV 명판에 적힌 용량 (배출용량 ≤ 정격용량)

④ "설정압력(set pressure)"이라 함은 용기 등에 이상 과압이 형성되는 경우, 안전밸브가 작동되도록 설정한 안전밸브 입구 측에서의 게이지 압력을 말한다.

⑤ "축적압력(accumulated pressure)"이라 함은 안전밸브 등이 작동될 때 안전밸브에 의하여 축적되는 압력으로서 그 설비 내에서 순간적으로 허용될 수 있는 최대 압력을 말한다.

⑥ “설계압력(design pressure)”이라 함은 용기 등의 최소 허용두께 또는 용기의 여러 부분의 물리적인 특성을 결정하기 위하여 설계 시에 사용되는 압력을 말한다.

⑦ “최고허용압력 (maximum allowable working pressure)”이라 함은 용기의 제작에 사용된 재질의 두께(부식 여유 제외)를 기준으로 하여 산출된 용기 상부에서의 허용 가능한 최고의 압력을 말한다.

⑧ “배압(back pressure)”이라 함은 안전밸브 등의 토출 측에 걸리는 압력을 말하는 것으로, 중첩배압과 누적배압의 합을 말한다.

안전밸브의 압력수준 관계

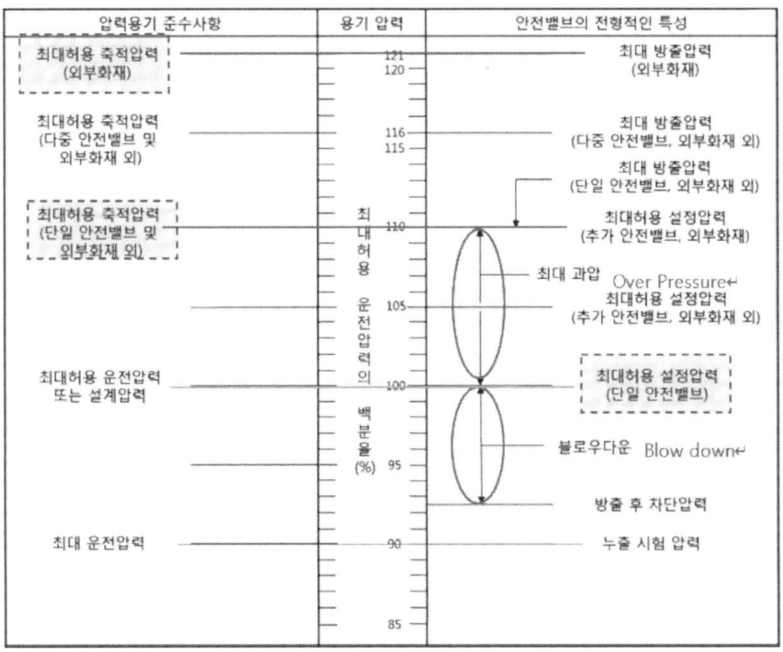

분류 코드	하나의 안전밸브 설치시		여러 개의 안전밸브 설치시	
	설정압력	축적압력	설정압력	축적압력
화재시가 아닌 경우				
첫 번째 밸브	100% 이하	110% 이하	100% 이하	116% 이하
나머지 밸브			105% 이하	116% 이하
화재시인 경우				
첫 번째 밸브	100% 이하	121% 이하	100% 이하	121% 이하
나머지 밸브			110% 이하	121% 이하

4.7.2 안전밸브 및 파열판 명세 서식

고용노동부 고시 별지 제17호 서식

계기번호	내용물	상태	배출용량 (kg/hr)	정격용량 (kg/hr)	노즐크기		보호기기압력			안전밸브 등			정밀도 (오차범위)	배출연결부위	배출원인	형식
					입구	출구	기기번호	운전 (MPa)	설계 (MPa)	설정 (MPa)	몸체재질	TRIM 재질				

① 계기번호는 공정흐름도(PFD) 또는 공정배관계장도(P&ID)에 표기된 안전밸브 및 파열판 등의 고유번호(item number)를 작성

② 내용물 란에는 보호기기에서 취급하는 화학물질명을 작성

③ 상태란에는 취급물질이 안전밸브 등에서 토출될 때의 상태를 가스, 증기 또는 액체 상태로 구분하여 작성

④ 배출용량 란에는 과압 발생으로 보호기기에서 배출되는 최대 소요 분출량

⑤ 정격용량 란에는 해당 안전밸브의 설계 용량을 작성

⑥ 노즐크기 란에는 안전밸브의 입구 및 출구의 플랜지 크기를 작성

⑦ 보호기기번호 란에는 보호되는 장치 및 설비 또는 배관 기입

⑧ 보호기기 운전 및 설계압력 란에는 과압으로부터 보호하고자 하는 기기(또는 배관)의 운전압력 및 설계압력을 각각 작성

⑨ 안전밸브 설정란에는 보호기기에 설치된 안전밸브 등의 설정 압력을 작성

⑩ 안전밸브 몸체 및 trim 재질 란에는 안전밸브 등의 몸체(body) 재질과 취급물질이 직접 접촉하는 접촉부(trim)의 재질(내식성 및 내마모성 재질 선정)을 구분하여 작성

⑪ 배출 연결부위 란에는 안전밸브 등의 토출부가 연결된 용기 또는 설비(flare stack or scrubber 등)명 또는 고유번호를 작성하고, 대기로 방출하는 경우에는 대기 방출이라고 작성

⑫ 형식란에는 안전밸브의 형식(일반형, 벨루우즈형, 파일럿 조작형)을 작성

⑬ 배출원인 란에는 해당 안전밸브 등에서 최대로 배출되는 용량(governing case)의 작동원인(냉각수 차단, 전기공급 중단, 화재, 열팽창 등)을 작성

적용기준 : KOSHA guide D-18-2020 〈표2〉 과압 원인별 압력방출 지침

번호	과압 원인	절	액체 압력방출 지침*	증기 압력방출 지침*
1	출구 차단	§5.1	최대 유입량	최대 유입량 + 생성량
2	냉각 또는 환류 중단	§5.2	-	물질 /에너지 수지 계산
	1) 응축기 냉각수		-	증기 유입량 - 증기 유출량
	2) 탑정 환류 중단		-	증기 유입량 - 증기 유출량
	3) 측류 환류 중단		-	제거되는 열량만큼에 의한 증발량
3	흡수제 공급 중단	§5.3	-	정상적으로는 불필요
4	비 응축성 가스의 축적	§5.4	-	탑조류에서는 냉각 중단, 다른 용기에서는 출구 차단에 해당하는 증기량 배출
5	휘발성 물질 유입	§5.5	-	압력방출장치 이외의 과압 보호책이 필요함
	1) 고온 오일에 물유입		-	
	2) 고온 오일에 경질 탄화수소 유입		-	
6	과충전	§5.6	최대 유입량	7
7	자동제어 실패	§5.7	제어밸브의 위치, 개수, 고장모드에 따라 사례별로 계산	
	1) 인입 제어밸브		최대 유입량 - 정상 유출량	
	2) 출구 제어밸브		최대 유입량 - 정상 유출량	
	3) Fail-stationary 밸브		고장 시 보수적으로 완전 개방 또는 완전 폐쇄 가정	
8	비정상적인 열 또는 증기의 유입	§5.8	-	-
	1) 비정상적인 열 입력		-	증기 발생량 - 정상 유출량
	2) 부주의한 밸브 개방		-	증기 유입량 - 정상 유출량
	3) 체크 밸브 고장		-	역류 상황 및 역류량 선정
9	내부폭발 또는 과도한 압력 상승	§5.9	압력방출장치는 응답속도가 느려 과압 보호 불가능하므로 과압 상황을 막는 다른 대 책이 필요	
	1) 내부 폭발			
	2) 과도한 압력 상승			
10	화학반응	§5.10	-	폭주반응에서 발새오디는 증기 / 가스의 추정량이며, 2상 효과에 대한 고려가 필요
11	유압 팽창	§5.11	온도 상승에 따른 부피 팽창량	-
12	외부 화재	§5.12	-	내부 유체의 종류에 따라 (2)식 또는 (7)식으로 산출

번호	과압 원인	절	액체 압력방출 지침*	증기 압력방출 지침*
13	열교환기 고장	§5.13		
	1) 다관형 열교환기			
	2) 이중관 열교환기			
	3) 판형 열교환기			
14	유틸리티 고장	§5.14	피해 범위 및 고장 수준에 따른 분석이 필요	

4.8 공정개요

공정개요에는 해당 설비에서 일어나는 화학반응 및 처리 방법 등이 포함된 공정에 대한 운전조건, 반응조건, 반응열, 이상반응 및 그 대책, 이상 발생 시의 인터록 및 조업중지 조건 등의 사항들이 구체적으로 기술

1. 화학반응식 및 반응열
2. 운전 및 설계 조건(온도, 압력 등)
3. 이상반응 및 그 대책
4. 이상상태 발생 시 인터록 작동조건 및 가동 중지 범위

이상 발생 시의 인터록 작동조건 및 가동중지 범위 등에 관한 사항은 별지 제17호의 2 서식의 이상발생 시 인터록 작동조건 및 가동 중지 범위에 작성

고용노동부 고시 별지 제17호 서식

인터록 번호	대상설비 번호	설정값				감지기 번호	최종 작동설비	가동중지 범위	점검주기	비고
		온도(℃)	압력(MPa)	액위(m)	기타					

① 인터록번호란에는 공정 배관계장도(piping & instrument diagram, P&ID)에 표기된 연동시스템(인터록) 번호를 작성하며 다른 인터록과 구분되는 고유번호를 기재
② 대상설비번호란에는 유해화학물질 또는 공정안전보고서 제출 대상물질을 취급하는 장치 및 설비번호 또는 장치 및 설비명을 작성
③ 설정값이란 해당 장치 및 설비의 온도, 압력, 액위, 유량, 진동, 조성 등의 관리하고자 하는 변수의 경보설정 값을 작성
④ 감지기번호 란에는 설정된 온도, 압력 등의 비정상조건을 감지할 수 있는 계측기기의 고유번호(item number) 등을 작성
⑤ 최종 작동설비는 인터록에 의해 최종 작동되는 설비를 기재
⑥ 가동중지범위는 인터록에 의해 가동 중지되는 범위를 기재
⑦ 점검주기는 감지기, 최종 작동설비 등의 점검주기를 기재

4.9 공정흐름도(PFD)

4.9.1 작성방법

① 공정흐름도(PFD, process flow diagram)는 공정계통과 장치설계기준을 나타내 주는 도면으로 장치와 장치 간의 공정연관성, 주요 운전조건, 연동장치, 물질수지, 열수지 등을 파악할 수 있으며 공정배관 계장도, 유틸리티 계통도, 유틸리티 배관계장도 등 후속 기본설계와 상세설계, 운전절차서 등을 작성하는데 기본이 되는 도면이다.
② 공정흐름도(process fow diagram, PFD) 에는 주요 동력기계, 장치 및 설비의 표시 및 명칭, 주요 계장설비 및 제어설비, 물질 및 열 수지, 운전온도 및 운전압력 등의 사항들이 포함되어야 한다.

4.9.2 표시사항

공정설계 개념을 파악하는 데 필요한 기본적인 제조공정 개요와 공정흐름, 공정제어의 원리, 제조설비의 종류, 기본사양 등을 표현

① 공정 처리순서 및 흐름의 방향(flow scheme & direction)

② 주요 장치 및 기계류의 배열(symbol & outline drawing)

③ 기본 제어논리(basic control logic)

④ 장치 및 배관 내의 온도, 압력 등 공정변수의 정상상태 값

⑤ 압력용기, 저장탱크 등 주요 용기류의 간단한 사양

⑥ 열교환기, 가열로 등의 간단한 사양

⑦ 펌프, 압축기 등 주요 동력기계의 간단한 사양

⑧ 물질수지 및 열수지

⑨ 비중, 밀도, 점도 등 기타 물리적 특성

4.9.3 물질수지 및 열수지를 위하여 표시할 내용

① 흐름번호(stream number)

② 흐름명칭(service or description)

③ 상(PHASE) : 기체, 액체, 고체 등

④ 성분명칭 및 구성비 : 흐름별 성분량

⑤ 유량(stream totals)

⑥ 유체 특성 : 비중, 점도, 밀도 등

⑦ 운전온도

⑧ 운전압력

KOSHA guide D-39-2012 〈붙임 2〉 공정흐름도(PFD) 작성 예제

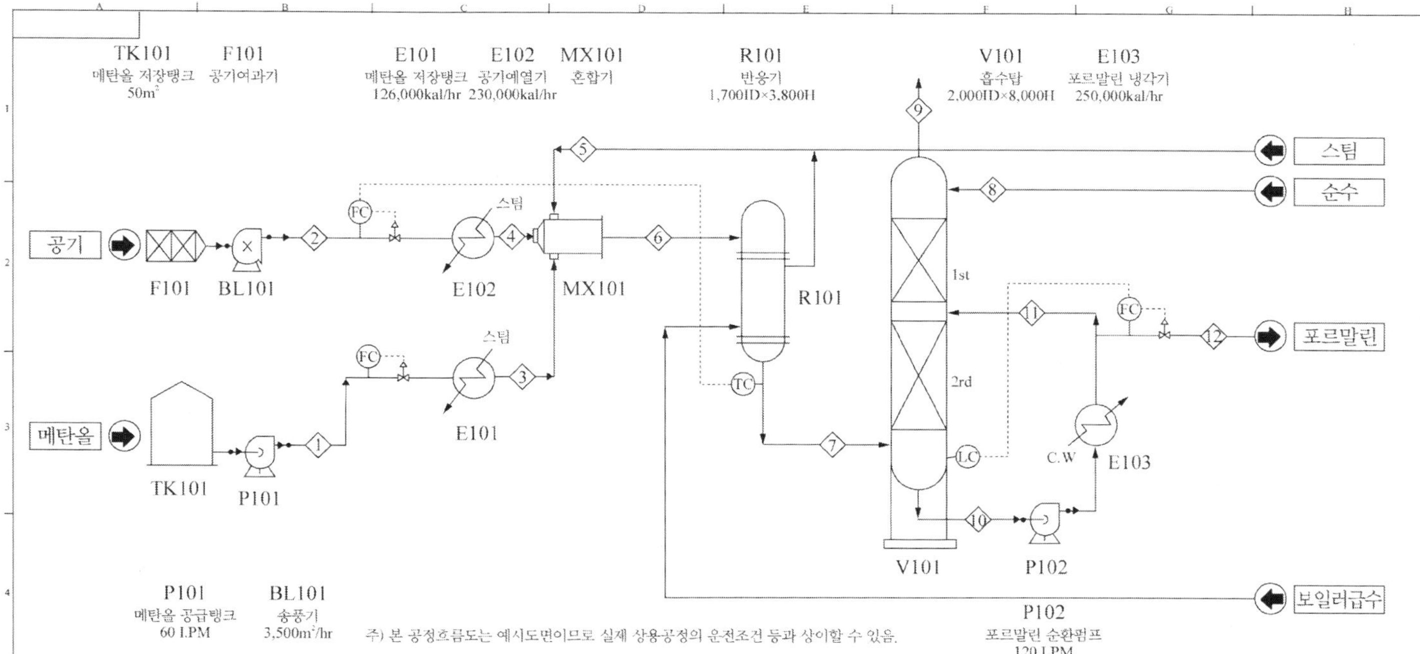

주) 본 공정흐름도는 예시도면이므로 실제 상용공정의 운전조건 등과 상이할 수 있음.

흐름번호		1	2	3	4	5	6	7	8	9	10	11	12
흐름명칭		원료 메탄올 공급	공기 공급	예열 메탄올	예열 공기	스팀 공급	혼합 가스	반응기 출구가스	순수 공급	폐가스 배출	흡수탑 출구	재순환 용액	포르말린 제품
상(Phase)		액체	기체	기체	기체	기체	기체	기체	액체	기체	액체	액체	액체
성분량	CH_3OH	62.5		62.5			62.5						
	O_2		31.25		31.25		31.25						
	N_2		117.56		117.56		117.56	117.56		117.56			
	H_2O					21.11	21.11	83.61	60.0	5.0	210.61	72.0	138.61
	HCHO						62.5				93.8	31.3	62.5
	합계	62.5	148.81	62.5	148.81	21.11	232.42	263.67	60.0	122.56	304.41	103.3	201.11
유량(kg/hr)		2,000	4,292	2,000	4,292	380	6,672	6,672	1,080	3,382	6,605	2,235	5,370
비중 15℃		0.79							1.0				1.1
온도 ℃		15	15	77	85	133	120	400	15	25	65	35	35
압력 kgf/cm²		0.7	0.7	0.6	0.6	0.5	0.3	0.5	0.05	0.2	0.5	2.0	2.0

회사명	○○주식회사		
작성		도면명칭	공정흐름도(PFD) 포르말린 제조공정
확인			
승인			
		도면번호	P0002
작성자		축척	개정번호

4.10 공정배관 계장도

4.10.1 작성 방법

공정의 정상운전, 비상운전, 시운전 및 운전정지 시에 필요한 모든 공정장치, 동력기계, 배관, 공정제어 및 계기등을 표시하고 이들 상호 간에 연관 관계를 나타내 주며 상세설계, 건설, 변경, 유지보수 및 운전을 하는 데 기본이 되는 도면으로써 아래 사항을 상세히 표시하여야 한다.

4.10.2 장치 및 동력기계

① 설치 예비기기를 포함한 모든 공정 설비를 표시

② 모든 장치와 장치의 고유번호, 명칭, 용량, 전열량 및 재질 등의 기본사양

③ 모든 동력기계와 동력기계의 고유번호, 명칭, 용량 및 동력원(전동기, 터빈 또는 엔진 등) 등의 기본사양

④ 탑류, 반응기 및 드럼 등의 경우에는 맨홀, 트레이(tray)의 단수, 분배기(distributor) 등 내부의 부속품

⑤ 모든 벤트 및 드레인

⑥ 장치 및 동력기계의 연결부

⑦ 장치 및 동력기계의 보온 또는 트레이싱(heat tracing)

4.10.3 배관

① 배관번호 부여방법

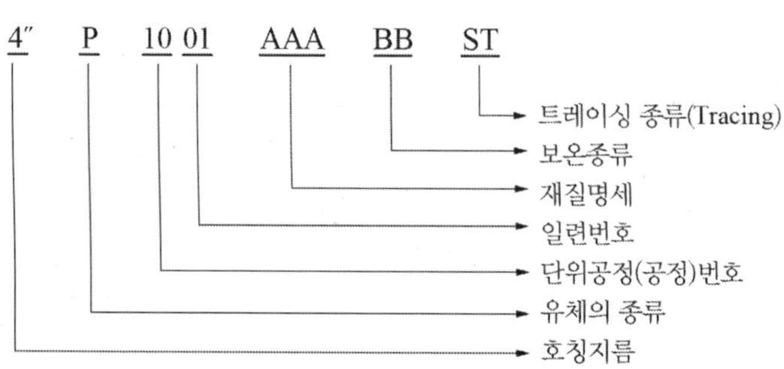

② 모든 배관 및 덕트와 유체의 흐름방향 등을 표시
③ 배관 및 덕트의 직경, 배관번호, 재질, 플렌지 규격
④ 모든 배관에 설치되어 있는 벤트 및 드레인
⑤ 모든 수동밸브 및 밸브의 종류
⑥ 특별한 부속품류, 시료채취 배관 및 시운전용 영구 배관
⑦ 증기나 전기에 의한 트레이싱(heat tracing)
⑧ 보온의 종류
⑨ 배관의 재질이 바뀌는 위치

4.10.4 계측기기

① 모든 계기 및 자동조절밸브 등을 표시
② 센서, 조절기, 지시계, 기록계, 경보계 등을 포함한 제어 계통
③ 분산제어시스템 또는 아날로그 등 제어장치의 구분
④ 현장설치계기, 현장판넬계기, 중앙판넬계기 등의 구분
⑤ 고유번호, 종류, 형식, 기능
⑥ 자동조절밸브와 긴급차단밸브의 크기 및 정전과 같은 이상 시 밸브의 개폐 위치
⑦ 공기 또는 전기 등 신호라인
⑧ 안전밸브의 크기, 설정압력 및 토출 측의 연결 부위
⑨ 계장용 배관 및 계기의

4.11 과압방출설비

제268조(통기설비)

① 사업주는 인화성 액체를 저장·취급하는 대기압 탱크에는 통기관 또는 통기밸브(breather valve) 등(이하 "통기설비"라 한다)을 설치하여야 한다.
② 제1항에 따른 통기설비는 정상운전 시에 대기압 탱크 내부가 진공 또는 가압되지 않도록 충분한 용량의 것을 사용하여야 하며, 철저하게 유지·보수를 하여야 한다.

제269조(화염방지기의 설치 등)

① 사업주는 인화성 액체 및 인화성 가스를 저장 취급하는 화학설비에서 증기나 가스를 대기로 방출하는 경우에는 외부로부터의 화염을 방지하기 위하여 화염방지기를 그 설비 상단에 설치하여야 한다. 다만, 대기로 연결된 통기관에 통기밸브가 설치되어 있거나, 인화점이 섭씨 38도 이상 60도 이하인 인화성 액체를 저장·취급할 때 화염방지 기능을 가지는 인화방지망을 설치한 경우에는 그러하지 아니하다.

② 사업주는 제1항의 화염방지기를 설치하는 경우에는 「산업표준화법」에 따른 한국산업표준에서 정하는 화염방지장치 기준에 적합한 것을 설치하여야 하며, 항상 철저하게 보수·유지하여야 한다.

4.12 건물 설비의 배치도

4.12.1 전체 배치도

각종 건물, 설비의 전체 배치도에는 건물 및 설비위치, 건물과 건물 사이의 거리, 건물과 단위설비 간의 거리 및 단위설비와 단위설비 간의 거리 등의 사항들이 표시되어야 하고 도면은 축척에 의하여 표시한다.

① 각종 건물 및 설비의 위치
② 건물과 건물 사이의 거리
③ 건물과 단위 공정설비 간의 거리
④ 단위공정 설비 간의 거리
⑤ 단위공정설비와 flare stack 간의 거리
⑥ 중앙제어실과 단위공정 설비 간의 거리

4.12.2 설비 배치

각 기기 간의 거리, 기기의 설치 높이 등을 축척에 의하여 표시하여야 한다.

① 각 기계장치류 간의 거리
② 각 기계장치류의 elevation
③ 각 기계장치류의 보수·유지 공간 등

4.12.3 안전거리(안전보건규칙 제271조 별표 8)

고용노동부 고시 별지 제17호 서식

구분	안전거리
1. 단위공정시설 및 설비로부터 다른 단위 공정시설 및 설비	1. 설비의 외면으로부터 10 m 이상
2. 플레어스택으로부터 단위공정시설 및 설비, 위험물질 저장탱크 또는 위험물질 하역설비의 사이	2. 플레어스택으로부터 반경 20 m 이상. 다만, 단위공정시설 등이 불연 재료로 시공된 지붕아래 설치된 경우에는 예외
3. 위험물질 저장탱크부터 단위공정시설 및 설비, 보일러 또는 가열로 사이	3. 저장탱크 외면으로부터 20 m 이상. 다만, 저장탱크에 방호벽, 원격조정 소화설비 또는 살수설비를 설치한 경우에는 예외
4. 사무실, 연구실, 실험실, 정비실 또는 식당으로부터 단위공정시설 및 설비, 위험물질저장탱크, 위험물질 하역설비, 보일러 또는 가열로 사이	4. 사무실 등의 외면으로부터 20 m 이상. 다만, 난방용 보일러인 경우 또는 사무실 등의 벽을 방호구조로 설치한 경우에는 예외

4.12.4 건축물의 평면도 및 입면도

기기 설치용 철구조물, 배관 설치용 철구조물, 제어실(control room) 및 전기실 등의 평면도 및 입면도 등을 각각 작성하여야 한다.

① 기계장치 설치 등 철구조물

② pipe-rack

③ 조정실 및 전기실

④ 작업장의 출입구

⑤ 비상구의 설치 등

4.13 내화처리

이 지침은 안전보건규칙 제230조(폭발위험이 있는 장소의 설정 및 관리) 제1항의 규정에 의한 인화성 액체의 증기 또는 가스에 의한 폭발위험장소와 분진에 의한 폭발위험장소에 설치하는 건축물의 기둥 및 보, 위험물 저장, 취급용기의 지지대 및 배관, 전선관 등의 지지대를

내화구조로 하는 경우에 적용

4.13.1 내화구조 및 성능

① 내화구조란 건축물의 기둥 및 보, 위험물 저장, 취급용기의 지지대 및 배관, 전선관 등의 지지대가 화재 시 일정 시간 동안 강도와 그 성능을 유지할 수 있는 구조

② 내화성능 이란 정해진 가열시험 방법에 따라 시험한 결과 각 단면에서 측정한 강재의 평균온도가 538℃를 넘지 않고, 온도가 측정된 어느 곳에서도 649℃를 넘지 않는 조건을 말한다.

③ 내화재료란 건축물의 기둥, 보, 위험물 저장, 취급용기의 지지대 및 배관, 전선관 등의 지지대를 내화구조로 하기 위하여 사용되는 재료로서 내화 콘크리트, 내화 뿜칠재, 내화도료 등이 있다.

④ 산업표준화법에 의한 한국산업규격(KSF) 2257-1,6,7(건축 부재의 내화시험방법) 또는 동등 이상의 시험방법에 의한 내화시간이 최소 1시간 이상

⑤ 정유 또는 석유화학공장의 경우 가급적 UL 1709(철골에 대한 내화물질의 급속한 화재에 의한 시험방법) 또는 이와 동등 이상의 방법 적용 검토

⑥ 콘크리트의 경우 두께 50 mm 이상

⑦ 내화도료 등을 사용하는 경우 품질시험기관에 제출한 내화구조 및 시공 방법에 의해 실시

4.13.2 내화구조의 대상 및 범위

내화구조의 대상 및 범위는 다음과 같다. 다만, 건축물 등의 주변에 물 분무시설 또는 foam head 설비 등의 자동소화설비를 설치하여 건축물 화재시 2시간 이상 그 안정성을 유지할 수 있도록 한 경우와 정량적 위험성평가 결과, 화재로 인하여 강재의 온도가 내화성능온도를 초과하지 않는 것이 기술적으로 입증된 경우에는 내화구조를 하지 않을 수 있다.

① 건축물의 기둥과 보는 지상 1층(6 m 초과 시 6 m)까지 내화. 다만 석유화학공장과 같이 압력이 높거나 화재하중이 큰 경우는 9 m 이상까지 내화

② 위험물 저장, 취급용기 지지대는 높이 300 mm 이상 내화

③ 배관, 전선관 지지대는 1단(6 m)까지 내화

④ Skirt에 설치된 맨홀 직경이 600 mm 이상 개구부가 있거나 skirt 내부에 누출 부위(valve, flange 등)가 있으면 내, 외부 모두 내화 처리를 하거나, 6 mm 이상 철판 설치

(탈착 가능하도록)

⑤ 배관이 pipe rack을 벗어나서 설치되는 경우에는 배관 직경 150 mm 이상에만 배관 지지대 내화 처리

4.13.3 작성방법

설비 내의 철구조물에 대한 내화(fire proofing) 처리 여부를 고용노동부 고시 별지 제18호 서식의 내화구조 명세에 기재하고 이와 관련된 상세도면을 작성하여야 하며, 상세도면에는 기둥 및 보 등에 대한 내화 처리 방법 및 부위를 명확히 표시하여야 한다.

고용노동부 고시 별지 제18호 서식

내화설비 또는 지역	내화 부위	내화시험기준 및 시간	비고

① 내화설비 또는 지역은 건축물명, 배관지지대 명, 설비명 등을 기재

② 내화 부위는 내화의 범위(예 : 배관지지대 등)를 기재

③ 내화시험기준 및 시간은 한국산업규격에 따른 내화시험방법에 의하여 기재(ex. 산업표준화법에 의한 한국산업규격(KSF) 2257-1, 6,7 또는 동등 이상의 시험방법에 의한 내화시간이 최소 1시간 이상이어야 함)

4.13.4 방화구획 법규

건축법 제50조(건축물의 내화구조와 방화벽)

① 문화 및 집회시설, 의료시설, 공동주택 등 대통령령으로 정하는 건축물은 국토교통부령으로 정하는 기준에 따라 주요구조부와 지붕을 내화(耐火)구조로 하여야 한다. 다만, 막구조 등 대통령령으로 정하는 구조는 주요구조부에만 내화구조로 할 수 있다. 〈개정 2013.3.23., 2018.8.14.〉

② 대통령령으로 정하는 용도 및 규모의 건축물은 국토교통부령으로 정하는 기준에 따라 방화벽으로 구획하여야 한다.

건축물의 피난·방화구조 등의 기준에 관한 규칙제21조(방화벽의 구조)

① 영 제57조제2항에 따라 건축물에 설치하는 방화벽은 다음 각 호의 기준에 적합하여야 한다. 〈개정 2010.4.7.〉

1. 내화구조로서 홀로 설 수 있는 구조일 것
2. 방화벽의 양쪽 끝과 위쪽 끝을 건축물의 외벽면 및 지붕면으로부터 0.5 m 이상 튀어 나오게 할 것
3. 방화벽에 설치하는 출입문의 너비 및 높이는 각각 2.5 m 이하로 하고, 해당 출입문에는 제26조에 따른 갑종방화문을 설치할 것

건축법 시행령 제46조(방화구획 등의 설치)

① 법 제49조제2항에 따라 주요구조부가 내화구조 또는 불연재료로 된 건축물로서 연면적이 1천 제곱미터를 넘는 것은, 국토교통부령으로 정하는 기준에 따라 내화구조로된 바닥·벽 및 제64조에 따른 갑종 방화문(국토교통부장관이 정하는 기준에 적합한 자동방화셔터를 포함한다. 이하 이 조에서 같다)으로 구획(이하 "방화구획"이라 한다)하여야 한다.

② 다음 각 호의 어느 하나에 해당하는 건축물의 부분에는 제1항을 적용하지 아니하거나 그 사용에 지장이 없는 범위에서 제1항을 완화하여 적용할 수 있다. 〈개정 2010.2.18., 2017.2.3., 2019.8.6.〉

1. 문화 및 집회시설(동·식물원은 제외한다), 종교시설, 운동시설 또는 장례시설의 용도로 쓰는 거실로서 시선 및 활동공간의 확보를 위하여 불가피한 부분
2. 물품의 제조·가공·보관 및 운반 등에 필요한 고정식 대형기기 설비의 설치를 위하여 불가피한 부분
3. 계단실 부분·복도 또는 승강기의 승강로 부분(해당 승강기의 승강을 위한 승강로비 부분을 포함한다)으로써 그 건축물의 다른 부분과 방화구획으로 구획된 부분
4. 건축물의 최상층 또는 피난층으로서 대규모 회의장·강당·스카이라운지·로비 또는 피난안전구역 등의 용도로 쓰는 부분으로써 그 용도로 사용하기 위하여 불가피한 부분
5. 복층형 공동주택의 세대별 층간 바닥 부분
6. 주요구조부가 내화구조 또는 불연재료로 된 주차장

7. 단독주택, 동물 및 식물 관련 시설 또는 교정 및 군사시설 중 군사시설(집회, 체육, 창고 등의 용도로 사용되는 시설만 해당한다)로 쓰는 건축물
8. 건축물의 1층과 2층의 일부를 동일한 용도로 사용하며 그 건축물의 다른 부분과 방화구획으로 구획된 부분(바닥면적의 합계가 500 m^2 이하인 경우로 한정한다)

건축물의 피난·방화구조 등의 기준에 관한 규칙 제26조(방화문의 구조)

영 제64조에 따른 갑종 방화문 및 을종 방화문은 한국건설기술연구원장이 국토교통부 장관이 정하여 고시하는 바에 따라 다음 각 호의 구분에 따른 기준에 적합하다고 인정한 것을 말한다.

1. 생산공장의 품질 관리 상태를 확인한 결과 국토교통부 장관이 정하여 고시하는 기준에 적합할 것
2. 품질시험을 실시한 결과 다음 각 목의 구분에 따른 기준에 따른 성능 확보

가. 갑종 방화문 : 다음의 성능을 모두 확보할 것

1) 비차열(非遮熱) 1시간 이상

2) 차열(遮熱) 30분 이상(영 제46조제4항에 따라 아파트 발코니에 설치하는 대피공간의 갑종방화문만 해당한다)

나. 을종 방화문 : 비차열 30분 이상의 성능을 확보할 것

- 비차열 방화문 : 화염을 차단해 주는 차염성(integrity)만을 요구하는 방화문으로 화재발생 시 방화문을 통하여 발생하는 복사열 차단은 불가
- 차열 방화문 : 화재발생 시 발생하는 고온의 복사열을 차단하는 성능인 차열성(thermal isolation)을 요구하고 방화문

4.14 소화설비 설치

소화설비 설치계획을 별지 제17호의3서식 또는 소방 관련법(위험물안전관리법 등) 서식의 소화설비 설치계획에 작성하고 소화설비 용량산출 근거 및 설계기준, 소화설비 계통도 및 계통 설명서, 소화설비 배치도 등의 서류 및 도면 등을 작성한다.

4.14.1 PSM 보고서 작성 서식

고용노동부 고시 별지 제17호의3 서식

설치지역	소화기	자동확산소화기	자동소화장치	옥내소화전	스프링클러	물분무소화설비	포소화설비	CO_2 소화설비	할로겐화합물소화설비	청정소화약제소화설비	옥외소화전

① 설치지역별로 소화기 등 소화설비의 설치개수를 작성

② 스프링클러 등 수계소화설비는 deluge(딜루지) 시스템 등의 설치개수를 작성

③ CO_2 소화설비 등 가스계소화설비는 기동용기 등의 설치개수를 작성

④ 「소방시설 설치·유지 및 안전관리에 관한 법률 시행령 」별표 1 및 「위험물안전관리법 시행규칙」 별표 17에 따라 분말소화설비 등 다른 형태의 소화설비를 추가하여 작성

4.14.2 소화기구

① "소화기"란 소화약제를 압력에 따라 방사하는 기구로서 사람이 수동으로 조작하여 소화하는 다음 각 목의 것을 말한다. 〈개정 2012.6.11〉

② "자동소화장치"란 소화약제를 자동으로 방사하는 고정된 소화장치로써 법 제36조에 따라 형식승인 받은 유효설치범위(설계방호체적, 최대설치높이, 방호면적 등을 말한다) 이내에 설치하여 소화하는 다음 각 목의 것을 말한다. 〈전문개정 2012.6.11〉

③ "주방용자동소화장치"란 가연성가스 등의 누출을 자동으로 차단하며, 소화약제를 방사하여 소화하는 소화장치를 말한다. [종전의 제3호에서 이동 2012.6.11]

④ "캐비닛형자동소화장치"란 열, 연기 또는 불꽃 등을 감지하여 소화약제를 방사하여 소화하는 캐비닛형태의 소화장치를 말한다.

⑤ "가스식자동소화장치"란 열, 연기 또는 불꽃 등을 감지하여 가스계 소화약제를 방사하여 소화하는 소화장치를 말한다.

⑥ "분말식자동소화장치"란 열, 연기 또는 불꽃 등을 감지하여 분말의 소화약제를 방사하여 소화하는 소화장치를 말한다.

⑦ “고체에어로졸식자동소화장치”란 열, 연기 또는 불꽃 등을 감지하여 에어로졸의 소화약제를 방사하여 소화하는 소화장치를 말한다. [종전의 제9호에서 이동 2012.6.11]

⑧ “자동확산소화장치”란 화재 시 화염이나 열에 따라 소화약제가 확산하여 국소적으로 소화하는 소화장치를 말한다. [종전의 제6호에서 이동 2012.6.11.]

4.14.3 가압송수장치

① 전동기 또는 내연기관에 따른 펌프를 이용하는 가압송수장치는 다음 각 호의 기준에 따라 설치하여야 한다.

② 특정소방대상물의 어느 층에 있어서도 해당 층의 옥내소화전(5개 이상 설치된 경우에는 5개의 옥내소화전)을 동시에 사용할 경우 각 소화전의 노즐선단에서의 방수압력이 0.17 Mpa(호스릴옥내소화전설비를 포함한다) 이상이고, 방수량이 130 L/min(호스릴옥내소화전설비를 포함한다) 이상이 되는 성능의 것으로 할 것. 다만, 하나의 옥내소화전을 사용하는 노즐선단에서의 방수압력이 0.7 Mpa을 초과할 경우에는 호스 접결구의 인입 측에 감압장치를 설치하여야 한다.

③ 다. 내연기관의 연료량은 펌프를 20분(층수가 30층 이상 49층 이하는 40분, 50층 이상은 60분) 이상 운전할 수 있는 용량일 것

④ 고가수조의 자연낙차수두(수조의 하단으로부터 최고층에 설치된 소화전 호스 접결구까지의 수직거리를 말한다)는 다음의 식에 따라 산출한 수치 이상이 되도록 할 것

⑤ 펌프의 성능은 체절운전 시 정격토출압력의 140%를 초과하지 아니하고, 정격토출량의 150%로 운전 시 정격토출압력의 65% 이상이 되어야 하며, 펌프의 성능시험배관은 다음 각 호의 기준에 적합하여야 한다.

⑥ 성능시험배관은 펌프의 토출측에 설치된 개폐밸브 이전에서 분기하여 설치하고, 유량측정장치를 기준으로 전단 직관부에 개폐밸브를 후단 직관부에는 유량조절밸브를 설치할 것

⑦ 유량측정장치는 성능시험배관의 직관부에 설치하되, 펌프의 정격토출량의 175% 이상 측정할 수 있는 성능이 있을 것

⑧ NPSH available : 유효흡입수두(이하 NPSHav라 명기)

NPSHav는 펌프의 설치조건(수면과 펌프와의 거리), 흡입관경 및 흡입배관의 길이, 이송액체의 온도 등, 펌프설치조건 및 배관 system에 의하여 결정되는 것이 바로 NPSHav 값이다.

$$NPSHav = Pa - Hs - Hf - Pv$$

여기서, Pa : 대기압(10.332 m)

Hs : 흡수면에서 임펠라 중심까지 거리 즉 흡입양정(흡입이면 - , 가압이면 +)

Hf : 흡입배관이 총 손실수두

Pv : 사용 액체의 포화 증기압(사용 액체의 온도 및 종류에 따라 결정)

⑨ NPSH required : 필요흡입수두(이하 NPSHre 이라 명기)

NPSHr은 펌프 제작자에 의해서 결정되는 흡입수두로 동일사양 펌프라도 펌프 제작자 또는 설계자에 의해서 NPSHre 값이 결정된다.

NPSHr 값을 구하는 방법은 실험에 의해서 NPSHre 값을 구하는 방법과 계산에 의해서 구하는 방법이 있으나, 실험에 의해서 구하는 방법이 더 정확한 NPSHre 값을 구할 수 있다.

4.14.4 Cavitation

① 펌프 흡입구에서 유로 변화로 인하여 압력강하가 생기며 이때 저압부가 형성되어 cavity가 형성된다.

② 이부분의 압력이 그 온도의 포화증기압 보다 낮아지면 표면에 증기가 발생되어 액체와 분리되어 기포로 나타난다. 이 현상을 cavitation이라 한다.

③ cavitation으로 인하여 발생된 기포는 펌프 고압부로 이동하여 순간적으로 기포가 파괴되면서 심한 충격을 동반하고 진동, 소음을 유발한다.

④ cavitation 발생 시 충격, 소음, 진동, 점 침식을 유발할 뿐만 아니라 펌프성능 저하 및 효율저하를 유발시킨다.

⑤ cavitation 발생 방지대책

- 펌프설치높이를 최대로 낮추어 흡입양정을 짧게 한다.
- NPSHav > 1.3 × NPSHre
- 펌프 회전수를 낮추어 흡입비속도(Nss)를 작게 한다.
- Double Suction Type Pump를 사용한다.

4.14.5 Sprinkler

1) sprinkler 소화 특성

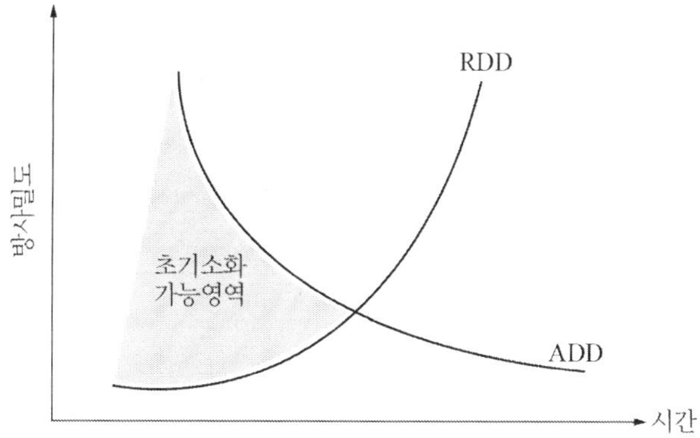

① RDD(required delivered density : 필요 진화밀도)

- 일정 크기의 화재를 진화하는 데 필요한 최소 물의 양을 가연물 상단의 표면적으로 나눈 값(lpm/m^2)
- RDD는 단위면적당 어느 정도의 소화수를 스프링클러로부터 방사해야 화재가 진압되는지를 결정

② ADD(actual delivered density : 실제 진화밀도, 침투밀도)

- 스프링클러의 침투밀도는 스프링클러로부터 분사된 물 중에서 화염을 통과하여 연소 중인 가연물 상단에 도달한 양을 가연물 상단의 표면적으로 나눈 값(lpm/m^2)으로 침투된 물의 분포밀도를 나타내며 스프링클러의 성능을 가늠하는 중요한 요소
- ADD란 헤드로부터 방사된 물이 화면에 실제 도달한 양을 뜻하며 이는 화재 시 소화작업에 이용되는 실제 방사량으로 스프링클러설비에서 방사 형태와 관련

2) 사용 목적에 따른 sprinkler 분류

① conventional sprinkler head

② residential sprinkler head

③ spray sprinkler head

- standard response spray sprinkler head
- quick response spray sprinkler head
- extended coverage spray sprinkler head

• quick response extended coverage spray sprinkler head

④ large drop sprinkler head

⑤ early suppression fast response sprinkler head

⑥ special sprinkler head

• attic sprinkler head

• 창문방호용 sprinkler head

• 아트리움전용 sprinkler head

4.14.6 미분무(Water Mist)설비

NFPA750 water mist에서는 water mist를 1,000μm 미만의 Dv 0.99로 된 물안개를 만드는 노즐 또는 설비로 정의하고 있다. 이는 노즐에서 분사되는 물의 부피의 99%가 직경 1.0 mm 미만의 액적이어야 한다는 의미이다.

1) 미분무수 특징

① 화재위험으로부터 공간내 인명 및 재산 보호

② flashover로의 전이 및 이웃 공간으로의 화재전파 방지를 위한 화재실 내 화재온도 제어

③ A급 및 B급 화재 진압

④ 할론 및 CO_2 대체소화시스템

⑤ 동일 수준의 안전을 확보하면서 기존 스프링클러 시스템 대체

⑥ 소화약제가 100% 순수물이므로 소화약제에 의한 2차 피해가 거의 없음

⑦ 화재 발생 감지 후 즉시 분무가 가능하므로 초기 화재 진압에 탁월함

2) 소화 원리

① 미분무수가 증발하면서 주위의 열을 흡수하는 증발잠열로 인한 냉각 효과

② 미분무수의 증발에 의한 수증기의 생성과 체적의 팽창으로 인한 가연성물질 주위의 산소 희박 효과

③ 화염 주위의 미분무수들에 의하여 화염으로부터 주위 가연성물질로 방출되는 복사열 차단 효과

3) 장점

① 설비 가격이 비교적 저렴
② 독성이 없고 환경문제를 일으키지 않음
③ 가연성액체의 pool fire 및 spray fire(분사 화재)를 소화할 수 있음
④ 전통적인 스프링클러설비에 비해 유속을 낮춰 사용하므로 수손을 감소시키고 소화수를 매우 적게 사용하기 때문에 수손을 감소시킨다.
⑤ 전기 부도체이다.
⑥ 불활성 또는 폭발억제설비로도 사용이 가능하다.

4) 단점

① A급 심부화재를 완전히 소화하는 데 어려움이 있다.
② 저유속 사용으로 인하여 연료 표면을 적절히 적셔주지 못하기 때문이며, 물방울의 낙하 속도가 낮아 연료 표면을 적절히 적셔주지 못하므로 불꽃화재에는 강하나 작열화재에는 약하다.
③ 차폐 또는 장애가 있는 화재에 대한 소화의 어려움이 있다.
④ 노즐의 분사 패턴에서 멀리 떨어진 지역의 미분무수 밀도가 현저히 감소하는 경향 때문에 소화의 어려움이 있다.
⑤ 기술적인 어려움이 있다.
⑥ 소화성능 변수를 설계할 객관적이고 일반적인 이론이 없다.

4.14.7 가스계 소화설비

1) 개요

이산화탄소	• 산소농도를 낮추어 질식에 의한 소화를 주체로 하는 물리적 소화방법 • 표면화재 및 심부화재에 모두 적용이 가능
청정소화약제	• 할로카본계 약제 : 할로겐족 (F, Cl, Br, I 등) 원소를 포함하는 약제로서 화학반응에 의한 억제소화 (화학적 소화) • 불활성 가스계 약제 : 질소 (inert gas)를 주성분으로 하며, 고농도로 장시간 약제를 방사하여 산소의 농도를 낮추는 질식소화 (물리적 소화)

2) 이산화탄소 소화설비

① 이산화탄소는 다른 물질과는 달리 대기압하에서 액체가 아닌 기체와 고체로만 존재한다. 액체 이산화탄소는 압력이 5.11 atm 이상이고, 온도가 -56.4℃ 이상일 때에 존재하는데 이때의 압력과 온도를 삼중점이라 하며, 이 점에서 고체, 액체, 기체가 공존하는 유일한 조건이 된다. 액체 이산화탄소는 20℃에서 60 kg/cm²로 압력용기에 액화 저장한다. 이 압력이 액체의 산화탄소를 저장용기로부터 방호구역에 방출시키는 데 이용된다.

② 액체 CO_2가 헤드로부터 방호구역에 방사될 때 즉시 기화되고 기화잠열에 의한 냉각작용으로 기화되지 못한 액체 CO_2가 -79℃에서 고체 Dry ice가 된다.

③ 일반적으로 21℃에서 방사량의 약 75%가 기화되고, 약 25%는 dry ice 입자가 되어 흰색 운무 상태로 부유하다 기체 CO_2로 승화되면서 냉각효과를 발휘한다.

④ 액체 CO_2가 분사헤드에서 방사되어 기체 CO_2가 될 때 발생하는 냉각효과는 줄-톰슨 효과(열역학에서 쓰이는 용어로 "제임스 줄"과 "윌리엄 톰슨"이 발견하였으며, 상온과 상압에서 수소와 헬륨, 네온을 제외한 모든 기체는 팽창하면 냉각)에 의한다.

3) 청정소화약제(halo–carbon계)

① 종류(9종)

- FC-3-1-10 : 1종
- HFC-23, HFC-125, HFC-227ea, HFC-236fa : 4종
- HCFC-124, HCFC-Blend A(NAFS-III) : 2종
- FIC-13I1 : 1종
- FK-5-1-12 : 1종

② 소화 원리

- 부촉매 효과에 의한 연쇄반응 억제
- 화재 시 열에 의해 Cl이 분해되어 활성 라디칼 H*, OH* 이 결합하여 연쇄반응을 차단한다.
- 주성분인 HCFC-22(화학식 : CHF 2Cl)가 열분해 되어 H*, OH* 이 결합하여 연쇄반응을 억제

$$CHF_2Cl \rightarrow CHF_2 + Cl$$

$$Cl + H^* \rightarrow HCl$$

$$HCl + OH^* \rightarrow H_2O + Cl$$

③ 약제 특성 및 소화농도

- NOAEL(no observable adverse effect level) : 농도를 증가시킬 때 악영향을 감지할 수 없는 최대농도(최대허용 설계농도) 즉, 인체에 독성을 주지 않는 최대농도 : 10%
- LOAEL(lowest observed adverse effect level) : 농도를 감소시킬 때 악영향을 감지할 수 있는 최소농도, 즉 인체에 독성을 주는 최소농도

4) 청정소화약제(불활성가스계)

① 종류 (4종)

- IG-01
- IG-55
- IG-100
- IG-541

② 소화원리

- 모든 화재는 산소농도가 16% 이하일 경우 진화
- IG-541은 방호구역 내 산소농도를 12%로 감소시켜 소화하고 CO_2를 3% 이상으로 증가시켜 인체 호흡을 가능하게 함
- 성분역할
  - 질소 → 산소농도를 16% 이하로 감소시켜 화재 진압
  - Ar → IG-541 비중을 공기와 거의 같은 1.18로 만들어 구획 외부로의 누출을 최대한 방지
  - CO_2 → CO_2 농도를 3～4%로 증가시키면 산소농도가 낮아도 심호흡을 촉진시켜 산소 섭취량을 증가시킬 수 있다.

④ 약제 특성 및 소화농도(IG-541)

- NOAEL : 43%
- LOAEL : 52%

4.15 화재탐지 경보설비 설치

화재탐지·경보설비 설치계획을 별지 제17호의 4서식 또는 소방 관련법(위험물안전관리법 등) 서식 화재탐지·경보설비 설치계획에 작성하고 화재탐지 및 경보설비 명세 배치도 등의 서류 및 도면 등을 작성한다.

고용노동부 고시 별지 제17호의4 서식

설치 지역	단독경보 형감지기	비상 경보설비	시각 경보기	자동화재 탐지설비	비상방송설비	자동화재 속보설비	통합감시시설	누전 경보기

주) 「소방시설 설치·유지 및 안전관리에 관한 법률 시행령」 별표 1 및 「위험물안전관리법 시행규칙」 별표 17에 따라 다른 형태의 경보설비가 설치된 경우에는 추가하여 기재

4.16 가스누출 감지경보기 설치

심사대상 설비에서 취급·저장하는 화학물질의 누출로 인한 화재·폭발 및 독성물질의 중독 등에 의한 피해를 방지하기 위하여 누출이 예상되는 장소에는 해당 화학물질에 적합한 가스누출 감지 경보기 설치계획을 별지 제17호의 5서식의 가스누출 감지경보기 설치계획에 작성하고 감지대상 화학물질별 수량 및 감지기의 종류·형식, 감지기 종류·형식별 배치도 등의 서류 및 도면 등을 작성한다.

① 감지기번호란에는 고정식 유해감지시설의 고유 식별번호를 기재
② 감지대상란에는 감지하려는 화학물질명을 기재
③ 설치장소란에는 감지시설의 설치장소 및 위치(설치 높이) 등을 구체적으로 기재

④ 작동시간란에는 감지시설이 감지 후 작동하는 시간을 작성

⑤ 측정방식란에는 접촉연속식 또는 전기화학식 등 감지 방식에 대하여 기재

⑥ 경보설정값란에는 감지시설의 설정값을 작성한다. 2단계로 구분하여 작성할 경우는 H(1차), HH(2차) 등으로 구분하여 작성(ex. 인화성 물질은 폭발하한계(LEL)의 25% 이하, 독성물질은 TWA(허용농도) 이하 등으로 기재)

⑦ 경보기 위치는 경보기가 설치된 장소를 작성한다. 다만, 감지기와 경보기가 일체형인 경우는 감지시설의 설치 위치와 동일하게 작성

⑧ 정밀도 란에는 감지시설의 정밀도를 작성

⑨ 경보 시 조치내용란에는 경보가 발생할 경우 근로자의 조치내용을 기재

⑩ 유지관리 란에는 감지시설의 교정주기 등을 작성

⑪ 비고란에는 방폭형 여부 등 기타 사항을 작성

고용노동부 고시 별지 제17호의 5서식

감지기 번호	감지 대상	설치 장소	작동 시간	측정 방식	경보 설정값	경보기 위치	정밀도	경보시 조치내용	유지 관리	비고

4.16.1 가스감지기 측정 원리

① 접촉연소방식

- 접촉연소방식은 촉매(백금, 파라듐(palladium) 등) 센서를 사용하는데, 원리는 촉매의 표면 위에서 발생하는 가스의 촉매연소에 의하여 발생하는 열의 증감(저항의 변화)을 측정하는 것이다.
- 센서는 고순도의 백금(99.999%) 코일을 감싼 알루미나 화합물로 된 표면 위를 특수

촉매로 코팅, 열처리한 측정 센서와 온도보상소자로 구성

② 전기화학식

- 전기화학식 가스센서는 산화 (환원) 반응이 일어나는 검지전극, 이것과 동시에 환원 (산화) 반응이 일어나는 대향전극 그리고 산화환원 반응과 함께 변화하는 전위를 감시하고 전위를 일정하게 유지하기 위한 참조전극으로 구성되어 있다.
- 전기화학식 센서의 핵심적 특징은 검지 대상 가스의 흐름을 검지전극으로 제한하는 확산 장벽에 있다. 이 방법에 의해 모든 가스가 전극에서 산화 혹은 환원 반응을 일으킬 수 있으며 이 산화환원 반응에 의하여 발생하는 전류는 검지 전극 측의 가스농도에 대응하기 때문에 이 전류의 값을 통하여 가스의 농도를 측정할 수가 있다. 이 전류 신호와 독성 가스의 농도 사이에는 직선 비례 관계가 성립한다.
- 이와 같이 전기화학식 가스센서는 화학 반응 (산화환원 반응)에 의하여 발생하는 에너지를 전기적인 에너지로 변환시키는 원리에 의하여 가스를 검지한다.

③ 반도체방식

- 반도체방식의 센서는 금속산화물 반도체 표면 위에 가스의 흡착에 따른 전기전도도의 변화를 측정한다.
- 구조는 소결된 금속산화물 반도체로 한 쌍의 백금코일과 코일을 감싸고 있는 반도체 물질(금속산화물)로 구성된다.
- 측정원리를 알아보면 센서의 외부는 오랜 시간 소결된 금속산화물(SnO_2)로 구성된 n-반도체로 형성된다. 내부는 한 쌍의 백금합금(PD-IR) 코일로 되어 있다. 전위는 줄(Joule) 열에 의해 350℃ 정도로 가열된 하나의 코일에서 적용된다.
- 반도체로 전원이 공급되면, 대기 중의 산소는 SnO_2 분자 표면에서 -이온으로 흡수된다. 센서 내부의 전자는 표면위에 -이온에 의해 방출되며, 중앙으로 밀집하여 channel 크기를 감소시킨다.
- 만일 수소가스와 같은 물질이 흡수될 경우, 표면 위의 산소와 같은 반응이 일어나며, 산소이온의 농도를 감소시켜 channel 크기를 증가시키며 전류가 다시 자연스럽게 흐르게 된다.

4.17 세척·세안시설 및 안전보호 장구

심사대상 설비에서 취급·저장하는 화학물질에 근로자가 다량 노출되었을 경우에 대한 세척·세안시설 및 안전보호 장구 등의 설치계획·배치에 관하여 안전 보호장구의 수량 및 확보계획, 세척·세안시설 설치계획 및 배치도 등의 서류 및 도면 등을 작성한다.

4.17.1 세안세척시설 설치대상

① 산업안전보건법 시행규칙 별표11의2의 피부 부식성 또는 자극성 물질, 심한 눈 손상성 또는 자극성 물질, 피부 과민성 물질

② 안전보건규칙 별표1의 부식성 물질

- 부식성 산류
  - 농도가 20% 이상인 염산, 황산, 질산 등
  - 농도가 60% 이상인 인산, 에세트산, 불산 등
- 부식성 염기류
  - 농도가 40% 이상인 수산화나트륨, 수산화칼륨 등

③ 설치지역

- caustic tower 지역
- 암모니아와 hydrazine 주입 system 지역
- boiler 공급수 chemical 주입 system 지역
- spent caustic pre-treatment unit area 등

4.17.2 세안세척시설 성능(KOSHA guide D-44-2016)

① 조작밸브는 원터치로 1초 내에 조작이 가능하여야 하며 사용자가 의도적으로 잠그지 않는 한 계속하여 열려 있는 형태이어야 한다

② 조작밸브는 스테인레스 계열의 재료이어야 한다.

③ 강산이나 강염기를 취급하는 곳에는 바로 옆에, 그 외의 경우에는 걸어서 10초(약 15 m) 이내에 도달할 수 있는 위치에 층마다 설치하여야 하며 장애물이 있어서는 안 된다.

④ 동파가 우려되는 곳에서는 동파 방지를 위한 설비(electric tracing 등)를 설치하여야 하

며 세척용수의 온도가 40℃를 초과하지 않도록 조치하여야 한다.

⑤ 잘 보이는 곳에 안내표지판을 설치한다.

⑥ 점검주기는 주 1회 정도로 권장되며, 화학물질을 하역하는 장소에서는 하역 전에 작동시험을 실시하는 것이 좋다.

4.18 국소배기장치 설치

해당 설비에 설치하는 국소배기장치 설치계획은 별지 제19호서식의 국소배기장치 개요에 작성하되, 다음 각 목의 사항을 포함하여야 한다.

가. 덕트, 배풍기, 공기정화장치 등의 설계 근거

나. 제어 및 인터록 장치

다. 후드, 덕트, 배풍기, 공기정화장치(제진설비, 세정설비 및 흡착설비 등), 배기구 등의 배관 및 계장도(piping & instrument diagram, P&ID)

라. 그 밖의 유해물질·분진작업 관련 설비별 특성에 따른 사항

마. 비상정지 시 발생원 처리대책

고용노동부 고시 별지 제19호 서식

공정 또는 작업장명	실내외 구분	발생원	유해물질 종류	후드 형식	후드의 제어풍속 (m/s)	덕트내 반송속도 (m/s)	배풍량 (m^3/min)	전동기		배기 및 처리순서
								용량 (kW)	방폭 형식	

① 발산원은 유해물질 발생설비를 기재

② 유해물질 종류는 유해가스명 또는 분진명 등을 기재

③ 후드의 제어풍속은 발생원에서 후드입구로 흡입되는 풍속

④ 배기 및 처리순서는 유해물질 발생에서부터 처리, 배출까지의 모든 설비를 순서대로 기재(예 : 집진기, 세정기 등을 기재하고 필요 시 후드, 덕트, 배기구, 배풍기 및 공기정화장치의 상세도면과 명세 등 별도 작성 제출)

4.19 폭발위험장소 구분

2015년 제2판으로 발행된 IEC 60079-10-1, Explosive atmospheres - Part 10-1 : Classification of areas - Explosive gas atmospheres 및 Corrigendum 1(2015)를 기초로 기술적 내용 및 대응국제표준의 구성을 변경하지 않고 작성한 한국산업표준을 적용한다.

인화성 가스 또는 증기의 위험한 정도의 양 및 농도가 조성될 우려가 있는 장소에는 폭발위험을 줄이기 위한 보호조치를 취할 필요가 있다. KS C IEC 60079는 점화위험을 평가할 수 있는 필수기준을 제시하고, 이러한 위험을 줄이기 위해 사용할 수 있는 설계 및 제어 매개변수에 대한 지침을 제공한다.

4.19.1 적용 범위

이 표준은 인화성 가스, 증기 또는 미스트 위험요인이 생성될 수 있는 장소의 폭발위험장소 구분에 대하여 규정하며, 폭발위험장소에서 사용하는 설비의 적절한 선정 및 설치를 지원하기 위한 근간으로 활용할 수도 있다.

이 표준은 공기와 혼합되어 있는 인화성 가스 또는 증기의 존재로 인하여 점화위험이 조성될 우려가 있는 경우에 적용하며, 다음의 경우에는 적용하지 않는다.

① 폭발성 갱내 가스가 존재할 우려가 있는 광산

② 폭발성 물질의 제조 및 취급공정

③ 이 표준에서 다루는 비정상(abnormal) 상태를 벗어나는 매우 심각하거나 드문 고장

④ 의료목적으로 사용되는 공간(room)

⑤ 저압의 연료가스가 취사, 물의 가열(water heating), 기타 유사한 용도로 사용되는 상업용 및 산업용 기기(appliances). 다만, 해당 설비(installation)가 관련 가스 코드 부합되는 경우에 한함

⑥ 주거시설

⑦ 인화성 분진 또는 부유물로 인한 폭발위험의 우려가 있는 장소(KS C IEC 60079-10-2 참조)

4.19.2 폭발위험장소의 구분(Zones)

① 0종 장소(zone 0)

폭발성 가스 분위기가 연속적, 장기간 또는 빈번하게 존재하는 장소 (비고 “길게(long)”와 “자주(frequency)”라는 두 용어는 잠재적인 폭발성 분위기 장소에서 아주 높은 확률을 설명하기 위한 것으로, 이들 용어를 반드시 양으로 정할 필요는 없다.)

② 1종 장소(zone 1)

폭발성 가스 분위기가 정상작동 중 주기적 또는 빈번하게 생성되는 장소

③ 2종 장소(zone 2)

폭발성 가스 분위기가 정상작동 중 조성되지 않거나 조성된다고 하더라도 짧은 기간에만 존재할 수 있는 장소

4.19.3 방폭구조 전기기계기구의 선정기준

고용노동부 고시 별지 제20호 서식

설치장소 또는 공정	전기/계장기계·기구명	폭발위험장소별 선정기준(방폭형식)		
		0종장소	1종장소	2종장소

① 전기 / 계장기계 · 기구명에는 전동기, 계측장치 및 스위치 등 폭발위험장소 내에 설치될 모든 전기 / 계장기계 · 기구를 품목별 또는 공정별, 품목별로 기재

② 방폭형식 표시기호는 한국산업규격에 따라 기재(예 : 내압방폭형 누름스위치 - Exd Ⅱ B T4 등)

③ 방폭전기 · 기계 기구 선정은 폭발위험장소의 종별에 따라 법적기준에 적합하게 설치 예) 비점화구조(n)는 경우 1종장소(zone 1)에 설치 불가

4.19.4 가스별 폭발등급 및 발화도 구분

가스·증기 발화온도 및 전기기기의 온도등급 관계 (참조 : KOSHA guide E-172-2018)

폭발위험장소 구분에 따른 온도등급	가스·증기의 발화온도(℃)	허용 가능한 기기의온도등급
T1	> 450	T1 ~ T6
T2	> 300	T2 ~ T6
T3	> 200	T3 ~ T6
T4	> 135	T4 ~ T6
T5	> 100	T5 ~ T6
T6	> 85	T6

① 최고 표면온도가 존재할 가능성이 있는 해당 가스, 증기의 발화온도에 도달하지 않도록 전기기기를 선정

② 전기기기의 표시가 주위온도범위를 표시하고 있지 않다면 기기는 -20℃부터 +40℃ 범위 내에서 사용될 수가 있으며, 별도 주위온도 표시가 있는 전기기기는 그 표시 범위 내에서 사용

③ 주위온도가 그 범위를 벗어나거나 다른 요인(예 : 온도, 태양광 방사 등)에 영향을 받는 온도가 있다면 기기에 미치는 영향을 고려

4.19.5 내압(耐壓) 방폭구조(Flame Proof Enclosure "d")

[방호장치 안전인증 고용노동부 고시 제2021-22호, 2021. 3. 11.]

제14조(정의)

이 고시에서 사용하는 용어의 뜻은 다음 각 호와 같다.

1. "내압방폭구조, d(flameproof enclosure, d)"란, 점화원에 의해 용기 내부에서 폭발이

발생할 경우에 용기가 폭발압력에 견딜 수 있고, 화염이 용기 외부의 폭발성 분위기로 전파되지 않도록 한 방폭구조를 말한다.

2. "내용적(volume)"이란, 용기의 전체 내부 용적으로서, 용기 내부에 내용물이 필요한 경우에는 나머지 빈 공간만을 말하며 조명기구인 경우에는 조립된 램프를 제외한 상태에서 측정한 내부 용적을 말한다.
3. "내압접합면(flameproof joint)"이란, 용기의 마주 보는 두 면이 서로 접하는 부분으로 용기 내부의 폭발이 외부의 폭발성 분위기로 전파되지 않도록 방지하는 부분(이하 "접합면"이라 한다)을 말한다.
4. "접합면의 길이 L(width of flameproof joint, L)"이란 접합면을 통한 용기의 내부와 외부 사이의 최단거리를 말한다.
5. "거리 l(distance, l)"란, 접합면의 길이(L)에 내압용기 부품을 조립하기 위하여 조임 기구를 체결하기 위한 구멍이 가공되어 있는 경우에 접합면을 가로지르는 최단거리를 말한다.
6. "접합면의 틈새 i(gap of flameproof joint, i)"란, 용기가 조립된 상태에서 접합면 사이의 간격을 말한다.
7. "최대실험안전틈새 MESG(maximum experimental safe gap, MESG)"란 IEC 60079-1-1에서 규정한 조건에 따라 시험을 10회 실시했을 때 화염이 전파되지 않고, 접합면의 길이가 25 mm인 접합의 최대틈새를 말한다.
8. "회전축(shaft)"이란, 회전운동의 전달용으로 사용되는 원형단면의 부품을 말한다.
9. "조작축(operating rod)"이란, 회전운동이나 직선운동 또는 이 둘이 조합된 운동의 제어작동 전달용으로 사용되는 부품을 말한다.
10. "압력중첩(pressure pilling)"이란, 용기 내의 어느 칸막이실 및 소구역에서 발생한 1차 점화로 인해 다른 칸막이실 및 소구역의 예압된 가스혼합물이 점화되어 발생하는 압력상승을 말하며, 시험을 연속해서 실시하여 측정한 어느 하나의 폭발압력 값이 다른 압력 값과 비교하여 1.5배 이상 발생하거나 압력상승 시간이 5 ms 미만이면 압력중첩이 발생하는 것으로 판정할 수 있다.
11. "단순조작 문 또는 덮개(quick-acting door or cover)"란, 레버를 조작하거나 핸들을 회전하는 것과 같이 단순한 작동으로 개폐되는 장치에 달린 문 또는 덮개를 말하는 것으로, 잠금 또는 풀림 작동 및 열림 또는 닫힘 작동과 같이 2단계로 작동한다.
12. "나사조임기구 문 또는 덮개(door or cover fixed by threaded fasteners)"란, 열거나

닫기 위하여 나사산이 있는 조임기구(나사, 스터드 볼트 및 너트)를 하나 이상 조작해야 하는 문 또는 덮개를 말한다.

13. “나사 문 또는 덮개(threaded door or cover)”란, 문 또는 덮개 자체에 나사산이 나있는 접합면을 적용하여 용기를 조립하는 것을 말한다.
14. “통기장치(breathing device)”란 용기의 내부와 외부의 공기가 서로 순환될 수 있도록 설계된 용기와 일체 또는 분리된 부품을 말한다.
15. “배수장치(draining device)”란 응축된 물을 용기 밖으로 배출하도록 설계된 용기와 일체 또는 분리된 부품을 말한다.
16. “방폭블랭킹엘레먼트(Ex blanking element)”란, 용기와 별도로 시험하지만 기기 인증서가 있고, 추가 검토 없이 용기에 장착할 수 있는 나사 밀폐용 부품을 말한다.
17. “방폭나사어댑터(Ex thread adapter)”란, 용기와 별도로 시험하지만 기기 인증서가 있고, 추가 검토 없이 용기에 장착할 수 있는 나사 어댑터를 말한다.

4.19.6 압력(壓力) 방폭구조(Pressurized Apparatus “p”)

제16조(정의)

이 고시에서 사용하는 용어와 그 뜻은 다음 각 호와 같다.

1. “경보기(alarm)”란, 주의를 끌기 위하여 보거나 들을 수 있는 신호를 발생시키는 장치를 말한다.
2. “수용부(containment system)”란, 내부 누출원이 될 수 있는 가연성물질을 포함하는 전기기기의 일부분을 말한다.
3. “희석(dilution)”이란, 압력용기 내의 가연성물질의 농도가 폭발한계에 이르지 못하도록 퍼지 후에 보호가스를 연속적으로 공급하는 것을 말한다.
4. “희석필요지역(dilution area)”이란, 가연성물질의 농도가 폭발위험이 없는 농도로 희석되지 않는 내부누출원의 근접지역을 말한다.
5. “용기용적(enclosure volume)”이란, 내부의 전기기기를 제거한 빈 공간의 용적을 말하며, 회전전기 기계의 경우에는 내부 빈 공간과 회전자가 차지하는 부피의 합을 말한다.
6. “가연성물질(flammable substance)”이란, 점화될 수 있는 가스, 증기, 액체 또는 그 혼합물을 말한다.
7. “용융밀봉장치(hermetically sealed device)”란, 브레이징(brazing), 용접(welding), 유

리-금속 용융 등과 같이 녹여서 외부 공기가 내부로 침투하지 못하도록 하는 구조의 장치를 말한다.

8. "점화가능기기(ignition-capable apparatus, ICA)"란, 정상 작동 중에 특정한 폭발성가스분위기에 대하여 점화원이 될 수 있는 전기기기(별표 8 제3호타목에 따른 방폭구조에 의해 보호되지 않는 전기기기를 포함한다)를 말한다.
9. "표시기(indicator)"란, 유량이나 압력이 적절하게 주기적으로 감시되는지 또한 운전요건에 적합한지를 보여주는 전기기기의 일부분을 말한다.
10. "내부누출원(internal source of release)"이란, 수용부에서 폭발성가스분위기를 형성할 수 있는 가연성가스, 증기 또는 액체 형태의 가연성물질이 압력용기 내부로 누출될 수 있는 지점 또는 위치를 말한다.
11. "누설보상(leakage compensation)"이란, 압력용기와 그 덕트 등에서 발생하는 누설을 보상하기 위하여 충분한 보호가스를 공급하는 것을 말한다.
12. "양압(overpressure)"이란, 압력용기 내부의 압력이 주위의 압력보다 높은 압력상태를 말한다.
13. "가압(pressurization)"이란, 압력용기 내부의 보호가스 압력을 외부 대기보다 높게 유지하여 외부 대기가 압력용기 내부로 침투하지 못하도록 보호하는 것을 말한다.
14. "가압시스템(pressurization system)"이란, 압력용기를 가압하고 감시 또는 제어하는데 사용하는 안전장치와 기타 구성품의 집합을 말한다.
15. "압력용기(pressurized enclosure)"란, 보호가스의 압력이 외부 대기보다 더 높게 유지되는 용기를 말한다.
16. "보호가스(protective gas)"란, 퍼지(purging)나 희석(필요한 경우), 그리고 양압을 유지하는데 사용하는 공기 또는 불활성가스를 말한다.
17. "보호가스공급장치(protective gas supply)"란 양압(positive pressure)으로 보호가스를 공급하는 압축기, 송풍기, 압축가스용기 등을 말한다.
18. "퍼지(purging)"란, 압력용기 내에서 폭발성가스분위기의 농도를 폭발위험이 없는 농도가 되도록 용기와 덕트를 통해 충분한 양의 보호가스를 통과시키는 조작을 말한다.
19. "확인시험(routine test)"이란, 제조자가 각 장치가 기준에 부합되는지를 확인하기 위하여 수행하는 시험을 말한다.
20. "정적가압(static pressurization)"이란, 폭발위험장소에서 보호가스를 추가하지 않고 압력용기 내부를 양압상태로 유지하는 것을 말한다.

21. "px형식(type px)"이란 압력용기 내부의 장비보호등급을 Gb에서 비위험등급으로 또는 Mb에서 비위험등급으로 낮추는 가압형식을 말한다.
22. "py형식(type py)"이란, 압력용기 내부의 장비보호등급을 Gb에서 Gc로 낮추는 가압형식을 말한다.
23. "pz형식(type pz)"이란, 압력용기 내부의 장비보호등급을 Gc에서 비위험등급으로 낮추는 가압형식을 말한다.
24. "성능시험(type test)"이란, 시험기관이 안전인증기준에 적합한지를 확인하기 위하여 하나 이상의 시료에 대해 수행하는 시험을 말한다.
25. "기기보호용 안전장치(safety device)"란, 방폭구조의 성능을 충족시키거나 유지하기 위하여 사용하는 장치(이하 "안전장치"라 한다)를 말한다.

4.19.7 안전증 방폭(Increased Safety "e")

제18조(정의)

이 고시에서 사용하는 용어의 뜻은 다음 각 호와 같다.

1. "절연공간거리"란, 두 도전부 사이의 공간을 통과하는 최단거리를 말한다.
2. "내부접속부"란, 제조공정상에서 제작된 접속부를 말한다.
3. "외부접속부"란, 사용현장의 설치자가 연결하는 접속부를 말한다.
4. "연면거리"란, 전기적으로 절연된 두 도전부 사이의 절연물표면을 통과하는 최단거리를 말한다.
5. "안전증방폭구조"란, 전기기기의 과도한 온도 상승, 아크 또는 불꽃 발생의 위험을 방지하기 위하여 추가적인 안전조치를 통한 안전도를 증가시킨 방폭구조를 말한다. 다만, 정상운전 중에 아크나 불꽃을 발생시키는 전기기기는 안전증방폭구조의 전기기기 범위에서 제외한다.
6. "구속전류(IA)"란, 농형 회전자를 구속하고 정격전압 및 정격주파수의 전원을 공급하였을 때 전동기의 1차 측 또는 가동철심의 교류전자석에 과도현상이 끝난 후에 흐르는 전류의 최대치를 말한다.
7. "제한온도"란, 해당 기기 또는 부품에 대하여 다음 각 목에 따른 온도의 값 중 낮은 값으로서 최대허용온도를 말한다.

   가. 폭발성가스 분위기에서 점화가 발생하는 온도

나. 사용재료가 열 안정성을 갖는 최고 온도

8. "전동기 정상운전"이란, 기동조건을 포함해 명판에 표시된 정격에 대한 연속운전 상태를 말한다.
9. "기계적전류한도(Idyn)"란, 전기기기가 전류의 영향에 손상 없이 견딜 수 있는 해당 전류의 최댓값을 말한다.
10. "열적전류한도(Ith)"란, 최고주위온도에서 도체의 온도를 정격부하 통전 시에 도달하는 온도로부터 제한온도까지 1초간에 상승시키는 전류를 말한다.
11. "정격전압"이란, 작동 및 성능 특성을 기준으로 부품·장치·전기기기 등에 대하여 제조자가 정한 전압값을 말한다.
12. 저항가열장치와 저항가열기기가 적용되는 용어는 다음 각 목과 같다.
    가. "저항가열장치"란, 일반적으로 절연 및 보호된 금속도체 또는 도전성 화합물로 구성된 가열저항체를 포함하는 저항가열기기의 일부를 말한다.
    나. "저항가열기기"란, 저항가열장치들로 구성되고 허용온도를 초과하지 않도록 필요한 장치와 결합된 전기기기를 말한다.
    다. "대상물"이란, 저항가열장치 또는 저항가열기기가 사용된 물체를 말한다.
    라. "온도자체 제한특성"이란, 정격상태에서 주위온도가 높아지면 저항가열장치의 온도가 더 이상 증가하지 않도록 주위온도가 증가함에 따라 저항가열장치의 열출력이 감소되는 특성을 말한다.
    마. "안정화설계"란, 위험상태조건에서 온도 제한을 위한 안전장치가 없어도 저항가열장치 또는 저항가열기기의 온도가 제한온도 미만으로 되도록 설계하는 것을 말한다.
13. "단락전류(ISC)"란, 전기기기가 사용 중에 도달할 수 있는 단락전류의 최대 실효값을 말한다.
14. "구속전류비(IA/IN)"란, 구속전류 IA와 정격전류 IN의 비율을 말한다.
15. "허용구속시간(tE)"이란, 최고주위온도 상태에서 구속전류 IA가 흐를 때 교류 회전자 또는 고정자의 권선이 정격사용 중에 도달하는 온도로부터 제한온도까지 올라가는 데 걸리는 시간을 말한다(별표 9의4 그림 1 참조).
16. "트레이스히터(trace heater)"란, 전기저항의 원리에 의하여 온도를 높이기 위한 장치로 금속성 도체 또는 절연된 도전성 물질로 구성된 것을 말한다.
17. "작동전압(working voltage)"이란, 전기기기에 정격전압을 공급하였을 때 특정한 절연물의 양단 사이에 발생할 수 있는 교류 또는 직류전압의 최고 실횻값을 말한다.

4.19.9 본질안전 방폭구조(Intrinsic Safety “ia, ib”)

제22조(정의)

이 고시에서 사용하는 용어의 뜻은 다음 각 호와 같다.

1. “본질안전회로(intrinsically safe circuit)”란, 정상작동 및 고장상태에서 발생한 불꽃이나 고온부분이 해당 폭발성가스분위기에 점화를 발생시킬 수 없는 회로(이하 “본안회로”라 한다)를 말한다.
2. “전기기계·기구(electrical apparatus)”란, 한 개의 용기 내에 전기부품, 전기회로 또는 전기회로의 일부를 포함하고 있는 조립체(이하 “전기기기”라 한다)를 말한다.
3. “본안기기(intrinsically safe apparatus)”란, 내부의 모든 회로가 본질적으로 안전한 전기기기를 말한다.
4. “본안관련기기(associated apparatus)”란, 본안회로와 비본안회로를 모두 포함한 것으로 비본안회로가 본안회로에 영향을 미칠 수 없도록 제작된 전기기기를 말한다.
5. “정상작동(normal operation)”이란, 본안기기 또는 본안 관련 기기가 전기적 및 기계적으로 제조자의 설계사양을 만족하는 작동을 말한다.
6. “고장(fault)”이란, 이 관에서 고장이 없는 것으로 규정하지 않은 것들 중에서 회로의 본질안전에 영향을 주는 부품, 이격, 절연 또는 부품 간의 접속부 등에서 발생하는 결함을 말한다.
7. “가산고장(countable fault)”이란, 이 관의 구조상 요건에 적합한 전기기기의 일부분에서 발생하는 고장을 말한다.
8. “불가산고장(non-countable fault)”이란, 이 관의 구조상 요건에 적합하지 않은 전기기기의 일부분에서 발생하는 고장을 말한다.
9. “무고장 부품 또는 부품조립체(infallible component or infallible assembly of components)”란 이 관에서 정하는 고장이 발생하지 않는 것으로 보는 부품 또는 부품의 조립체를 말한다.
10. “무고장 격리 또는 절연(infallible separation or insulation)”이란 단락이 발생하지 않는 것으로 보는 도전체 간의 이격 또는 절연을 말한다.
11. “단순기기(simple apparatus)”란 회로의 본질안전에 영향을 주지 않도록 전기적 파라미터가 명확하게 정의된 단순구조의 전기부품 또는 부품의 조합을 말한다.
12. “내부배선(internal wiring)”이란, 제조자가 전기기기 안에 설치한 배선 및 전기적인 접

속부를 말한다.

13. "최소점화전류(minimum igniting current, MIC)"란, 별표 11의4에 따른 불꽃점화시험장치에서 시험가스에 점화를 일으키는 저항성 또는 유도성 회로의 최소 전류를 말한다.
14. "최소점화전압(minimum igniting voltage)"이란, 별표 11의4에 따른 불꽃점화시험장치에서 시험가스에 점화를 일으키는 용량성 회로의 최소 전압을 말한다.
15. "최대 교류실효전압 또는 직류 전압(maximum r.m.s. AC or DC voltage, Um)"이란, 본질안전에 영향을 주지 않고 본안 관련 기기의 비본안 회로 접속부에 인가할 수 있는 최대 전압(이하 "최대전압"이라 한다)을 말한다.
16. "최대입력전압(maximum input voltage, Ui)"이란, 본안 회로에 영향을 주지 않고 본안 회로의 접속부에 인가할 수 있는 최대전압(최대 교류 또는 직류)을 말한다.
17. "최대출력전압(maximum output voltage, Uo)"이란, 최대 교류실효전압·직류전압, 최대입력전압을 포함한 최대전압까지 인가했을 때 개방회로 상태에서 기기 내부의 접속부에 나타날 수 있는 본안 회로의 최대출력전압(교류첨두 또는 직류)을 말한다.
18. "최대입력전류(maximum input current, Ii)"란, 본질안전에 영향을 주지 않고 본안 회로의 외부배선접속부에 인가할 수 있는 최대전류(교류 첨두 또는 직류)를 말한다.
19. "최대출력전류(maximum output current, Io)"란, 기기의 외부배선접속기구로부터 취할 수 있는 본안회로에서의 최대전류(교류 첨두 또는 직류)를 말한다.
20. "최대입력전력(maximum input power, Pi)"이란 기기를 외부전원에 접속했을 때 본질안전에 영향을 주지 않고 기기 안에서 소비할 수 있는 본안회로에서의 최대입력전력을 말한다.
21. "최대출력전력(maximum output power, Po)"이란, 기기로부터 취할 수 있는 본안회로의 최대전력을 말한다.
22. "최대외부정전용량(maximum external capacitance, Co)"이란, 본안 회로에서 본질안전에 영향을 주지 않고 기기의 접속부에 접속할 수 있는 최대정전용량을 말한다.
23. "최대내부정전용량(maximum internal capacitance, Ci)"이란, 기기의 외부배선접속부에 나타나는 기기의 총 등가내부정전용량을 말한다.
24. "최대외부인덕턴스(maximum external inductance, Lo)"란, 본안 회로에서 본질안전에 영향을 주지 않고 기기의 외부배선접속부에 접속할 수 있는 인덕턴스의 최댓값을 말한다.
25. "최대내부인덕턴스(maximum internal inductance, Li)"란, 기기의 외부배선접속부에 나타나는 기기의 총 등가내부인덕턴스를 말한다.

26. "최대외부인덕턴스 대 저항의 비(maximum external inductance to resistance ration, Lo/Ro)"란, 본안 회로에 영향을 주지 않고 전기기기의 접속부에 접속할 수 있는 외부회로의 저항(Ro)에 대한 인덕턴스(Lo)의 최대비율을 말한다.
27. "최대 내부인덕턴스 대 저항의 비(maximum internal inductance to resistance ratio, Li/Ri)"란, 전기기기의 외부 접속부에 나타날 수 있는 저항(Ri)에 대한 인덕턴스(Li)의 최대비율을 말한다.
28. "절연공간거리 (clearance)"란, 두 도체 간의 공간을 통한 최단거리를 말한다.
29. "충전물통과거리(distance through casting compound)"란, 충전물로 채워진 두 도체 간의 최단거리를 말한다.
30. "고체절연물통과거리(distance through solid insulation)"란, 고체절연물로 채워진 두 도체 간의 최단거리를 말한다.
31. "연면거리(creepage distance in air)"란, 공기와 접하고 있는 두 도체 사이의 절연물 표면을 따르는 최단거리를 말한다.
32. "코팅시의 연면거리(creepage distance under coating)"란, 절연코팅재질로 덮인 절연물의 표면을 따르는 도체 간의 최단거리를 말한다.
33. "퓨즈정격(fuse rating, In)"이란, KS C IEC 60127(소형퓨즈) 또는 제조자의 사양에 따르는 퓨즈의 정격전류를 말한다.
34. "가스밀폐 전지 또는 배터리 (sealed gas tight cell or battery)"란, 제조자가 정한 충전조건 또는 온도 내에서 작동할 때 가스 또는 전해액이 누설되지 않고 밀폐된 전지 또는 배터리를 말한다.
35. "밸브조절형 밀폐 전지 또는 배터리 (sealed valve-regulated cell or battery)"란, 정상상태에서는 닫혀 있다가, 내부압력이 설정 값을 초과하면 가스가 방출되도록 제작된 전지 또는 배터리를 말한다. 이 경우 통상적으로 추가적인 전해액의 보충이 필요 없다.
36. "다이오드 안전배리어(diode safety barrier)"란 퓨즈, 저항기 또는 이들의 조합에 의하여 보호되는 분로다이오드 또는 여러 개가 연결된 다이오드(제너다이오드 포함) 등으로 구성된 조립체를 말한다.

4.19.10 작성 사례

[참조 : KOSHA guide E-180-2020 가스폭발위험장소의 설정에 관한 기술지침]

1) 인화성 물질 목록 및 특성폭발위험장소 구분 Data Sheet - Part (1) 작성

설비 : 지역 :								관련도면 :					
	인화성 물질							휘발성		인화하한값 (LFE)		방폭 특성	비고 (기타 관련정보)
	물질명	분자식 (구성 성분)	분자량 (kg/kmd)	비중 (가스, 공기)	단열팽창 폴리트로프 지수	인화점 (℃)	발화점 (℃)	비점 (℃)	증기압 20℃ (kPa)	vol (%)	(k/m^3)	기기그룹 및 온도등급	
1													
2													
3													
4													
5													
6													
7													
8													
9													
10													

2) 누출원 목록 폭발위험장소 구분 Data Sheet - Part (2) 작성

설비 : 지역 :										관련도면 :							
	누출원					인화성 물질				환기			폭발위험장소				비고 (기타 관련정보)
	설비명	위치	누출 등급[a]	누출율 (kg/s)	누출특성 (m^3/s)	참조[b]	운전온도 및 압력 (℃)	운전온도 및 압력 (kPa)	상태[c]	형태[d]	희석 등급[e]	이용도	위험 장소별 (0,1,2)	위험장소 범위(m) 수직	위험장소 범위(m) 수평	참조[f]	
1																	
2																	
3																	
4																	
5																	
6																	
7																	
8																	
9																	
10																	

a : C(연속), S(2차), P(1차), b : 파트 I 목록 인용 번호, c : G(가스), L(액체), LG(액화가스), S(고체),
d : N(자연환기), AG(강제환기), AL(국소배기), e : 부속서 C참조, f : 사용된 코드 / 표준 번호계산기준 표시

3) 누출공의 크기

구분	항목	누출 고려사항		
		누출개구부가 확대 되지 않는 조건에서의 일반값, S(mm^2)	누출개구부가 부식 등에 의해 확대될 수 있는 조건에서의 일반값, S(mm^2)	누출 개구부가 심한 고장 등에 의해 확대 될 수 있는 조건에 대한 일반 값, S(mm^2)
고정부의 실링 요소	압축섬유 개스킷 류의 플랜지	≥ 0.025 ~ 0.25	≥ 0.25 ~ 2.5	(두볼트 사이의 거리) × (개스킷 두께) 보통 ≥ 1 mm
	나선형 운드 (spiral wound) 개스킷 류의 플랜지	0.025	0.25	(두볼트 사이의 거리) × (개스킷 두께) 보통 ≥ 0.5 mm
	링형태 조인트 연결부품	0.1	0.25	0.5
	50 mm 이하 구멍연결부[a]	≥ 0.025 ~ 0.1	≥ 0.1 ~ 0.25	1.0
저속 가동 부품류의 실링요소	밸브 스템 패킹	0.25	2.5	제조사 자료 또는 공정설비 배치에 따라 결정 25 mm^2 미만[d]
	압력누출밸브[b]	0.1 (오리피스 부위)	NA	NA
고속 가동 부품류의 실링요소	펌프, 압축기[c]	NA	≥ 1 ~ 5	제조사 자료 또는 공정설비 배치에 따라 결정, 최송 5 mm^2 [d 및 e]

a : 소규경 배관의 링 조인트, 나사 연결 , 압축 조인트(예, 금속 압축 피팅) 및 래피드 조인트에 제안되는 누출구멍 단면

b : 여기에서는 밸브의 완전 개방을 전제하지는 않지만, 밸브 부품의 고장으로 다양한 누설이 있을 수 있다 특이한 경우, 제안된 것보다 큰 누출구멍 단면을 가질 수 있다.

c : 왕복 압축기 - 압축기의 프레임과 실린더에서는 통상 누설이 일어나지 않지만, 공정설비의 피스톤로드 패킹과 다양한 배관 연결부에서 누설이 일어난다.

d : 장비 제 조자 데이터 - 예상되는 고장의 경우 그 영향을 가하기 위하여 장비 제조자의 협력 필요(예, 밀봉장치 관련 세부 도면의 이용성)

e : 공정설비 배치 - 특정 상황(예, 사전 연구), 인화성 물질의 최대 허용 누출률로 정의하는 운전 분석은 장비 제조자 데이터의 부족을 보완할 수 있다.

주) 기타 일반적인 값은 특정 응용에 대한 관련 국가 또는 산업 코드에서 구할 수 있다.

4) 누출의 형태

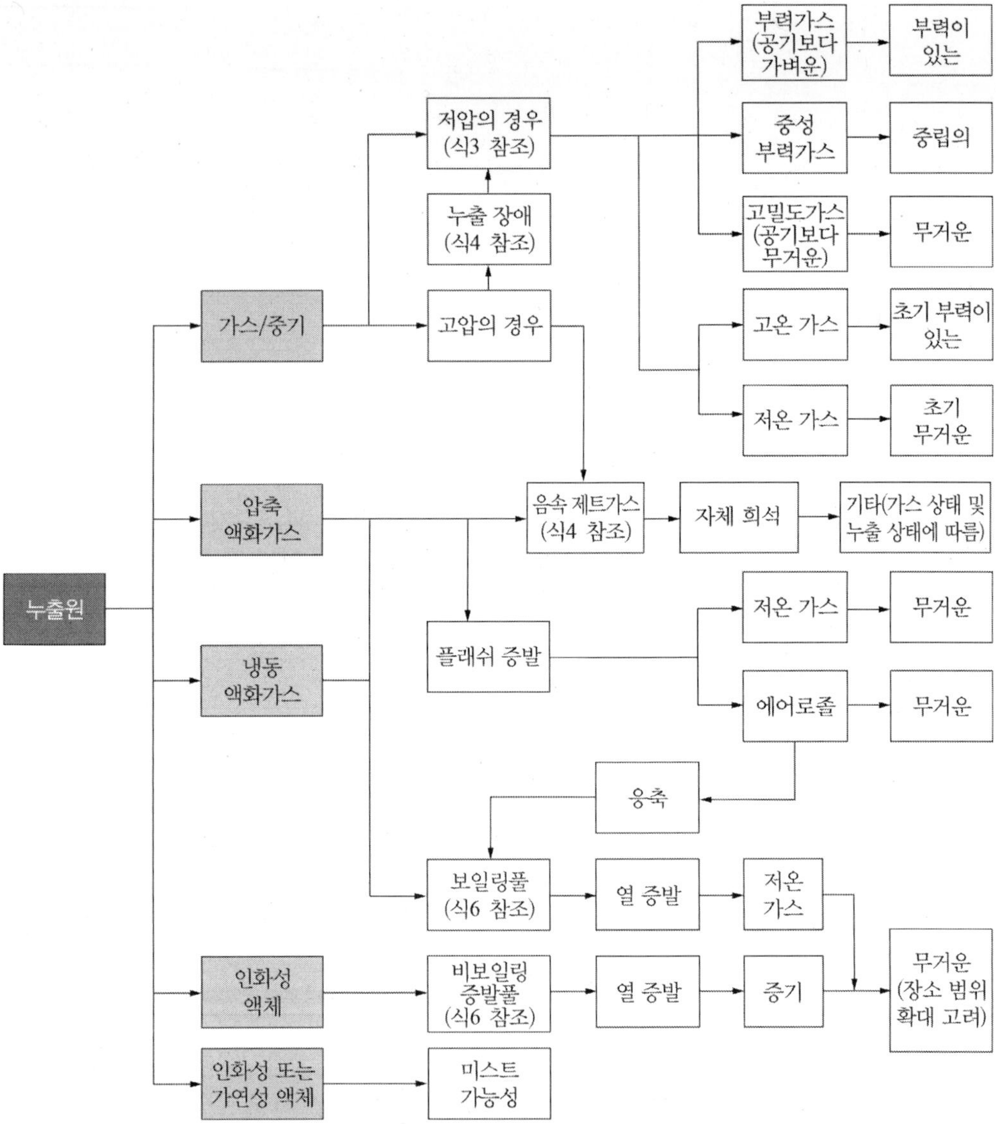
누출원
가스/증기
압축 액화가스
냉동 액화가스
인화성 액체
인화성 또는 가연성 액체
저압의 경우 (식3 참조)
누출 장애 (식4 참조)
고압의 경우
부력가스 (공기보다 가벼운)
부력이 있는
중성 부력가스
중립의
고밀도가스 (공기보다 무거운)
무거운
고온 가스
초기 부력이 있는
저온 가스
초기 무거운
음속 제트가스 (식4 참조)
자체 희석
기타(가스 상태 및 누출 상태에 따름)
플래쉬 증발
저온 가스
무거운
에어로졸
무거운
응축
보일링풀 (식6 참조)
열 증발
저온 가스
비보일링 증발풀 (식6 참조)
열 증발
증기
무거운 (장소 범위 확대 고려)
미스트 가능성

5) 누출등급 및 환기유효성에 따른 폭발위험장소 설정

누출 등급	환기유효성						
	고희석			중희석			저희석
	환기 이용도						
	우수(good)	양호(fair)	미흡(poor)	우수	양호	미흡	우수, 양호,미흡
연속	비위험 (0종 NE)[a]	2종 장소 (0종 NE)[a]	1종 장소 (0종 NE)[a]	0종 장소	0종 장소 +1종 장소	0종 장소 +1종 장소	0종 장소
1차	비위험 (1종 NE)[a]	2종 장소 (1종 NE)[a]	2종 장소 (1종 NE)[a]	1종 장소	1종 장소 +2종 장소	1종 장소 +2종 장소	1종 또는 0종 장소[c]
2차[b]	비위험 (2종 NE)[a]	비위험 (0종 NE)[a]	2종 장소	2종 장소	2종 장소	2종 장소	1종 및 0종 장소[c]

a : 0 종 NE, 1 종 NE, 2중 NE 는 정상조건에서는 무시될 수 있는 범위의 이론적 폭발위험장소 를 말한다.

b : 2차 누출등급으로 형성된 2종 장소가 1차 또는 연속 누출등급에 의한 장소보다 클 수 있다. 이 경우, 더 큰 거리를 선정하는 것이 좋다.

c : 환기가 아주 약하고 실제로 폭발성 가스분위기가 지속되는 누출의 경우(즉, 환기되지 않는 것에 가까운 상태)에는 0종 장소에 속할 수 있다,

'+'는 '~에 둘러싸여 있음'을 뜻한다.

자연환기가 일어나는 밀폐공간에서의 환기이용도는 '우수'로 고려해서는 안 된다.

6) 폭발위험장소 거리(방폭반경) 예시

누출 특성

인화성 물질	벤젠(CAS no. 71-43-2)
몰 질량	78.11 kg/kmol (78 g/nol)
인화하한값, LFL	1.2% vol. (0.012 vol./vol.)
자연발화온도, AIT	498℃
가스밀도, ρ_g	3.25 kg/m^3(대기 조건에서 계산) 가스밀도는 〈그림 1〉 그래프의 커브로 나타남\
누출원, SR	기계 씰
누출 등급	2차(씰 파열로 인한 누출)
액체 누출률, w	0.19 kg/s(누출 계수 C_d=0.75, 구멍 크기 S=5 mm^2, 액체밀도 ρ= 876.5 kg/m^3, 압력차 Δp=15 bar)
가스 누출률, W_g	3.85×10^{-3} kg/s, 누출 지점에서 증기화된 액체 비율을 고려하여 결정 (W의 2%) ; 남은 액체는 배출
누출 특성, $W_g(\rho_g \times k \times \mathrm{LFL})$	0.1 m^3/s
안전계수, k	1.0

위치 특성

옥외 상황	탁 트인장소(장애물 없음)
주위 압력(대기압), Pa	101,325Pa
주위 온도, T	20℃(293 K)
환기 속도, u_w	0.3 m/s
환기 이용도	우수(기상학적으로 안정된 풍속)

누출 영향(결과)

희석등급(〈그림 2〉 참조)	중희석
폭발위험장소 종별	2종 장소
설비그룹 및 온도등급	IIA T1

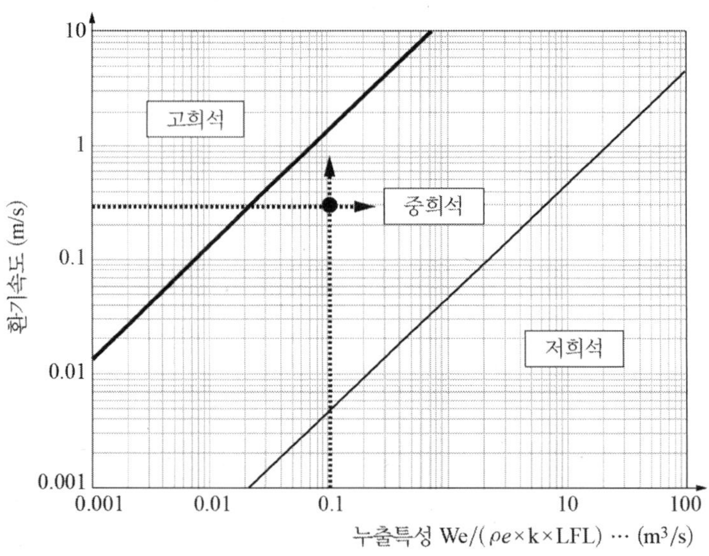

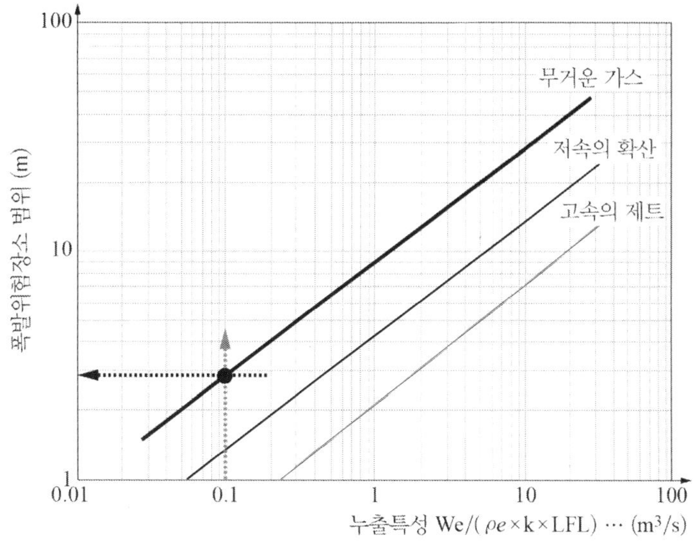

7) 폭발위험장소 구분도

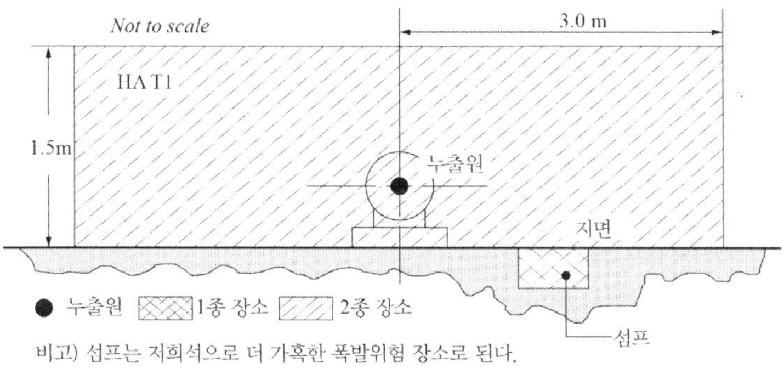

4.20 전기 단선도(Single Line Diagram)

1) 작성범위

수전설비의 책임분기점부터 저압변압기의 2차 측(부하설비 1차 측)까지

2) 주요 포함 내용

① 부스바 또는 케이블의 종류, 굵기 및 가닥 수 등

② 변압기의 종류, 정격(상수, 1·2차 전압), 1·2차 결선 및 접지방식, 보호방식

③ 전동기 등 연동장치와 관련된 기기의 제어회로

④ 각종 보호장치(차단기, 단로기)의 종류와 차단 및 정격용량, 보호방식 등

⑤ 예비 동력원 또는 비상전원 설비의 용량 및 단선도(첨부 자료)

⑥ 부하용량 및 전원 측에 설치된 차단기의 차단전류

※ 필요 시 단락용량 계산서 및 비상전원설비 용량 산출계산서 첨부

4.21 접지설비

1) 작성방법

심사대상기기, 철구조물 등에 대한 접지계획 및 배치에 관한 서류·도면 등은 다음 사항에 따라 작성하여야 한다.

① 접지계획에는 접지의 목적, 적용법규·규격, 적용범위, 접지방법, 접지종류(계통접지, 기기접지, 피뢰설비접지, 정밀장비접지 및 정전기 등을 포함) 및 접지설비의 유지관리 등을 포함

② 접지 배치도에는 접지극의 위치, 접지선의 종류와 굵기 등을 표기

4.22 배출물의 처리 설계기준 및 명세

1) 작성방법

① 플레어스택을 포함한 압력방출설비에 대하여는 플레어스택의 용량 산출 근거, 플레어스택의 높이 계산 근거 및 압력방출설비의 공정상세도면(P&ID) 등의 사항을 작성하여야 한다.

② 환경오염물질의 처리에 관련된 설비에 대하여는 설비 내에서 발생되는 환경 오염물질의 수지, 처리방법 및 최종 배출농도 등의 사항을 작성하여야 한다.

2) Flare System 개요

[참조 : KOSHA guide D-19-2014 플레어 시스템의 설치에 관한 기술지침]

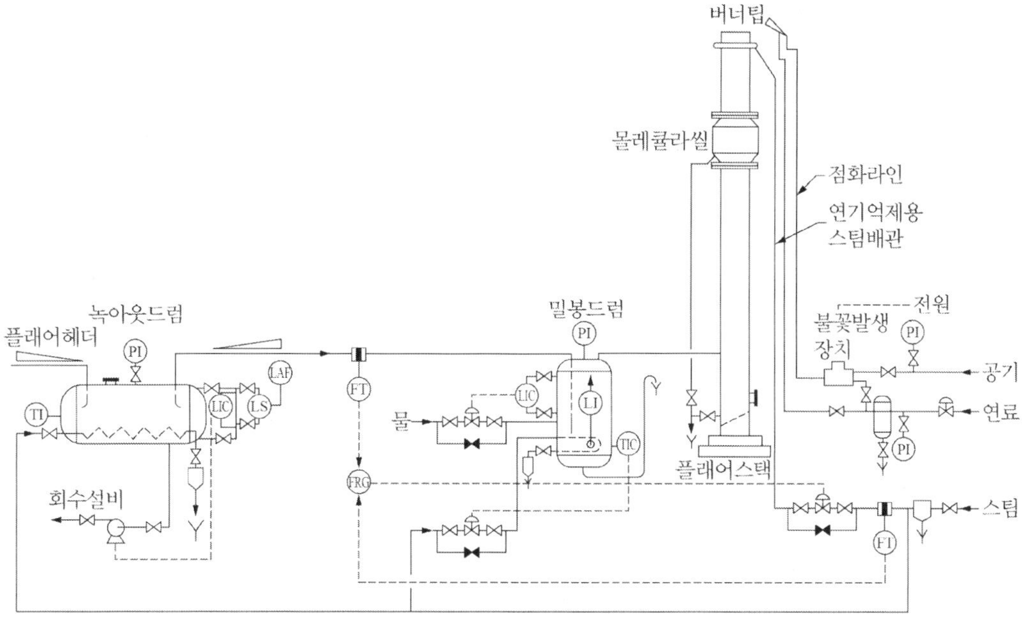

① 플래어 시스템은 안전밸브 등에서 배출되는 물질을 모아 플래어스택에서 소각시켜 대기 중으로 방출하는데 필요한 일체의 설비를 말하며 플래어 헤더, 녹아웃드럼, 밀봉드럼 및 플래어스택 등과 같은 설비를 포함

② 플래어스택은 플래어 시스템 중 스택 형식의 소각탑으로써 스택지지대, 주 버너팁, 파일럿 버너 및 점화장치 등으로 구성된 설비 일체를 말함

③ 플래어 헤더는 안전밸브 등에서 방출된 가스 및 액체를 그룹별로 모아서 플래어 스택으로 보내는 주 배관을 말함

④ 녹아웃드럼(knock-out drum)은 안전밸브 등의 방출물에 포함되어 있는 액체가 플래어 스택으로 가스와 함께 흘러 들어가지 않도록 액체를 분리 포집하는 설비를 말함

⑤ 밀봉드럼(Seal drum)은 플래어 스택의 화염이 플래어 시스템으로 전파되는 것을 방지하고, 플래어 헤더에 플래어 스택 공기가 빨려 들어가는 것을 방지하기 위하여 양압을 형성시키는 설비를 말함

3) 일반사항

① 연소가스의 방출에 따른 국내법규상의 기준을 만족하여야 함

② 플래어의 위치 및 이격 거리는 복사열, 연소생성물의 착지 농도를 기준으로 충분히 떨어져야 함

③ 플래어스택에 액체가 유입되지 않도록 방출가스와 비말이 동반된 액체의 제거능력이 충분하여야 함

④ 플래어 시스템으로 산소가 유입되지 않도록 하여야 하며, 특히 안전밸브 등 보수 시에 주의하여야 함

⑤ 내부 폭발 예방을 위한 화염역류방지 장치를 설치하여야 함

⑥ 파일럿 점화장치 및 조절장치가 안전한 곳에 위치하여야 함

⑦ 플래어 헤더를 연료가스 또는 불활성가스로 치환할 수 있는 장치를 설치하여야 함

⑧ 산소가 함유된 물질은 별도의 플래어 시스템에서 처리하여야 함

⑨ 불꽃이 꺼지지 않도록 유속산정에 주의하여야 함

⑩ 고온 및 저온, 부식성 등 유체의 물성을 고려하여 재질을 선정하여야 함

4) Flare Header의 설계

① 안전밸브 등의 토출 측에서 부터 녹아웃드럼 사이의 배관에 액체가 정체되지 않도록 하여야 함

② 안전밸브 등의 토출 측으로 부터 녹아웃드럼 쪽으로 플래어 헤더를 경사지게 설치하여야 한다. 이때의 경사도는 1/200 이상이어야 함

③ 공정지역에서 플래어스택까지 거리가 멀리 떨어져 있어 플래어 헤더에 액체가 정체될 우려가 있는 경우 그 사이에 중간 녹아웃드럼을 설치할 수 있음

④ 포집배관 시스템에는 차단밸브를 설치하여서는 아니 된다. 다만, 여러 생산설비에 공용의 플래어스택을 설치하는 경우에는 각 생산설비의 플래어 헤더에 차단밸브를 설치할 수 있다. 이 경우에는 설치된 차단밸브의 열림 상태를 주조정실에서 알 수 있도록 열림·닫힘 상태 경보장치를 설치하여야 함

⑤ 수분이 함유된 액체의 경우에는 동파에 대비하고, 고유동점 및 고점도의 기름이나 폴리머의 경우에는 액체의 응고가 일어날 수 있으므로 보온, 가열설비와 배수 설비를 설치하여야 함

⑥ 플래어 헤더의 봉입

- 목적
  - 역화의 예방

- 공기의 혼입방지
- 공기의 혼합 가능 조건
  - 가스가 공기보다 가벼운 경우 스택 하단부가 대기압 이하일 때
  - 더운 가스의 방출 후 헤더 내의 증기가 냉각 응축할 때
  - 자연통풍식의 스택인 경우 플랜지 및 접속 부위
- 플래어 헤더의 봉입은 질소 등 불활성가스를 사용하는 것을 원칙으로 하며 연료가스를 사용할 경우에는 공기보다 가벼운 가스로서 폭발범위에 들지 않도록 하여야 한다.
  - 말단에 공기유입 및 역화 방지를 위해 질소 주입
  - dry flare 가스 배출 후 냉각 및 응축 후 압력강하 시 질소 추가 주입

5) Knockout Drum

① 녹아웃드럼은 배출물을 모아 액체와 기체상태로 분리시킴으로써 액적이 포함된 가스가 플래어 되는 데 따른 위험을 예방한다. 녹아웃드럼에서 회수된 액체는 공정으로 되돌려 보내지거나 증발시켜 기화시킨 후 플래어로 보냄

② 녹아웃드럼은 버터팁 부분에서 폭발이 발생하거나, 불꽃의 꺼짐 또는 불꽃 튀김 현상이 유발되지 않도록 설계하여야 함

③ 녹아웃드럼에는 고점도의 액체가 그 상태로 배수 또는 이송되는 것을 방지하기 위하여 스팀코일, 자켓 또는 기타 가열장치를 설치하여야 함

④ 수분이 함유된 유체의 경우 추운 날씨에 동결될 수 있으므로 이의 방지를 위한 수단을 고려하여야 함

⑤ 주의사항
- 액위에 의해 펌프의 자동 시동(high level) 및 정지(low level)
- 펌프의 비상 전원 연결

6) Seal Drum

① 밀봉드럼은 플래어 시스템 내에 외부로부터 공기가 유입되어 역화가 일어나는 것을 방지하기 위하여 설치함

② 내부 폭발을 고려하여 설계압력이 최소한 3.5 kg/cm^2G 이상 되어야 함

③ 밀봉액의 비말동반을 방지하기 위하여 드럼 내에 충분한 공간을 유지하여야 함

④ 액체의 동결, 액체의 인화성과 반응성을 고려하여 설계하여야 함

⑤ 주의사항

- K/O drum 후단 플레어스택에 최대한 가까이 설치하여 일정한 수두를 유지함으로써 정압을 유지하여 플래어 헤더에 공기 유입 및 역화 방지
- 액위는 utililty water에 의해 유지
- flare header의 압력강하 시 액위가 상승하여 공기 유입 방지
- overflow 방지 조치 : seal leg를 거쳐 드레인
- 배관 diping : 150～300 mm
- 저온 flare 시 동결방지 : 온도 경보 및 스위치 장치에 의해 스팀차단, utility water 차단 및 배출

7) Flare Stack

① 크기

- 단기간 최대유량의 방출일 경우, 최대유속은 음속의 50% 이내로 하여야 한다.
- 정상속도의 경우, 음속의 20% 이내이어야 함

② 높이 : 스택 바로 밑의 지표면에서 복사열이 4,000 $kcal/m^2 \cdot hr$ 이하가 되도록 조정

③ molecular seal

- flare 가스의 양이 매우 작을 경우 플레어스택 내로 공기 유입 및 역화 방지를 위해 버너 바로 아래 설치
- seal 내에 flare 가스가 정체하여 공기 유입 방지
- 배출가스의 평균분자량이 공기와 비슷한 경우 효과 없음
- 산성가스 flare에는 가스 seal만 설치

④ 기타

- H_2S를 포함한 산성가스는 별도의 버너에서 연소
- 그을음 발생을 방지하고 버너를 냉각하기 위해 MS 주입

8) Flare 용량 산출

① 각 안전밸브 용량

② 각 단위공장의 압력상승 요인별 용량 합계

③ 공장 전체의 압력상승 요인별 용량 합계

제5장

공정 위험성평가

5.1 위험성평가 개요 및 법적 근거

5.1.1 위험성평가 개요

① 위험성평가란

- 사업주가 사업장의 유해위험 요인을 파악하고
- 해당 유해위험 요인에 의한 부상 또는 질병의 발생 가능성(빈도)과 중대성(강도)을 추정 결정하고
- 감소대책을 수립하여 실행하는 일련의 과정을 말함

② 유해·위험요인(hazard : 위험원, 잠재적 위험)을 찾아내는 것이 가장 중요

5.1.2 산업안전보건법

제36조(위험성평가의 실시)

① 사업주는 건설물, 기계·기구·설비, 원재료, 가스, 증기, 분진, 근로자의 작업 행동 또는 그 밖의 업무로 인한 유해·위험 요인을 찾아내어 부상 및 질병으로 이어질 수 있는 위험성의 크기가 허용 가능한 범위인지를 평가하여야 하고, 그 결과에 따라 이 법과 이 법에

따른 명령에 따른 조치를 하여야 하며, 근로자에 대한 위험 또는 건강장해를 방지하기 위하여 필요한 경우에는 추가적인 조치를 하여야 한다.

② 사업주는 제1항에 따른 평가 시 고용노동부 장관이 정하여 고시하는 바에 따라 해당 작업장의 근로자를 참여시켜야 한다.

③ 사업주는 제1항에 따른 평가의 결과와 조치 사항을 고용노동부령으로 정하는 바에 따라 기록하여 보존하여야 한다.

④ 제1항에 따른 평가의 방법, 절차 및 시기, 그 밖에 필요한 사항은 고용노동부 장관이 정하여 고시한다.

제105조(유해인자의 유해성·위험성 평가 및 관리)

① 고용노동부 장관은 유해인자가 근로자의 건강에 미치는 유해성·위험성을 평가하고 그 결과를 관보 등에 공표할 수 있다.

② 고용노동부 장관은 제1항에 따른 평가 결과 등을 고려하여 고용노동부령으로 정하는 바에 따라 유해성·위험성 수준별로 유해인자를 구분하여 관리하여야 한다.

③ 제1항에 따른 유해성·위험성 평가대상 유해인자의 선정기준, 유해성·위험성 평가의 방법, 그 밖에 필요한 사항은 고용노동부령으로 정한다.

제106조(유해인자의 노출기준 설정)

고용노동부 장관은 제105조제1항에 따른 유해성·위험성 평가 결과 등 고용노동부령으로 정하는 사항을 고려하여 유해인자의 노출 기준을 정하여 고시하여야 한다.

제107조(유해인자 허용기준의 준수)

① 사업주는 발암성 물질 등 근로자에게 중대한 건강장해를 유발할 우려가 있는 유해인자로서 대통령령으로 정하는 유해인자는 작업장 내의 그 노출농도를 고용노동부령으로 정하는 허용기준 이하로 유지하여야 한다. 다만, 다음 각 호의 어느 하나에 해당하는 경우에는 그러하지 아니하다.

1. 유해인자를 취급하거나 정화·배출하는 시설 및 설비의 설치나 개선이 현존하는 기술로 가능하지 아니한 경우
2. 천재지변 등으로 시설과 설비에 중대한 결함이 발생한 경우

3. 고용노동부령으로 정하는 임시작업과 단시간 작업의 경우
4. 그 밖에 대통령령으로 정하는 경우

② 사업주는 제1항 각 호 외의 부분 단서에도 불구하고 유해인자의 노출농도를 제1항에 따른 허용기준 이하로 유지하도록 노력하여야 한다.

제108조(신규화학물질의 유해성·위험성 조사)

① 대통령령으로 정하는 화학물질 외의 화학물질(이하 "신규화학물질"이라 한다)을 제조하거나 수입하려는 자(이하 "신규화학물질제조자 등"이라 한다)는 신규화학물질에 의한 근로자의 건강장해를 예방하기 위하여 고용노동부령으로 정하는 바에 따라 그 신규화학물질의 유해성·위험성을 조사하고 그 조사보고서를 고용노동부 장관에게 제출하여야 한다. 다만, 다음 각 호의 어느 하나에 해당하는 경우에는 그러하지 아니하다.

1. 일반 소비자의 생활용으로 제공하기 위하여 신규화학물질을 수입하는 경우로서 고용노동부령으로 정하는 경우
2. 신규화학물질의 수입량이 소량이거나 그 밖에 위해의 정도가 적다고 인정되는 경우로서 고용노동부령으로 정하는 경우

② 신규화학물질제조자 등은 제1항 각 호 외의 부분 본문에 따라 유해성·위험성을 조사한 결과 해당 신규화학물질에 의한 근로자의 건강장해를 예방하기 위하여 필요한 조치를 하여야 하는 경우 이를 즉시 시행하여야 한다.

③ 고용노동부 장관은 제1항에 따라 신규화학물질의 유해성·위험성 조사보고서가 제출되면 고용노동부령으로 정하는 바에 따라 그 신규화학물질의 명칭, 유해성·위험성, 근로자의 건강장해 예방을 위한 조치 사항 등을 공표하고 관계 부처에 통보하여야 한다.

④ 고용노동부 장관은 제1항에 따라 제출된 신규화학물질의 유해성·위험성 조사보고서를 검토한 결과 근로자의 건강장해 예방을 위하여 필요하다고 인정할 때는 신규화학물질제조자 등에게 시설·설비를 설치·정비하고 보호구를 갖추어 두는 등의 조치를 하도록 명할 수 있다.

⑤ 신규화학물질제조자 등이 신규화학물질을 양도하거나 제공하는 경우에는 제4항에 따른 근로자의 건강장해 예방을 위하여 조치하여야 할 사항을 기록한 서류를 함께 제공하여야 한다.

제109조(중대한 건강장해 우려 화학물질의 유해성·위험성 조사)

① 고용노동부 장관은 근로자의 건강장해를 예방하기 위하여 필요하다고 인정할 때는 고용노동부령으로 정하는 바에 따라 암 또는 그 밖에 중대한 건강장해를 일으킬 우려가 있는 화학물질을 제조·수입하는 자 또는 사용하는 사업주에게 해당 화학물질의 유해성·위험성 조사와 그 결과의 제출 또는 제105조제1항에 따른 유해성·위험성 평가에 필요한 자료의 제출을 명할 수 있다.

② 제1항에 따라 화학물질의 유해성·위험성 조사 명령을 받은 자는 유해성·위험성 조사 결과 해당 화학물질로 인한 근로자의 건강장해가 우려되는 경우 근로자의 건강장해를 예방하기 위하여 시설·설비의 설치 또는 개선 등 필요한 조치를 하여야 한다.

③ 고용노동부 장관은 제1항에 따라 제출된 조사 결과 및 자료를 검토하여 근로자의 건강장해를 예방하기 위하여 필요하다고 인정하는 경우에는 해당 화학물질을 제105조제2항에 따라 구분하여 관리하거나 해당 화학물질을 제조·수입한 자 또는 사용하는 사업주에게 근로자의 건강장해 예방을 위한 시설·설비의 설치 또는 개선 등 필요한 조치를 하도록 명할 수 있다.

5.1.3 산업안전보건법 시행령

제15조(관리감독자의 업무 등)

① 법 제16조제1항에서 "대통령령으로 정하는 업무"란 다음 각 호의 업무를 말한다.

1. 사업장 내 법 제16조제1항에 따른 관리감독자(이하 "관리감독자"라 한다)가 지휘·감독하는 작업(이하 이 조에서 "해당작업"이라 한다)과 관련된 기계·기구 또는 설비의 안전·보건 점검 및 이상 유무의 확인
2. 관리감독자에게 소속된 근로자의 작업복·보호구 및 방호장치의 점검과 그 착용·사용에 관한 교육·지도
3. 해당작업에서 발생한 산업재해에 관한 보고 및 이에 대한 응급조치
4. 해당작업의 작업장 정리·정돈 및 통로 확보에 대한 확인·감독
5. 사업장의 다음 각 목의 어느 하나에 해당하는 사람의 지도·조언에 대한 협조
   가) 법 제17조제1항에 따른 안전관리자(이하 "안전관리자"라 한다) 또는 같은 조 제4항에 따라 안전관리자의 업무를 같은 항에 따른 안전관리전문기관(이하 "안전관리전문기관"이라 한다)에 위탁한 사업장의 경우에는 그 안전관리전문기관의 해

당 사업장 담당자

나) 법 제18조제1항에 따른 보건관리자(이하 "보건관리자"라 한다) 또는 같은 조 제4항에 따라 보건관리자의 업무를 같은 항에 따른 보건관리전문기관(이하 "보건관리전문기관"이라 한다)에 위탁한 사업장의 경우에는 그 보건관리전문기관의 해당 사업장 담당자

다) 법 제19조제1항에 따른 안전보건관리담당자(이하 "안전보건관리담당자"라 한다) 또는 같은 조 제4항에 따라 안전보건관리담당자의 업무를 안전관리전문기관 또는 보건관리전문기관에 위탁한 사업장의 경우에는 그 안전관리전문기관 또는 보건관리전문기관의 해당 사업장 담당자

라) 법 제22조제1항에 따른 산업보건의(이하 "산업보건의"라 한다)

6. 법 제36조에 따라 실시되는 위험성평가에 관한 다음 각 목의 업무

가) 유해·위험요인의 파악에 대한 참여

나) 개선조치의 시행에 대한 참여

7. 그 밖에 해당 작업의 안전 및 보건에 관한 사항으로서 고용노동부령으로 정하는 사항

② 관리감독자에 대한 지원에 관하여는 제14조제2항을 준용한다. 이 경우 "안전보건관리책임자"는 "관리감독자"로, "법 제15조제1항"은 "제1항"으로 본다.

제18조(안전관리자의 업무 등)

① 안전관리자의 업무는 다음 각 호와 같다.

1. 법 제24조제1항에 따른 산업안전보건위원회(이하 "산업안전보건위원회"라 한다) 또는 법 제75조제1항에 따른 안전 및 보건에 관한 노사협의체(이하 "노사협의체"라 한다)에서 심의·의결한 업무와 해당 사업장의 법 제25조제1항에 따른 안전보건관리규정(이하 "안전보건관리규정"이라 한다) 및 취업규칙에서 정한 업무

2. 법 제36조에 따른 위험성평가에 관한 보좌 및 지도·조언

3. 법 제84조제1항에 따른 안전인증대상기계 등(이하 "안전인증대상기계 등"이라 한다)과 법 제89조제1항 각 호 외의 부분 본문에 따른 자율안전확인대상기계 등(이하 "자율안전확인대상기계 등"이라 한다) 구입 시 적격품의 선정에 관한 보좌 및 지도·조언

4. 해당 사업장 안전교육계획의 수립 및 안전교육 실시에 관한 보좌 및 지도·조언

5. 사업장 순회점검, 지도 및 조치 건의

6. 산업재해 발생의 원인 조사·분석 및 재발 방지를 위한 기술적 보좌 및 지도·조언

7. 산업재해에 관한 통계의 유지·관리·분석을 위한 보좌 및 지도·조언
8. 법 또는 법에 따른 명령으로 정한 안전에 관한 사항의 이행에 관한 보좌 및 지도·조
9. 업무 수행 내용의 기록·유지
10. 그 밖에 안전에 관한 사항으로서 고용노동부 장관이 정하는 사항

② 사업주가 안전관리자를 배치할 때는 연장근로·야간근로 또는 휴일근로 등 해당 사업장의 작업 형태를 고려해야 한다.
③ 사업주는 안전관리 업무의 원활한 수행을 위하여 외부전문가의 평가·지도를 받을 수 있다.
④ 안전관리자는 제1항 각 호에 따른 업무를 수행할 때는 보건관리자와 협력해야 한다.
⑤ 안전관리자에 대한 지원에 관하여는 제14조제2항을 준용한다. 이 경우 "안전보건관리책임자"는 "안전관리자"로, "법 제15조제1항"은 "제1항"으로 본다.

제22조(보건관리자의 업무 등)

① 보건관리자의 업무는 다음 각 호와 같다.

1. 산업안전보건위원회 또는 노사협의체에서 심의·의결한 업무와 안전보건관리규정 및 취업규칙에서 정한 업무
2. 안전인증대상기계 등과 자율안전확인대상기계 등 중 보건과 관련된 보호구(保護具) 구입 시 적격품 선정에 관한 보좌 및 지도·조언
3. 법 제36조에 따른 위험성평가에 관한 보좌 및 지도·조언
4. 법 제110조에 따라 작성된 물질안전보건자료의 게시 또는 비치에 관한 보좌 및 지도·조언
5. 제31조제1항에 따른 산업보건의의 직무(보건관리자가 별표 6 제2호에 해당하는 사람인 경우로 한정한다)
6. 해당 사업장 보건교육계획의 수립 및 보건교육 실시에 관한 보좌 및 지도·조언
7. 해당 사업장의 근로자를 보호하기 위한 다음 각 목의 조치에 해당하는 의료행위(보건관리자가 별표 6 제2호 또는 제3호에 해당하는 경우로 한정한다)
   가) 자주 발생하는 가벼운 부상에 대한 치료
   나) 응급처치가 필요한 사람에 대한 처치
   다) 부상·질병의 악화를 방지하기 위한 처치
   라) 건강진단 결과 발견된 질병자의 요양 지도 및 관리
   마) 가목부터 라목까지의 의료행위에 따르는 의약품의 투여

8. 작업장 내에서 사용되는 전체 환기장치 및 국소 배기장치 등에 관한 설비의 점검과 작업방법의 공학적 개선에 관한 보좌 및 지도·조언
9. 사업장 순회 점검, 지도 및 조치 건의
10. 산업재해 발생의 원인조사·분석 및 재발 방지를 위한 기술적 보좌 및 지도·조언
11. 산업재해에 관한 통계의 유지·관리·분석을 위한 보좌 및 지도·조언
12. 법 또는 법에 따른 명령으로 정한 보건에 관한 사항의 이행에 관한 보좌 및 지도·조언
13. 업무 수행 내용의 기록·유지
14. 그 밖에 보건과 관련된 작업관리 및 작업환경관리에 관한 사항으로서 고용노동부장관이 정하는 사항

② 보건관리자는 제1항 각 호에 따른 업무를 수행할 때는 안전관리자와 협력해야 한다.

③ 사업주는 보건관리자가 제1항에 따른 업무를 원활하게 수행할 수 있도록 권한·시설·장비·예산, 그 밖의 업무 수행에 필요한 지원을 해야 한다. 이 경우 보건관리자가 별표 6 제2호 또는 제3호에 해당하는 경우에는 고용노동부령으로 정하는 시설 및 장비를 지원해야 한다.

④ 보건관리자의 배치 및 평가·지도에 관하여는 제18조제2항 및 제3항을 준용한다. 이 경우 "안전관리자"는 "보건관리자"로, "안전관리"는 "보건관리"로 본다.

제25조(안전보건관리담당자의 업무)

안전보건관리담당자의 업무는 다음 각 호와 같다.

1. 법 제29조에 따른 안전보건교육 실시에 관한 보좌 및 지도·조언
2. 법 제36조에 따른 위험성평가에 관한 보좌 및 지도·조언
3. 법 제125조에 따른 작업환경측정 및 개선에 관한 보좌 및 지도·조언
4. 법 제129조부터 제131조까지에 따른 건강진단에 관한 보좌 및 지도·조언
5. 산업재해 발생의 원인조사, 산업재해 통계의 기록 및 유지를 위한 보좌 및 지도·조언
6. 산업 안전·보건과 관련된 안전장치 및 보호구 구입 시 적격품 선정에 관한 보좌 및 지도·조언

제53조(안전보건총괄책임자의 직무 등)

① 안전보건총괄책임자의 직무는 다음 각 호와 같다.

1. 법 제36조에 따른 위험성평가의 실시에 관한 사항

2. 법 제51조 및 제54조에 따른 작업의 중지
3. 법 제64조에 따른 도급 시 산업재해 예방 조치
4. 법 제72조제1항에 따른 산업안전보건관리비의 관계수급인 간의 사용에 관한 협의·조정 및 그 집행의 감독
5. 안전인증대상기계 등과 자율안전확인대상기계 등의 사용 여부 확인

② 안전보건총괄책임자에 대한 지원에 관하여는 제14조제2항을 준용한다. 이 경우 "안전보건관리책임자"는 "안전보건총괄책임자"로, "법 제15조제1항"은 "제1항"으로 본다.

③ 사업주는 안전보건총괄책임자를 선임했을 때에는 그 선임 사실 및 제1항 각 호의 직무의 수행내용을 증명할 수 있는 서류를 갖추어 두어야 한다.

5.1.4 산업안전보건법 시행규칙

제37조(위험성평가 실시내용 및 결과의 기록·보존)

① 사업주가 법 제36조제3항에 따라 위험성평가의 결과와 조치사항을 기록·보존할 때는 다음 각 호의 사항이 포함되어야 한다.
1. 위험성평가 대상의 유해·위험요인
2. 위험성 결정의 내용
3. 위험성 결정에 따른 조치의 내용
4. 그 밖에 위험성평가의 실시내용을 확인하기 위하여 필요한 사항으로서 고용노동부장관이 정하여 고시하는 사항

② 사업주는 제1항에 따른 자료를 3년간 보존해야 한다.

제79조(협의체의 구성 및 운영)

① 법 제64조제1항제1호에 따른 안전 및 보건에 관한 협의체(이하 이 조에서 "협의체"라 한다)는 도급인 및 그의 수급인 전원으로 구성해야 한다.

② 협의체는 다음 각 호의 사항을 협의해야 한다.
1. 작업의 시작 시간
2. 작업 또는 작업장 간의 연락 방법
3. 재해발생 위험이 있는 경우 대피 방법
4. 작업장에서의 법 제36조에 따른 위험성평가의 실시에 관한 사항

5. 사업주와 수급인 또는 수급인 상호 간의 연락 방법 및 작업공정의 조정

③ 협의체는 매월 1회 이상 정기적으로 회의를 개최하고 그 결과를 기록·보존해야 한다.

제83조(안전·보건 정보제공 등)

① 법 제65조제1항 각 호의 어느 하나에 해당하는 작업을 도급하는 자는 다음 각 호의 사항을 적은 문서(전자문서를 포함한다. 이하 이 조에서 같다)를 해당 도급작업이 시작되기 전까지 수급인에게 제공해야 한다.

1. 안전보건규칙 별표 7에 따른 화학설비 및 그 부속설비에서 제조·사용·운반 또는 저장하는 위험물질 및 관리대상 유해물질의 명칭과 그 유해성·위험성
2. 안전·보건상 유해하거나 위험한 작업에 대한 안전·보건상의 주의사항
3. 안전·보건상 유해하거나 위험한 물질의 유출 등 사고가 발생한 경우 필요한 조치의 내용

② 제1항에 따른 수급인이 도급받은 작업을 하도급하는 경우에는 제1항에 따라 제공 받은 문서의 사본을 해당 하도급 작업이 시작되기 전까지 하수급인에게 제공해야 한다.

③ 제1항 및 제2항에 따라 도급하는 작업에 대한 정보를 제공한 자는 수급인이 사용하는 근로자가 제공된 정보에 따라 필요한 조치를 받고 있는지 확인해야 한다. 이 경우 확인을 위하여 필요할 때는 해당 조치와 관련된 기록 등 자료의 제출을 수급인에게 요청할 수 있다.

제141조(유해인자의 분류기준)

법 제104조에 따른 근로자에게 건강장해를 일으키는 화학물질 및 물리적 인자 등(이하 "유해인자"라 한다)의 유해성·위험성 분류기준은 별표 18과 같다.

5.1.5 산업안전보건법 시행규칙 [별표 18] 유해인자의 유해성·위험성 분류기준

1. 화학물질의 분류기준

가. 물리적 위험성 분류기준

1) 폭발성 물질 : 자체의 화학반응에 따라 주위 환경에 손상을 줄 수 있는 정도의 온도·압력 및 속도를 가진 가스를 발생시키는 고체·액체 또는 혼합물

2) 인화성 가스 : 20℃, 표준압력(101.3 kPa)에서 공기와 혼합하여 인화되는 범위에 있는 가스와 54℃ 이하 공기 중에서 자연발화하는 가스를 말한다(혼합물을 포함한다).
3) 인화성 액체 : 표준압력(101.3 kPa)에서 인화점이 93℃ 이하인 액체
4) 인화성 고체 : 쉽게 연소되거나 마찰에 의하여 화재를 일으키거나 촉진할 수 있는 물질
5) 에어로졸 : 재충전이 불가능한 금속·유리 또는 플라스틱 용기에 압축가스·액화가스 또는 용해가스를 충전하고 내용물을 가스에 현탁시킨 고체나 액상 입자로, 액상 또는 가스상에서 폼·페이스트·분말상으로 배출되는 분사 장치를 갖춘 것
6) 물반응성 물질 : 물과 상호작용을 하여 자연발화되거나 인화성 가스를 발생시키는 고체·액체 또는 혼합물
7) 산화성 가스 : 일반적으로 산소를 공급함으로써 공기보다 다른 물질의 연소를 더 잘 일으키거나 촉진하는 가스
8) 산화성 액체 : 그 자체로는 연소하지 않더라도, 일반적으로 산소를 발생시켜 다른 물질을 연소시키거나 연소를 촉진하는 액체
9) 산화성 고체 : 그 자체로는 연소하지 않더라도 일반적으로 산소를 발생시켜 다른 물질을 연소시키거나 연소를 촉진하는 고체
10) 고압가스 : 20℃, 200킬로파스칼(kpa) 이상의 압력하에서 용기에 충전되어 있는 가스 또는 냉동액화가스 형태로 용기에 충전되어 있는 가스(압축가스, 액화가스, 냉동액화가스, 용해가스로 구분한다)
11) 자기반응성 물질 : 열적(熱的)인 면에서 불안정하여 산소가 공급되지 않아도 강렬하게 발열·분해하기 쉬운 액체·고체 또는 혼합물
12) 자연발화성 액체 : 적은 양으로도 공기와 접촉하여 5분 안에 발화할 수 있는 액체
13) 자연발화성 고체 : 적은 양으로도 공기와 접촉하여 5분 안에 발화할 수 있는 고체
14) 자기발열성 물질 : 주위의 에너지 공급 없이 공기와 반응하여 스스로 발열하는 물질(자기발화성 물질은 제외한다)
15) 유기과산화물 : 2가의 －○－○－구조를 가지고 1개 또는 2개의 수소 원자가 유기라디칼에 의하여 치환된 과산화수소의 유도체를 포함한 액체 또는 고체 유기물질
16) 금속 부식성 물질 : 화학적인 작용으로 금속에 손상 또는 부식을 일으키는 물질

나. 건강 및 환경 유해성 분류기준

1) 급성 독성 물질 : 입 또는 피부를 통하여 1회 투여 또는 24시간 이내에 여러 차례로 나누어 투여하거나 호흡기를 통하여 4시간 동안 흡입하는 경우 유해한 영향을 일으키는 물질

2) 피부 부식성 또는 자극성 물질 : 접촉 시 피부조직을 파괴하거나 자극을 일으키는 물질(피부 부식성 물질 및 피부 자극성 물질로 구분한다)

3) 심한 눈 손상성 또는 자극성 물질 : 접촉 시 눈 조직의 손상 또는 시력의 저하 등을 일으키는 물질(눈 손상성 물질 및 눈 자극성 물질로 구분한다)

4) 호흡기 과민성 물질 : 호흡기를 통하여 흡입되는 경우 기도에 과민반응을 일으키는 물질

5) 피부 과민성 물질 : 피부에 접촉되는 경우 피부 알레르기 반응을 일으키는 물질

6) 발암성 물질 : 암을 일으키거나 그 발생을 증가시키는 물질

7) 생식세포 변이원성 물질 : 자손에게 유전될 수 있는 사람의 생식세포에 돌연변이를 일으킬 수 있는 물질

8) 생식독성 물질 : 생식기능, 생식능력 또는 태아의 발생·발육에 유해한 영향을 주는 물질

9) 특정 표적장기 독성물질(1회 노출) : 1회 노출로 특정 표적장기 또는 전신에 독성을 일으키는 물질

10) 특정 표적장기 독성물질(반복 노출) : 반복적인 노출로 특정 표적장기 또는 전신에 독성을 일으키는 물질

11) 흡인 유해성 물질 : 액체 또는 고체 화학물질이 입이나 코를 통하여 직접적으로 또는 구토로 인하여 간접적으로, 기관 및 더 깊은 호흡기관으로 유입되어 화학적 폐렴, 다양한 폐 손상이나 사망과 같은 심각한 급성 영향을 일으키는 물질

12) 수생 환경 유해성 물질 : 단기간 또는 장기간의 노출로 수생생물에 유해한 영향을 일으키는 물질

13) 오존층 유해성 물질 : 「오존층 보호를 위한 특정물질의 제조규제 등에 관한 법률」 제2조제1호에 따른 특정물질

2. 물리적 인자의 분류기준

가) 소음 : 소음성 난청을 유발할 수 있는 85데시벨(A) 이상의 시끄러운 소리

나) 진동 : 착암기, 손망치 등의 공구를 사용함으로써 발생되는 백랍병·레이노 현상·말초순환장애 등의 국소 진동 및 차량 등을 이용함으로써 발생되는 관절통·디스크·소화장애 등의 전신 진동

다) 방사선 : 직접·간접으로 공기 또는 세포를 전리하는 능력을 가진 알파선·베타선·감마선·엑스선·중성자선 등의 전자선

라) 이상기압 : 게이지 압력이 제곱센티미터당 1킬로그램 초과 또는 미만인 기압

마) 이상기온 : 고열·한랭·다습으로 인하여 열사병·동상·피부질환 등을 일으킬 수 있는 기온

3. 생물학적 인자의 분류기준

가) 혈액 매개 감염인자 : 인간면역결핍바이러스, B형·C형 간염바이러스, 매독바이러스 등 혈액을 매개로 다른 사람에게 전염되어 질병을 유발하는 인자

나) 공기매개 감염인자 : 결핵·수두·홍역 등 공기 또는 비말감염 등을 매개로 호흡기를 통하여 전염되는 인자

다) 곤충 및 동물 매개 감염인자 : 쯔쯔가무시증, 렙토스피라증, 유행성출혈열 등 동물의 배설물 등에 의하여 전염되는 인자 및 탄저병, 브루셀라병 등 가축 또는 야생동물로부터 사람에게 감염되는 인자

※ 비고

제1호에 따른 화학물질의 분류기준 중 가목에 따른 물리적 위험성 분류기준별 세부 구분기준과 나목에 따른 건강 및 환경 유해성 분류기준의 단일물질 분류기준별 세부 구분기준 및 혼합물질의 분류기준은 고용노동부 장관이 정하여 고시한다.

제168조(물질안전보건자료 대상물질의 관리요령 게시)

① 법 제114조제2항에 따른 작업공정별 관리요령에 포함되어야 할 사항은 다음 각 호와 같다.

1. 제품명
2. 건강 및 환경에 대한 유해성, 물리적 위험성
3. 안전 및 보건상의 취급주의 사항
4. 적절한 보호구

5. 응급조치 요령 및 사고 시 대처 방법

② 작업공정별 관리요령을 작성할 때는 법 제114조제1항에 따른 물질안전보건자료에 적힌 내용을 참고해야 한다.

③ 작업공정별 관리요령은 유해성·위험성이 유사한 물질안전보건자료 대상물질의 그룹별로 작성하여 게시할 수 있다

5.2 사업장 위험성평가에 관한 지침

관련기준 : 사업장 위험성평가에 관한 지침[고용노동부 고시 제2020-53호]

제5조(위험성평가 실시주체)

① 사업주는 스스로 사업장의 유해·위험요인을 파악하기 위해 근로자를 참여시켜 실태를 파악하고 이를 평가하여 관리 개선하는 등 위험성평가를 실시하여야 한다.

② 법 제63조에 따른 작업의 일부 또는 전부를 도급에 의하여 행하는 사업의 경우는 도급을 준 도급인(이하 “도급사업주”라 한다)과 도급을 받은 수급인(이하 “수급사업주”라 한다)은 각각 제1항에 따른 위험성평가를 실시하여야 한다.

③ 제2항에 따른 도급사업주는 수급사업주가 실시한 위험성평가 결과를 검토하여 도급사업주가 개선할 사항이 있는 경우 이를 개선하여야 한다.

제6조(근로자 참여)

사업주는 위험성평가를 실시할 때, 다음 각 호의 어느 하나에 해당하는 경우 법 제36조제2항에 따라 해당 작업에 종사하는 근로자를 참여시켜야 한다.

1. 관리감독자가 해당 작업의 유해·위험요인을 파악하는 경우
2. 사업주가 위험성 감소대책을 수립하는 경우
3. 위험성평가 결과 위험성 감소대책 이행 여부를 확인하는 경우

제7조(위험성평가의 방법)

① 사업주는 다음과 같은 방법으로 위험성평가를 실시하여야 한다.

1. 안전보건관리책임자 등 해당 사업장에서 사업의 실시를 총괄 관리하는 사람에게 위험성평가의 실시를 총괄·관리하게 할 것
2. 사업장의 안전관리자, 보건관리자 등이 위험성평가의 실시에 관하여 안전보건관리책임자를 보좌하고 지도·조언하게 할 것
3. 관리감독자가 유해·위험요인을 파악하고 그 결과에 따라 개선조치를 시행하게 할 것
4. 기계·기구, 설비 등과 관련된 위험성평가에는 해당 기계·기구, 설비 등에 전문 지식을 갖춘 사람을 참여하게 할 것
5. 안전·보건관리자의 선임 의무가 없는 경우에는 제2호에 따른 업무를 수행할 사람을 지정하는 등 그 밖에 위험성평가를 위한 체제를 구축할 것

② 사업주는 제1항에서 정하고 있는 자에 대해 위험성평가를 실시하기 위한 필요한 교육을 실시하여야 한다. 이 경우 위험성평가에 대해 외부에서 교육을 받았거나, 관련 학문을 전공하여 관련 지식이 풍부한 경우에는 필요한 부분만 교육을 실시하거나 교육을 생략할 수 있다.

③ 사업주가 위험성평가를 실시하는 경우에는 산업안전·보건 전문가 또는 전문기관의 컨설팅을 받을 수 있다.

④ 사업주가 다음 각 호의 어느 하나에 해당하는 제도를 이행한 경우에는 그 부분에 대하여 이 고시에 따른 위험성평가를 실시한 것으로 본다.

1. 위험성평가 방법을 적용한 안전·보건진단(법 제47조)
2. 공정안전보고서(법 제44조). 다만, 공정안전보고서의 내용 중 공정위험성 평가서가 최대 4년 범위 이내에서 정기적으로 작성된 경우에 한한다.
3. 근골격계 부담작업 유해요인조사(안전보건규칙 제657조부터 제662조까지)
4. 그 밖에 법과 이 법에 따른 명령에서 정하는 위험성평가 관련 제도

5.3 위험성평가 절차

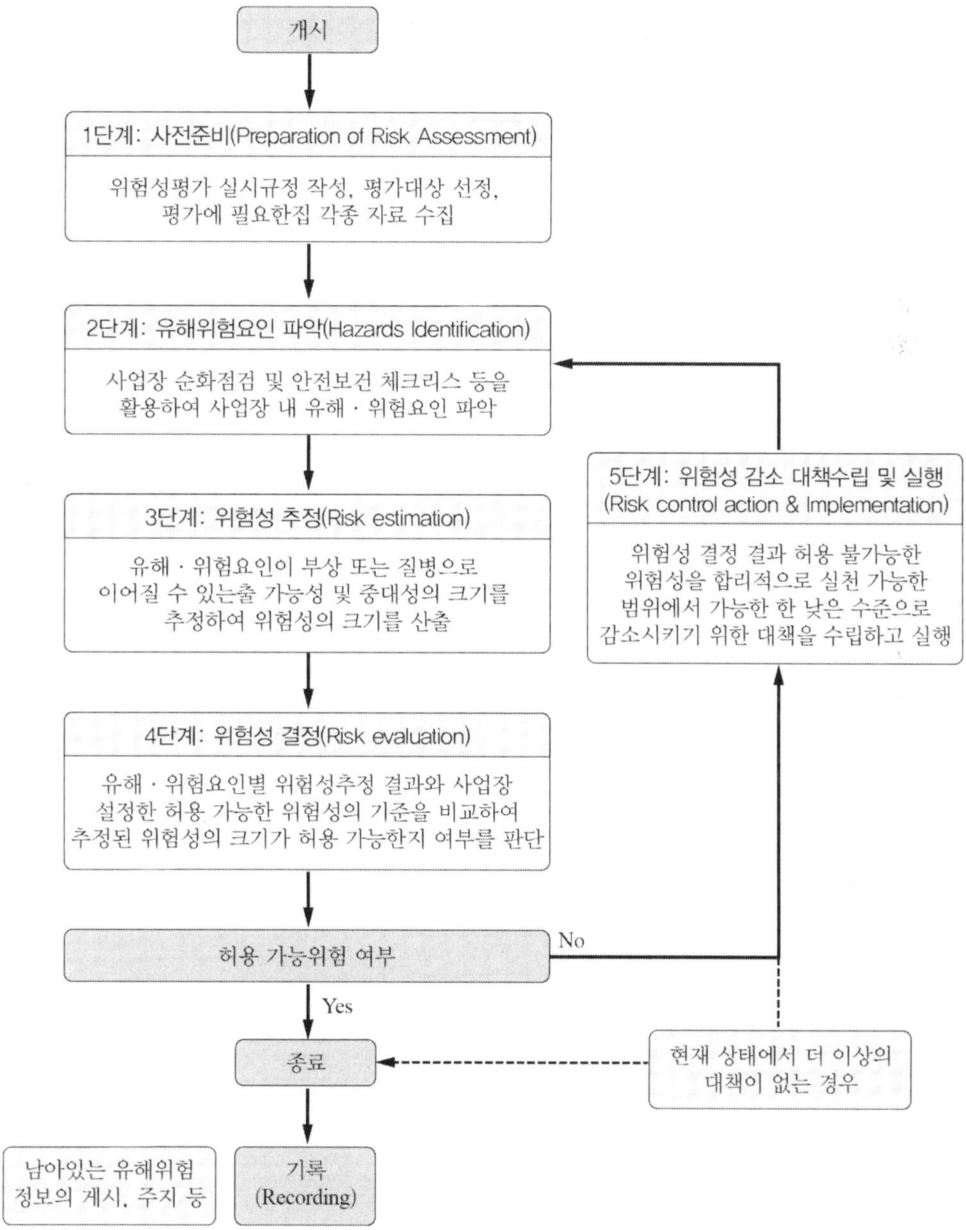

(참고 : 중대재해처벌법 해설서 자료인용)

1) 사전준비

① 위험성평가 실시규정 작성

② 위험성평가에 관한 교육 실시

③ 평가대상 선정

④ 평가대상 작업별 분류

⑤ 안전보건정보 사전 조사

2) 유해위험요인 파악

① 사업장 순화점검에 의한 방법(반드시 포함)

② 청취조사에 의한 방법

③ 안전보건 자료에 의한 방법

④ 안전보건 checklist에 의한 방법

⑤ 그 밖에 사업장 특성에 적합한 방법

3) 위험성 추정

	중대성	최대	대	중	소
가능성	단계	4	3	2	1
최상	5	20	15	20	5
상	4	16	12	9	4
중	3	12	9	6	3
하	2	8	6	4	2
최하	1	4	3	2	1

① 부상 또는 질병 가능성

'부상 또는 질병 가능성'은 유해·위험요인에 대한 노출빈도·시간, 유해·위험한 사건의 발생 확률, 피해의 회피·제한 가능성 등을 고려하여 추정하는 것으로 다음과 같이 구분할 수 있다.

- 가능성이 매우 높다 : 일상적으로 장시간 이루어지는 작업에 수반하는 것으로 피하기 어려운 것
- 가능성이 비교적 높다 : 일상적인 작업에 수반하는 것으로 피하기 어려운 것

- 가능성이 있다 : 일상적인 작업에 수반하는 것으로 피할 수 있는 것
- 가능성이 낮다 : 비정상적인 작업에 수반하는 것으로 피할 수 있는 것
- 가능성이 거의 없다 : 드물게 이루어지는 작업에 수반한 것으로 피할 수 있는 것

② 부상 또는 질병의 중대성

'부상 또는 질병의 중대성'에 대해서는 기본적으로 휴업일수 등을 척도로 사용하며, 다음과 같이 구분할 수 있다 .

- 치명적 : 사망재해나 신체의 일부에 영구손상을 수반하는 것
- 중대 : 휴업재해 한 번에 다수의 피해자를 수반하는 것
- 중등 : 비 휴업재해이면서 1개월 미만의 치료 필요
- 경상 : 병원치료가 필요 없는 정도인 것

4) 위험성 결정

$$\text{Risk} = \text{frequency} \times \text{Severity}$$

위험성 결정(5×4단계 예시)

위험성 크기		허용 가능 여부	개선방법
16~20	매우 높음	허용 불가능	즉시 개선
5	높음		신속하게 개선
9~12	약간 높음		가급적 빨리 개선
9	보통		계획적으로 개선
4~6	낮음	허용 가능	필요에 따라 개선
1~3	매우 낮음		

5) 위험성 감소대책 수립

위험성 감소대책 흐름도

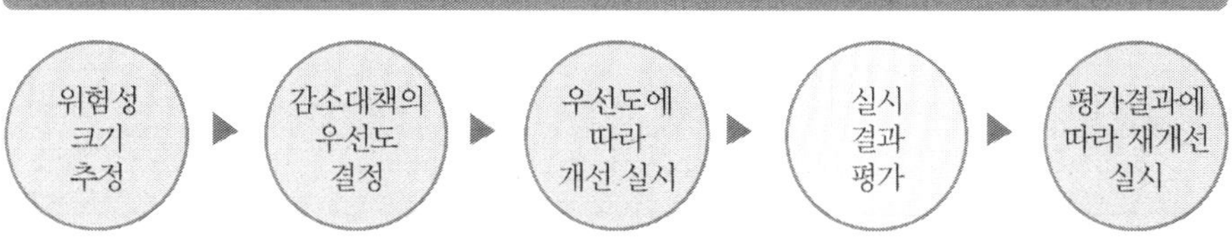

법령 등에 규정된 사항의 실시(해당사항이 있는 경우)

1단계: 본질적(근원적) 대책

위험한 작업의 폐지 · 변경, 유해위험물질 또는 유해위험요인이 보다 적은 재료로의 대체, 설계나 계획단계에서 위험성을 제거 또는 저감하는 조치

↓

2단계: 공학적 대책

인더록, 안전장치, 방호문, 국소배기장치 등

↓

3단계: 관리적 대책

매뉴얼 정비, 출입금지, 노출관리, 교육훈련 등

↓

4단계: 개인보호구의 사용

상기 1~3단계의 조치를 취하더라도 제거 · 감소할 수 없었던 위험성에 대해서만 실시

5.4 위험성평가 구분

① 정성적 평가 : 위험요인을 도출하고, 위험요인에 대한 안전대책을 확인·수립

① 정량적 평가 : 위험요인별로 사고로 발전할 수 있는 확률과 사고피해 크기를 숫자로 계산하여 위험도를 나타내고 허용범위를 벗어난 위험에 대하여 안전대책을 수립·시행

구분	평가기법
정성적 평가기법	• 체크리스트 평가(check list) • 위험과 운전분석(HAZOP : hazard & operability studies) • 상대위험순위(dow and mond indices) • 사고예상질문분석(what-if 분석) • 이상과 위험도분석(failure modes effects & criticality analysis)
반 정량적 평가기법	• 방호계층 분석기법(LOPA, layer of protection analysis)
정량적 평가기법	• 결함수 분석(FTA : fault tree analysis) • 사건수 분석(ETA : event tree analysis) • 원인-결과분석(CCA : cause-consequence analysis)

5.5 위험성평가에 대한 PSM 보고서 작성 및 심사기준

관련기준 : [고용노동부 고시 제2020-55호]

공정안전보고서의 제출·심사·확인 및 이행상태평가 등에 관한 규정

제27조(공정위험성 평가서의 작성 등)

① 규칙 제50조제1항에 따라 작성하는 공정위험성 평가서에는 다음 각 호의 사항을 포함하여야 한다.

1. 위험성 평가의 목적
2. 공정 위험 특성
3. 위험성 평가 결과에 따른 잠재위험의 종류 등
4. 위험성 평가 결과에 따른 사고빈도 최소화 및 사고 시의 피해 최소화 대책 등
5. 기법을 이용한 위험성 평가 보고서
6. 위험성 평가 수행자 등

② 제1항에 따른 공정위험성평가서를 작성할 때는 공정상에 잠재하고 있는 위험을 그 특성별로 구분하여 작성하여야 하고, 잠재된 공정 위험 특성에 대하여 필요한 방호방법과 안전 시스템을 작성하여야 한다.

③ 선정된 위험성평가기법에 의한 평가결과는 잠재위험이 높은 순위별로 작성하여야 한다.

④ 잠재위험 순위는 사고빈도 및 그 결과에 따라 우선순위를 결정하여야 한다.

⑤ 기존설비에 대해서 이미 위험성평가를 실시하여 그 결과에 따른 필요한 조치를 취하고 보고서 제출 시점까지 변경된 사항이 없는 경우에는 이미 실시한 공정위험성 평가서로 대치할 수 있다.

⑥ 사업주는 공정위험성 평가 외에 화학설비 등의 설치, 개·보수, 촉매 등의 교체 등 각종 작업에 관한 위험성평가를 수행하기 위하여 고용노동부 고시「사업장 위험성평가에 관한 지침」에 따라 작업안전 분석기법(job safety analysis, JSA) 등을 활용하여 위험성평가 실시 규정을 별도로 마련하여야 한다.

제28조(사고빈도 및 피해 최소화 대책 등)

① 사업주는 단위공장별로 인화성가스·액체에 따른 화재·폭발 및 독성물질 누출사고에 대

하여 각각 1건의 최악의 사고 시나리오와 각각 1건 이상의 대안의 사고 시나리오를 선정하여 정량적 위험성평가(피해 예측)를 실시한 후 그 결과를 별지 제19호의2서식의 시나리오 및 피해 예측 결과에 작성하고 사업장 배치도 등에 표시하여야 한다.

② 제1항의 시나리오는 공단 기술지침 중「누출원 모델링에 관한 기술지침」,「사고 피해 예측 기법에 관한 기술지침」,「최악의 누출 시나리오 선정 지침」,「화학공장의 피해 최소화대책 수립에 관한 기술지침」 등에 따라 작성하여야 한다.

③ 사업주는 제1항의 시나리오별로 사고발생 빈도를 최소화하기 위한 대책과 사고 시 피해 정도 및 범위 등을 고려한 피해 최소화 대책을 수립하여야 한다.

제29조(공정위험성 평가기법)

① 위험성평가기법은 규칙 규칙 제50조제1항제2호 각 목에 규정된 기법 중에서 해당 공정의 특성에 맞게 사업장 스스로 선정하되, 다음 각 호의 기준에 따라 선정하여야 한다.

1. 제조공정 중 반응, 분리(증류, 추출 등), 이송시스템 및 전기·계장시스템 등의 단위공정
   가. 위험과 운전분석기법
   나. 공정위험 분석기법
   다. 이상위험도 분석기법
   라. 원인결과 분석기법
   마. 결함 수 분석기법
   바. 사건 수 분석기법
   사. 공정안전성 분석기법
   아. 방호계층분석기법
2. 저장탱크설비, 유틸리티설비 및 제조공정 중 고체 건조·분쇄설비 등 간단한 단위공정
   가. 체크리스트 기법
   나. 작업자 실수 분석기법
   다. 사고예상질문 분석기법
   라. 위험과 운전분석기법
   마. 상대 위험순위 결정기법
   바. 공정위험 분석기법

사. 공정안정성 분석기법

② 하나의 공장이 반응공정, 증류·분리공정 등과 같이 여러 개의 단위공정으로 구성되어 있을 경우 각 단위공정 특성별로 별도의 위험성 평가기법을 선정할 수 있다.

제30조(위험성 평가 수행자)

위험성 평가를 수행할 때는 다음 각 호의 전문가가 참여하여야 하며, 위험성 평가에 참여한 전문가 명단을 별지 제21호서식의 위험성 평가 참여 전문가 명단에 기록하여야 한다.

1. 위험성 평가 전문가
2. 설계 전문가
3. 공정운전 전문가

※ 용어설명

- "공정위험성평가 기법"이란, 사업장 내에 존재하는 위험에 대하여 정성(定性)적 또는 정량(定量)적으로 위험성 등을 평가하는 방법으로써 체크리스트 기법, 상대위험순위결정 기법, 작업자 실수 분석기법, 사고예상 질문 분석기법, 위험과 운전 분석기법, 이상위험도 분석기법, 결함 수 분석기법, 사건 수 분석기법, 원인 결과 분석기법, 예비위험 분석기법, 공정위험 분석기법, 공정안정성 분석기법, 방호계층 분석기법 등을 말한다.
- "체크리스트(checklist) 기법"이란, 공정 및 설비의 오류, 결함상태, 위험상황 등을 목록화 한 형태로 작성하여 경험적으로 비교함으로써 위험성을 파악하는 방법을 말한다.
- "상대위험순위결정(dow and mond indices, DMI)기법"이란, 공정 및 설비에 존재하는 위험에 대하여 상대위험 순위를 수치로 지표화하여 그 피해 정도를 나타내는 방법을 말한다.
- "작업자 실수분석(human error analysis, HEA)기법"이란, 설비의 운전원, 보수반원, 기술자 등의 실수에 의해 작업에 영향을 미칠 수 있는 요소를 평가하고 그 실수의 원인을 파악·추적하여 정량(定量)적으로 실수의 상대적 순위를 결정하는 방법을 말한다.
- "사고예상질문 분석(what-if)기법"이란, 공정에 잠재하고 있는 위험요소에 의해 야기될 수 있는 사고를 사전에 예상·질문을 통하여 확인·예측하여 공정의 위험성 및 사고의 영향을 최소화하기 위한 대책을 제시하는 방법을 말한다.
- "험과 운전분석(hazard and operability studies, HAZOP)기법"이란, 공정에 존재하는

위험 요소들과 공정의 효율을 떨어뜨릴 수 있는 운전상의 문제점을 찾아내어 그 원인을 제거하는 방법을 말한다.

- "이상위험도분석(failure modes effects and criticality analysis, FMECA)기법"이란, 공정 및 설비의 고장의 형태 및 영향, 고장형태별 위험도 순위 등을 결정하는 방법을 말한다.
- "결함 수 분석(fault tree analysis, FTA)기법"이란, 사고의 원인이 되는 장치의 이상이나 고장의 다양한 조합 및 작업자 실수 원인을 연역적으로 분석하는 방법을 말한다.
- "사건 수 분석(event tree analysis, ETA)기법"이란, 초기사건으로 알려진 특정한 장치의 이상 또는 운전자의 실수에 의해 발생되는 잠재적인 사고 결과를 정량(定量)적으로 평가·분석하는 방법을 말한다.
- "원인결과분석(cause-consequence analysis, CCA)기법"이란, 잠재된 사고의 결과 및 사고의 근본적인 원인을 찾아내고 사고 결과와 원인 사이의 상호 관계를 예측하여 위험성을 정량(定量)적으로 평가하는 방법을 말한다.
- "예비위험분석(preliminary hazard analysis, PHA)기법"이란, 공정 또는 설비 등에 관한 상세한 정보를 얻을 수 없는 상황에서 위험물질과 공정 요소에 초점을 맞추어 초기위험을 확인하는 방법을 말한다.
- "공정위험분석(process hazard review, PHR)기법"이란, 기존 설비 또는 공정안전보고서(이하 "보고서"라 한다)를 제출·심사 받은 설비에 대하여 설비의 설계·건설·운전 및 정비의 경험을 바탕으로 위험성을 평가·분석하는 방법을 말한다.
- "공정안전성 분석기법(K-PSR, KOSHA process safety review)"이란, 설치·가동 중인 화학공장의 공정안전성(process safety)을 재검토하여 사고위험성을 분석(review)하는 방법을 말한다.
- "방호계층 분석기법(layer of protection analysis, LOPA)"이란, 사고의 빈도나 강도를 감소시키는 독립방호계층의 효과성을 평가하는 방법을 말한다.
- "작업안전 분석기법(job safety analysis, JSA)"이란, 특정한 작업을 주요 단계(key step)로 구분하여 각 단계별 유해위험요인(hazards)과 잠재적인 사고(accidents)를 파악하고 이를 제거, 최소화 또는 예방하기 위한 대책을 개발하기 위해 작업을 연구하는 방법을 말한다.
- "최악의 사고 시나리오"란, 누출·화재 또는 폭발이 일어난 지점으로부터 독성농도, 과압 또는 복사열 등의 위험수치에 도달하는 거리가 가장 먼 가상 사고를 말한다.

• "대안의 사고 시나리오"란, 최악의 사고 시나리오보다 현실적으로 발생 가능성이 높은 사고 시나리오 중 누출·화재 또는 폭발이 일어난 지점으로부터 독성농도, 과압 또는 복사열 등의 위험수치에 도달하는 거리가 가장 먼 것을 말한다.

제42조(공정위험성평가서)

① 공정위험성평가서 심사 시에는 유해·위험 화학물질을 취급하는 제조공정 및 설비를 대상으로 화재·폭발·위험물 누출 등과 같은 잠재적 위험을 도출하고 잠재적 위험이 실제 사고로 연결될 가능성에 따라 공정 및 설비의 개선방안을 강구하고 있는지를 심사하여야 한다.

② 위험성평가기법이 제29조에 따라 적절히 선정되었는지를 심사하여야 한다.

③ 공정위험성 평가의 결과에는 각각의 잠재적 위험에 대한 다음 각 목의 사항이 명확히 기술되었는지를 심사하여야 한다.

가. 잠재위험이 있는 공정 또는 설비

나. 위험이 있다면 사고 발생 가능성에 대한 검토

다. 사고 발생 시 피해 예측에 대한 검토

라. 위험 제거 또는 발생확률 감소 방안

마. 사고 발생 시 피해 최소화 대책

바. 잠재적 위험 제거 방안에 대한 실행일정 계획

제43조(위험성평가 심사기준)

위험성평가 실시 여부는 다음 각 호의 기준에 따라 심사하여야 한다.

1. 여러 분야의 전문가로 구성된 팀에 의해 시행되었는지 여부
2. 평가팀에 최소한 설계전문가·공정운전 전문가가 각 1명 이상 참여하였는지 여부
3. 팀 구성원 중 일인은 팀 책임자로 지정되고 팀 책임자는 평가대상 공정에 대한 전문지식과 경험이 있고, 또한 적용하고자 하는 평가기법을 완벽히 숙지하고 있는지 여부
4. 모든 팀 구성원에게 해당 공정기술, 공정설계, 정상 및 이상 운전절차, 경보시스템, 이상조작절차, 계측제어, 정비절차, 비상시 운전절차 등 관련 자료를 평가 이전에 상호 교환하고, 필요 시 설명하여 팀 모두가 이해할 수 있도록 함으로써 평가 업무가 원활히 시행되었는지 여부
5. 동종의 사업장에서 발생한 공정사고에 대한 유사 설비와 위험성평가 여부

6. 팀의 평가과정에서 잠재 위험성을 도출하고 개선 대책을 토론한 내용을 체계적으로 정리하여 문서화하여 관리하고 있는지 여부
7. 팀의 제시한 개선 대책을 우선순위를 정하여 적절한 기한까지 사업주의 이행 여부와 그 계획의 서류화 여부
8. 이행 계획서에 다음 각 목의 내용이 포함되었는지 여부
   가. 행위가 취해질 구체적 내용
   나. 각 행위별 완료 일정
   다. 각 행위 내용을 사전에 해당 공정관계자, 운전원, 정비원, 행위 결과로 영향을 받는 자에게 알릴 방법과 일정
9. 위험성 평가는 대상 공정의 변경이 있을 때 변경 부분에 대해서 제1호부터 제8호까지의 내용을 동일하게 적용하여 설계단계에서부터 위험성 평가를 실시하고 있는지 여부
10. 공정위험성 평가가 최대 4년 이내에서 주기적으로 수행되는지 여부
11. 제27조제6항에 따른 작업 위험성평가를 위한 위험성평가 실시 규정(절차서) 등을 마련하고 있는지 여부
12. 제28조에 따른 최악 및 대안의 사고 시나리오에 대한 피해예측 결과가 다음 각 목의 기준에 따라 심사하였을 때 적합한 여부
   가. 공정위험성 평가 결과를 반영하는 등 시나리오 선정의 적절성
   나. 복사열, 과압, 확산농도 등 피해 예측 결과의 타당성

5.6 위험과 운전분석(HAZOP) 기법

1) 용어 정의

① HAZOP (Hazard and Operability) Study : 공정에 존재하는 위험요인과 공정의 효율을 떨어뜨릴 수 있는 운전상의 문제점을 찾아내어 그 원인을 제거하는 방법

② 위험요인 : 인적, 물적 손실 및 환경피해를 일으키는 요인(요소) 또는 이들 요인이 혼재된 잠재적 위험요인으로 실제 사고(손실)로 전환되기 위해서는 자극이 필요하며 이러한 자극으로는 기계적 고장, 시스템의 상태, 작업자의 실수 등 물리, 화학적, 생물학적, 심리적, 행동적 요인이 있음을 말한다.

③ 설계 의도(design intention) : 설계자가 바라고 있는 운전조건

④ 검토구간(node description) : 위험성 평가를 하고자 하는 설비구간

⑤ 변수(parameter) : 유량, 압력, 온도, Level 등 물리량이나 공정의 흐름 조건을 나타내는 변수

⑥ 가이드 워드(guide word) : high, low, no, reverse 등 변수의 질이나 양을 표현하는 간단한 용어

⑦ 이탈(deviation) : Guide word 와 Parameter가 조합되어 유체흐름의 정지 또는 과잉상태와 같이 설계의도를 벗어난 상태

⑧ 원인(cause) : 이탈이 일어나는 이유

⑨ 결과 (consequence) : 이탈이 일어남으로써 야기되는 상태

⑩ 현재안전조치 : 이탈에 대한 안전장치의 역할을 하고 있는 이미 설치되어 있는 장치나 현재의 안전관리 상황

2) 위험성평가 팀의 구성

① 위험성평가 팀을 이끌어 갈 팀 리더와 평가내용을 기록할 서기를 임명

② 위험성평가 대상 공정에 관한 기술적 사항을 확실하게 알고 있는 설계팀의 기술자 및 향후 운전을 담당할 운전팀의 기술자가 반드시 참여하여 설계 및 운전 방법에 관하여 확실하게 설명할 수 있도록 하며, 그 외 기술 분야별로 전문가 참가

3) 위험성평가팀의 임무

담당업무	임무
Leader	• HAZOP 평가의 전반적 책임 • 평가기법을 완벽히 숙지 • 검토공정에 대한 전문적인 지식 • HAZOP을 위한 자료준비 및 검토일정 수립 • HAZOP 목적, 공정, Study Node 정의, 평가회의 진행 • HAZOP 결과에 근거한 보고서 작성 및 경영자 보고
Process Engineer	• 검토구간이 시작될 때 간략하게 공정에 대하여 설명 • 공정설계 자료 제공 • 공정설계 조건과 운전조건 제공 • 공정에서 취급하는 물질에 대한 설명

서기	• 논의항목의 배경을 잘 이해할 수 있도록 상세히 기록 • 팀원 외 모든 사람이 이해하고 시행할 수 있도록 상세히 기록 • 검토 공정에 대한 전문적인 지식을 갖추고 평가기법 숙지 • 리더와 함께 결과보고서 작성 • 작업일지 및 검토서 작성
계장 Engineer	• 상세한 제어 및 Interlock 원리 설명 • 제어 및 Interlock Logic에 대한 정보 제공 • 계장에 대한 신뢰성 및 일반적인 고장형태 설명 • 제어 Sequence, Alarm & Trip 설정치, 비상정지 및 기타 다른 안전조치 설명 • 각종 계기의 사양에 관한 정보 제공
Operator	• 기존공정 검토시 가장 중요한 팀원 • 공정의 운전이 설계와 일치하는지 확인 • 변경사항이 도면에 반영되는지 확인 • 상세한 운전방법 및 절차 설명 • 설비의 위치나 배열이 정비보수에 용이한지 검사 • Start-up 및 Shutdown 절차 설명
Safety Engineer	• 회사의 안전표준 및 법적 기준 반영여부 확인 • 회사 내의 모든 설비에 대한 안전조치가 일관성 있게 결정되었는지 확인 • 모든 중요한 안전관련 사항을 검토했는지 확인 • 다른 공정에 비해 더 안전하게 설계되었는지 확인

4) HAZOP 필요 자료

① 공정흐름도(PFD)

② 공정배관 계장도(P&ID)

③ 정상 및 비상시 운전 절차

④ 공정개요 및 운전조건

⑤ 주요 기계장치의 기본설계 자료

⑥ 설계 개념을 포함한 제어시스템 및 계통 설명서

⑦ 자동조절밸브 및 계기에 대한 data sheet

⑧ 모든 경보 및 interlock 설정치 목록

⑨ 안전밸브의 설정치 및 용량산출 자료

⑩ 배관자료 표준 및 사양서

⑪ 모든 물질의 물질안전보건자료(MSDS)

⑫ utility 사양서

⑬ 공장 및 설비 배치도

⑭ 과거의 중대산업사고, 공정사고 및 아차 사고 사례

5) 검토구간의 설정 및 설계목적 설명

① 가능한 한 공정흐름 순서에 따른다.

② 검토구간은 공정의 설계 목적(유체의 흐름방향, 온도, 압력, level 증감 등)과 공정의 복잡성(화학반응, 제어논리 등)에 따라 구분한다.

③ 목적과 기능이 유사한 설비 및 기기는 구간을 분할하지 않는다(예. 같은 기능의 열교환기가 여러 개 연결된 경우)

④ 설계 의도가 변경된 경우 새로운 구간으로 분할한다(예. 동일 배관이라도 옥내, 옥외로 나누어진 경우).

⑤ 복잡한 검토구간은 가능하면 작고 단순하게 세분화한다(예. 여러 개의 열교환기가 연결되어도 열 교환 목적과 방법이 다를 경우).

⑥ 일반적으로 정의된 배관, 기기 및 설비는 하나의 구간으로 한다(배관 내에 있는 valve와 같은 부속설비는 함께 포함시킨다).

⑦ 계기장치 또는 utility는 주 공정에 포함한다.

⑧ 설계 의도에 의해 압력, 온도 및 유량과 같은 중요한 상태변화가 있을 때는 node 구분

⑨ 관계장치가 있는 공정 vessel은 하나의 구간으로 나눈다.

6) 공정변수(Process Parameter) 및 이탈(Deviation)

① Process Parameter

물리적 특성 또는 공정상태를 의미하며, study node상 운전목표, design basis에 의해 발생

- 특정 변수(specific parameter) : 물리, 화학적으로 표현할 수 있는 변수로 대개 수치화가 가능하고 가이드 워드와 조합되어 하나의 이탈을 발생
- 일반변수(general parameter) : 가이드 워드와 조합 없이 단독으로 하나의 이탈을 구성할 수 있는 변수

특정변수	일반변수
• Flow • Temperature • Pressure • Level • Composition • Phase • Viscosity	• Addition • Reaction • Maintenance • Testing • Instrumentation • Sampling • Relief • Service/Utilities • Corrosion/Erosion • Mixing

② Guide Word

가이드 워드	정의	예제
없음 (no, not, or none)	설계 의도나 목적이 완전히 없음. 설계 의도의 한 부분도 달성되지 않았으며, 다른 어느 사건도 일어나지 않음. 특정한 변수의 양이 없는 상태	흐름 없음(no flow)이라고 표현할 경우 : 검토구간 내에서 유량이 없거나 흐르지 않는 상태를 뜻함.
증가 (more)	어떤 특정한 변수가 양적으로 증가되는 상태	흐름증가(more flow)라고 표현할 경우 : 검토구간 내에서 유량이 설계 의도보다 많이 흐르는 상태를 뜻함
감소 (less)	어떤 특정한 변수가 양적으로 감소되는 상태	증가(more)의 반대이며, 적은 경우에는 없음(no)으로 표현될 수 있음
반대 (reverse)	설계 의도와 논리적으로 반대 상태	유량이나 반응 등에 흔히 적용되며 반대 흐름(reverse flow)이라고 표현할 경우 : 검토구간 내에서 유체가 정반대 방향으로 흐르는 상태
부가 (as well as)	설계 의도 외 변수가 부가된 상태. 질적으로 증가(오염)	오염(contamination) 등과 같이 설계 의도 외에 부가로 이루어지는 상태를 뜻함
부분 (parts of)	설계 의도대로 완전히 이루어지지 않은 상태. 질적으로 감소(조성 비율 잘못)	조성 비율이 잘못된 것과 같이 설계 의도대로 되지 않는 상태
기타 (other than)	설계 의도대로 설치되지 않거나 운전이 유지되지 않은 상태. 설계 의도가 완전히 바뀜	밸브가 잘못 설치되거나 다른 원료가 공급되는 상태 등

③ Deviation

설계 의도(정상운전조건)에서 벗어난 상태

이탈 Deviation	=	공정변수 Process Safety	×	가이드 워드 Guide Words

7) Deviation(이탈)에 대한 원인 파악

① 회의 진행

- 팀 리더는 회의를 진행하는 동안 팀원으로 하여금 모든 공정의 이탈 상황을 평가하도록 하고, 서기가 토의 결과를 빠짐없이 서류로 작성하도록 한다.
- 팀 리더는 팀원 각자가 이탈에 대한 결과 또는 문제점에 대한 의견을 제시하도록 하고, 서로 다른 의견이 있을 경우에는 리더가 직접 결정하지 말고 팀원들에게 다시 물어보든가 또는 전문가의 의견을 들어 상반된 의견을 조정한다.
- 개선권고 사항은 팀 전원의 동의가 필요하며, 다수결에 의해 처리하지 않도록 한다.

② 전제 조건

- 두 개 이상의 기기가 동시에 고장 나는 사고는 검토하지 않는다(예. standby pump가 있을 경우 한 대는 정상 가동한다)
- 안전장치는 항상 작동한다.
- 장치 자체는 설계 및 제작 사양에 맞게 제작된 것으로 간주한다.
- 운전원은 공정에 대해 익숙해져 있고, 위험 발생 시 적절한 조치를 취할 수 있다

③ Deviation 적용기준

- 참조 : Guidelines for Hazard Evaluation Procedures, Third Edition by CCPS(Table 5.14. Example library of relevant deviations for process section types) 인용

Deviation	Process section type*				
	Column	Tank/vessel	line	Heat exchanger**	Pump**
High flow			X		
Low/no flow			X		
High level	X	X			
Low level	X	X			
High interface		X			
Low interface		X			
High pressure	X	X	X		
Low pressure	X	X	X		
High temperature	X	X	X		
Low temperature	X	X	X		
High concentration	X	X	X		
Low concentration	X	X	X		
Reverse/misdir cted flow		X			
Tube leak				X	
Tube rupture				X	
Leak	X	X	X	X	X
Rupture	X	X	X	X	X

* This library was developed for a specific strategy for defining process sections. Readers are cautioned not to blindly use this typical library or any other library without carefully reviewing it for relevance and completeness .

** This library assumes that other deviations (e.g., low flow, high temperature) are considered when examining the line downstream of these equipment items.

5.7 사고피해 예측 기법

5.7.1 적용범위

이 지침은 공정위험성평가 시 가연성물질, 위험물 취급·저장설비 등에서 발생할 수 있는 위험물질의 누출에 따른 화재·폭발·누출·확산과 같은 사고 시의 피해 정도, 피해 범위, 확산 정도 및 확산범위 등을 정량적으로 산정하고 피해 최소화 대책을 수립하는 등의 공정 위험성

평가서를 작성하는데 필요한 사항을 정하는 데 그 목적이 있다.

5.7.2 적용범위

이 지침은 산업안전기준에 관한 규칙(이하"안전보건규칙"이라 한다) 별표1의 위험물질 중 인화성 물질, 가연성가스 및 독성물질을 취급하는 사업과 관련된 화학설비에 의한 사고피해 예측에 적용한다.

5.7.3 사고피해 예측 용어의 정의

1. "위험물질"이라 함은 안전보건규칙 별표1의 제4호 인화성 액체, 제5호 인화성 가스 및 제7호 급성 독성물질을 말한다.
2. "누출 모델(source term model)"이라 함은 피해 예측 특히 확산 결과를 계산하기 위하여 사용되는 누출에 관한 일련의 자료, 즉 누출량(또는 누출 속도), 누출되는 기간 및 누출되는 위험물질의 상태 등을 예측하는 방법을 말한다.
3. "순간누출"이라 함은 짧은 시간에 유해·위험 물질이 누출되는 것을 말한다.
4. "연속누출"이라 함은 오랜 시간 동안 유해·위험물질이 누출되는 것을 말한다.
5. "확산"이라 함은 유해·위험물질이 공기 등과 같은 주변의 유체에 의하여 희석되어지는 것을 말한다.
6. "퍼프(puff)"라 함은 순간 누출에 의하여 형성되는 증기운을 말한다.
7. "플룸(plume)"이라 함은 연속 누출에 의하여 형성되는 증기운을 말한다.
8. "비등액체팽창폭발(boiling liquid expansion vapor explosion, BLEVE)"이라 함은 용기 또는 배관 내에 주어진 압력하에서 가연성물질이 액체 상태로 저장·취급될 경우에 설비 결함에 의하여 대기 중으로 누출되면 액체상의 가연성물질이 증발되면서 갑자기 증기로 변화되어 외부로 치솟게 되는데 이때 스파크, 정전기, 담뱃불 등의 발화원에 의하여 화염이 발생 폭발하는 현상을 말한다.
9. "화구(fireball)"라 함은 저장·취급조건에 따라 다르긴 하지만 비등 액체 팽창 폭발에 의하여 공중에 생성된 공같은 모양의 화염 덩어리를 말한다.
10. "증기운 폭발(vapor cloud explosion)"이라 함은 가연성 가스가 탱크나 배관 내에 저장·취급되는 과정에서 서서히 지속적으로 누출되면서 대기중에 구름형태로 모이게 되어 바람·대류 등의 영향으로 움직이다가 담뱃불, 정전기, 기계적 마찰, 스파크 등의 발화원

에 의하여 순간적으로 모든 가스가 동시에 폭발하는 현상으로서 폭발에 의한 과압에 의하여 엄청난 손상을 가져오는 현상을 말한다.

11. "밀폐계 증기운폭발(confined vapor cloud explosion)"이라 함은 용기나 건물 등 밀폐된 공간에서 가연성 가스 또는 증기와 공기와의 혼합물에 의한 폭발을 말한다.
12. "과압(overpressure)"이라 함은 어느 지점에 대기압보다 큰 압력으로 전달되는 압력을 말한다.
13. "충격(impulse)"이라 함은 어느 시간 동안의 과압의 누계(integral)를 말한다.
14. "폭풍파(blast wave)"라 함은 폭발에 의하여 형성되는 압력 파동을 말한다.
15. "폭연(defragration)"이라 함은 폭발충격파가 미반응 매질 속에서 음속 이하의 속도로 이동하는 폭발을 말한다.
16. "증기운 화재(flash fires)"라 함은 누출된 가연성·인화성 물질이 공기 중으로 확산되어 구름 형태로 떠다니다가 물질의 폭발하한계 이하로 희석되기 전 발화원을 만나면 화재가 발생하는 것을 말한다. 이 경우 화염의 속도는 음속보다 작으며 무시할 수 있을 정도의 과압이 발생한다.
17. "고압분출 화재(jet fires)"라 함은 배관, 저장탱크 등에서 연속적으로 누출되는 고압의 가연성·인화성 물질이 누출원 근처에서 발화원에 의해 점화되는 현상으로서 연속적으로 복사열이 발생된다.
18. "액면 화재(pool fires)"라 함은 비휘발성 또는 냉동 액체가 누출되어 주변 바닥에 고여 있는 액체가 기화하여 발화원에 의해 점화된 것을 말한다.
19. ERPG(emergency response planning guideline)는 관심의 우선순위, 취급·저장평가, 누출시 확산 지역의 파악 및 지역사회의 비상대응 계획을 수립하는 데 사용되는 기준을 말하며 공기 중의 농도에 따라 ERPG-1, ERPG-2, ERPG-3으로 구분한다.
    - ERPG-1 이라 함은 거의 모든 사람이 한 시간 동안 노출되어도 오염물질의 냄새를 느끼지 못하거나 건강상 영향이 나타나지 않는 공기 중의 최대농도를 말한다.
    - ERPG-2라 함은 거의 모든 사람이 한 시간까지 노출되어도 보호조치를 할 수 없는 증상을 유발하거나 회복 불가능 또는 심각한 건강상의 영향이 나타나지 않는 공기 중의 최대농도를 말한다.
    - ERPG-3 이라 함은 거의 모든 사람이 한 시간까지 노출되어도 생명의 위험을 느끼지 않는 공기 중의 최대농도를 말한다.
20. "프로빗(probit) 분석법"이라 함은 주어진 사고의 피해 크기와 피해 영향 가능성의 연관

관계를 실험식을 이용하여 분석하는 방법을 말한다.

21. 누출공이라 함은 화학설비에서 위험물질이 누출되는 구멍의 직경을 말한다.
22. 누출시간이라 함은 화학설비에서 위험물질이 누출되는 시간을 말한다.
23. 최악의 누출 시나리오라 함은 누출·화재 또는 폭발을 일으킨 지점으로부터 끝점의 거리가 가장 먼 가상 사고를 말한다.
24. 대안의 누출 시나리오라 함은 최악의 누출 시나리오 이외에 사업장에서 대안으로 선정한 가상사고를 말한다.

5.7.4 사고피해 예측 절차

가상사고를 중심으로 사고피해 예측을 수행하되 그중 사고발생 빈도 또는 가능성이 높은 가상사고를 중점적으로 분석한다. 가상사고 시나리오 선정은 "최악의 누출 시나리오 선정에 관한 기술지침(kosha guide)과 화학공장의 피해최소화 대책수립에 관한 기술지침(KOSHA guide)을 활용한다.

1) 제1단계(근본적인 위험 요소 확인)

정성적인 위험성 평가 단계로서 주로 위험과 운전분석 기법 또는 체크리스트 기법 등에 의하여 공정 내에 잠재하고 있는 위험요소를 확인한다.

2) 제2단계(누출 모델 작성)

누출 모델은 물질이 어떻게 누출되는지를 분석하는 것으로서 배관의 파손, 플랜지 누출, 안전밸브 작동, 운전원 실수 등에 의한 잠재적인 누출원 등을 확인하여 방출되는 위험물질의 양, 온도, 밀도, 시간, 누출상태(가스, 증기, 액체, 혼합물) 등을 계산한다.

3) 제3단계(확산 모델)

제2단계의 누출 모델을 근거로 하여 대기 중으로 확산되는 유해·위험물질의 거리에 따른 농도, 확산되는 증기운/연속적인 구름의 크기, 농도, 형태를 예측한다.

4) 제4단계(피해 예측)

방출되는 유해·위험물질이 가연성 또는 인화성 물질인 경우에는 화재·폭발로 인하여 사업장 내의 근로자 및 주변 시설에 미치는 화재·폭발의 영향을 계산하며 독성물질인 경우에는 작업자, 인근 주민 또는 주변 환경에 미치는 영향을 계산한다.

5.7.5 누출

1) 누출의 형태

누출의 형태는 위험물질을 저장 또는 취급하고 있는 용기 등에서의 운전원의 실수 또는 기계적 결함의 정도, 저장 또는 취급 온도·압력 조건 및 물질의 물리 화학적 성질에 따라 달라진다. 일반적으로 누출되는 위험물질의 증기는 누출 시간에 따라 순간누출 또는 연속누출, 그리고 증기운의 밀도에 따라 가벼운 가스와 무거운 가스로 구분하며 누출량은 설비에서 누출되는 경우와 배관에서 누출되는 경우에 따라 증기 또는 가스상태, 액체상태 및 2상(액체-증기) 상태에 대해 유체역학을 적용하여 산출한다.

2) 누출 원인

① 용기 또는 균열 등의 파손
② 오조작에 의한 밸브의 열림
③ 비상 배출(emergency vent)

3) 누출원의 면적

누출량을 산정하기 위한 누출원의 면적은 다음과 같이 산정하거나 가정한다.

① 이송 또는 압출 설비를 제외한 화학설비의 균열 또는 파손에 의한 경우 그 화학설비에서 취급·저장하는 위험물질이 10분 동안에 모두 누출될 수 있는 구멍(hole)의 면적
② 배관의 균열 또는 파열에 의한 경우
- 배관의 호칭지름이 50 mm 미만인 경우 : 배관의 단면적
- 배관의 호칭지름이 50 mm 이상 100 mm 이하인 경우 : 50 mm 배관의 단면적
- 배관의 호칭지름이 100 mm를 초과하는 경우 : 배관 단면적의 20%

5.7.6 피해예측

위험물질을 취급하는 화학설비 및 그 부속 설비는 근로자, 주변 시설물 및 환경에 심각한

영향을 미칠 수 있는 화재, 폭발 또는 독성물질 누출 등과 같은 중대 산업사고의 발생 가능성이 있다.

① 확산

누출된 인화성 액체 또는 인화성 가스가 누출 즉시 점화되지 않는다면 증기운을 형성하여 먼 거리까지 확산된다. 이 증기운은 확산되면서 공기와 희석되고 결과적으로 폭발 하한계에 도달하여 더 이상 화재의 위험이 없게 된다. 그러나 독성물질인 경우에는 바람에 의해 상당히 먼 거리까지 확산되어 농도가 낮다 할지라도 근로자 및 주민에게 심각한 영향을 미칠 수 있다.

• 가벼운 가스
  - gaussian plume model
  - gaussian puff model
• 무거운 가스
  - BM(britter &mc quaid) model
  - HMP(hoot, meroney & peterka) model
  - Degadis model

② 액면 화재 / 증기운 화재 / 고압분출 화재
  • TNO 액면화재 모델
  • API 또는 TNO 모델

③ 비등액체 팽창 증기폭발·화구
  • TNT 당량 또는 단열팽창 모델

④ 물리적 폭발
  • TNT 당량 모델

⑤ VCE / UVCE
  • TNT 당량 모델
  • TNT 상관 모델
  • TNO multi energy model

5.7.7 위험기준의 정립

화재, 폭발 또는 독성물질의 누출 등과 같은 중대산업사고 발생 시 복사열, 과압 또는 공기 중에 확산되어 있는 독성물질에 의하여 사업장 내의 근로자, 인근주민 또는 주변 시설물 등에 어느 정도의 위험이 미치는지 또는 이 위험을 받아들일 수 있는지 여부를 판단할 수 있는 위험 기준을 작성한다.

① 화재(복사열)에 의한 위험

화재에 의한 피해 예측은 pool fire, jet fire 등과 같은 사고로 인하여 사람이나 시설물에 전달되는 복사열량(radiation intensity)의 세기(strength)를 토대로 산출하게 된다. 주변 기기 및 근로자 등에 미치는 영향을 판단할 수 있는 기준은 5 KW/m_2의 복사열이 도달하는 거리로 하며 복사열에 대한 영향은 아래 표와 같다(World bank 제시).

복사열(KW/m^2)	영향
1.6	장시간 노출되어도 불편함을 주지 않는 양
4	보호장비를 착용하지 않을 경우 2도 화상을 초래할 수 있는 복사열량, 치사율은 0%
9.5	8초 후에 고통을 호소하며, 20초 이내에 2도 화상을 초래할 수 있는 복사 열량
12.5	목재의 점화, 플라스틱의 녹음이 발생하는 최소에너지
37.5	설비 및 장치에 심각한 손상을 줄 수 있는 양

② 폭발(과압)에 의한 위험

증기운 폭발 등과 같은 폭발사고 시 주변기기 및 근로자 등에 미치는 영향을 판단할 수 있는 기준은 1 psi의 과압이 도달하는 거리로 한다.

과압			영향
kPa	(psi)	bar	
0.15	0.02	0.0015	소음 발생
0.2	0.03	0.002	유리창 일부 파손
0.3	0.04	0.003	큰 소음 발생
1	0.15	0.01	유리파열 압력
2	0.3	0.02	집의 지붕과 유리창의 10% 파손
3	0.4	0.03	구조물의 가벼운 손상
3.5-7	0.5-1.0	0.035-0.07	유리창이 부서지며 일부 창틀이 파손
5	0.7	0.05	주택의 구조물 파손
7	1.0	0.07	주택의 일부 파손(복구 불가능), 고막파열

과압			영향
kPa	(psi)	bar	
9	1.3	0.09	철 구조물이 약간 손상
15	2	0.15	주택의 벽과 지붕이 약간 파손
15-20	2-3	0.15-0.20	비강화콘트리트 벽 파손
16	2.3	0.16	구조물이 심하게 손상되기 시작
18	2.5	0.18	주택의 블록이 50%정도 파손
21	3	0.21	건축물의 철구조물이 손상되며 기초에서 이탈, 신체부상
20-28	3-4	0.2-0.28	지지대가 없는 철제 건축물 또는 기름 저장탱크 파손
30	4	0.3	공장건물의 파손
35	5	0.35	나무 기둥이 부러짐
35-50	5-7	0.35-0.5	주택의 완파
50	7	0.5	짐 실은 화물차가 전복
50-55	7-8	0.5-0.55	두께 20-30 cm의 벽돌벽이 붕괴
60	9	0.6	대형 화물차의 전파
70	10	0.7	대부분의 건축물 전파
81	11	0.81	건축물 전파

③ 독성물질에 의한 위험

독성 모델은 독성 가스에 노출될 때 사람의 건강에 미치는 피해 결과를 평가하는 데 사용된다. 일반적으로 인간이 독성물질에 노출되게 될 경우 그 피해 유형은 실신, 질식, 실명, 장기계통 손상 및 사망을 비롯하여 다양한 신체적 변화를 겪을 수 있다. 그러나 개인적인 신체적 차이로 인하여 정확한 모델을 제시한다는 것은 사실 힘들다.

따라서 대기 중에 확산되는 독성물질에 근로자, 인근 주민 등이 노출되는 경우 독성물질의 농도 및 노출시간에 따른 인체에 미치는 영향을 판단할 수 있는 기준은 "화학물질 폭로 영향지수 산정에 관한 기술지침(KOSHA guide)"에서 규정하는 ERPG-2 농도에 도달할 수 있는 거리로 한다.

- ERPG-1 : 가벼운 일시적 영향 이외의 증상을 겪지 않거나 명확하게 정의된 불유쾌한 냄새를 맡지 않고 거의 모든 개인이 최고 1시간까지 노출될 수 있는 최대 대기 중 농도
- ERPG-2 : 개인의 보호조치 능력을 침해하는 심각한 영향 없이 거의 모든 개인이 최고 1시간까지 노출될 수 있는 최대 대기 중 농도
- ERPG-3 : 생명을 위협하는 영향을 경험하지 않고 거의 모든 개인이 최고 1시간까지 노출될 수 있는 최대 대기 중 농도

5.7.8 최악의 누출시나리오

1) 시나리오 선정

사업장은 다음의 각각에 대한 최악의 누출 시나리오 분석을 하나 이상 실시한다.

① 독성물질 누출

② 인화성 가스 및 인화성 액체 누출(가연성물질 포함)

2) 최악의 누출량 산정

최악의 누출량은 다음 수치 중 큰 것으로 한다.

① 사고 시 비상조치가 가능한 범위 내에서 단일 용기에 저장되는 최대량

② 사고 시 비상조치가 가능한 범위 내에서 단일 배관계에 보유하고 있는 최대량

3) 최악의 누출 시나리오 분석

① 독성물질(가스)

- 대기 온도에서 가스인 물질을 가스 상태로 저장·취급하거나 압력을 가하여 액체 상태로 저장·취급하는 경우 10분 동안 누출되어 확산하는 것으로 가정하여 계산한다.
- 냉동 액체를 저장·취급하는 경우 누출된 물질이 확산되는 것을 방지하기 위한 적절한 조치가 되어 있지 않거나 누출된 물질이 확산되어 액체의 층이 1 cm 이하일 때에는 10분 동안 누출되어 확산하는 것으로 가정하여 계산한다.
- 누출된 물질이 확산되는 것을 방지하기 위한 적절한 조치가 되어 있어 누출된 액체의 층이 1 cm 이상 형성되는 경우에는 동시에 액체가 누출되어 액체층을 형성하는 것으로 가정하고 대기 중으로 확산되는 속도는 액체층의 표면적으로부터 그 물질의 비점에서 증발되는 속도로 가정한다.

② 독성물질 (액체)

액체층의 표면적은 방유제 등의 확산 방지 조치가 있는 경우와 없는 경우로 나누어서 계산하며 방유제가 없는 경우에는 액체의 층이 1 cm 깊이로 형성되는 것으로 가정하고 방유제가 있는 경우에는 그 면적을 액체층의 표면적으로 산정한다.

③ 인화성 가스, 인화성 액체 및 냉동액체

- 누출량이 기화되어 증기운 폭발을 일으키는 것으로 가정한다. TNT 당량 모델을 사용하는 경우에는 누출량의 10%가 폭발하는 것, 즉 폭발수율계수를 10%로 가정한다.

- 누출량 중 증기운 폭발로 연계되는 양은 가스인 경우는 누출전량, 액체인 경우에는 최초 10분간 증발된 양으로 한다.

④ 누출원의 높이 및 누출물질 온도
- 지표면에서 누출되는 것으로 가정하되 실제 누출되는 높이를 사용할 수 있다.
- 낮시간 최고 온도 및 운전온도 중 큰 수치를 사용한다.

⑤ 기상 조건
- 풍속 : 1.5 m/sec
- 대기안정도 : F급
- 대기 온도 : 지난 3년간 낮 동안의 최대온도
- 습도 : 지난 3년간 낮 동안의 평균 습도

5.7.9 대안의 누출 시나리오

1) 시나리오 선정

사업장은 취급하는 독성물질, 인화성 가스 및 액체, 필요 시 유해위험 물질에 대하여 각각 하나 이상의 대안의 누출 시나리오 분석을 하여야 한다.

2) 시나리오 선정 시 고려사항

① 시나리오 선정 시 다음 사항을 고려한다.
- 최악의 가상 사고 시나리오보다 자주 일어날 수 있는 것
- 끝점(5 kw/m^2, 1 psi, ERPG-2)이 사업장 외부에 도달하는 것

② 시나리오는 주로 다음의 사고를 대상으로 선정한다.
- 이송 호스 사고
- 공정 배관 사고
- 압력용기 및 펌프 사고
- 압력용기의 과충전 및 과압
- 이송 용기의 파손 또는 누출

③ 다음의 사항들을 시나리오 선정 시에 반영한다.
- 과거 5년간의 사고 이력
- 위험성평가 시에 발견된 위험 요인

3) 대안의 누출 시나리오 분석

① 누출공의 크기는 설비에 연결된 화학물질의 주 인입 및 배출 배관의 크기에 따라 선정하되, 연결 배관의 크기는 아래와 같은 사항을 고려하여 결정한다.

- 설비에 부착된 계기 도입관 또는 안전밸브 인입배관 등과 같이 정상운전 시에 화학물질이 이송되지 않는 배관은 고려하지 않는다.
- 유수분리 설비 등과 같이 2개 이상의 배관이 연결되어 있을 때 폐수 배관 등과 같은 주 공정유체 이외의 배관은 고려하지 않는다.
- 설비 내부에 액체가 존재할 경우에는 하부 이송배관 중 가장 큰 배관을 기준으로 선정한다.
- 전체가 가스 또는 증기로 채워진 설비는 상부 및 하부배관에서 가장 큰 배관을 기준으로 선정한다.
- 탑조류(towert)와 같은 설비는 상부는 증기 기준으로 하부는 액체 기준으로 구분하여 산정할 수 있다.

② 누출원의 높이 및 누출물질 온도

- 실제 누출되는 높이 또는 지표면을 높이로 사용할 수 있다.
- 운전온도 또는 대기 온도를 사용한다.

③ 기상 조건

- 풍속 : 통상의 기상 조건 또는 3 m/sec
- 대기안정도 : D급
- 대기 온도 및 습도 : 과거 1년 이상의 그 지역의 통상온도 및 습도 또는 인근 지역의 기상청 자료를 사용한다.

5.7.10 시나리오 및 피해예측 결과(별지서식 19호의 2)

구분	최악의 사고 시나리오			대안의 사고 시나리오		
기상 및 지형자료						
풍속(m/s)						
대기안정도(A~F)						
대기온도(℃)						
습도(%)						
표면거칠기(m)	□ 시골 □ 도시 □ 물위 또는 (　)m			□ 시골 □ 도시 □ 물위 또는 (　)m		
물질 및 설비						
물질명						
물질의 상태	□ 기체 □ 액체 □ 2상(액체+기체)			□ 기체 □ 액체 □ 2상(액체+기체)		
설비명(또는 배관부위)						
운전압력(MPa)						
운전온도(℃)						
누출구의 크기(mm^2)						
웅덩이 크기(m^2)						
피해예측결과						
누출결과						
직접계산(kg/s or kg)						
웅덩이(kg/s)						
설비/배관(kg/s)						
피해결과						
화재 - 복사열이 미치는 거리(m)	4 kW/m^2	12.5 kW/m^2	37.5 kW/m^2	4 kW/m^2	12.5 kW/m^2	37.5 kW/m^2
폭발 - 과압이 미치는 거리(m)	7 kPa	21 kPa	70 kPa	7 kPa	21 kPa	70 kPa
확산결과 - 인화성(m)	25% LEL	LEL	UEL	25% LEL	LEL	UEL
확산결과 - 독성(m)	ERPG 1	ERPG 2	ERPG 3	ERPG 1	ERPG 2	ERPG 3

주) ① 풍속은 1.5 m/s 또는 통상의 풍속
② 대기안정도는 F 또는 통상의 대기안정도
③ 대기 온도는 지난 3년간 낮 동안의 최대온도 또는 통상 온도
④ 습도는 지난 3년간 낮 동안의 평균 습도 또는 통상 습도
⑤ 표면거칠기는 시골, 도시, 물 위 중 하나를 체크하거나 실제 표면거칠기 기재
⑥ 물질의 상태는 기체, 액체, 2상 중 하나를 체크

⑦ 누출구의 크기는 탱크 또는 배관 누출의 경우에 한해 기재
⑧ 웅덩이 크기는 액면을 형성한 경우에 한해 기재
⑨ 직접 계산에는 직접 계산한 누출속도(kg/s) 또는 누출량(kg)을 기재
⑩ 웅덩이, 설비, 배관에는 누출속도(증발속도) 또는 연소속도를 기재
⑪ 화재 - 복사열에는 4, 12.5, 37.5 kw/m^{2}의 복사열이 미치는 거리 기재(관심 복사열은 임의로 선정 가능)
⑫ 폭발 - 과압에는 7, 21, 70 kPa의 과압이 미치는 거리 기재(관심 과압은 임의로 선정 가능)
⑬ 확산 - 인화성에는 인화성 액체나 가스의 농도가 25% LEL, LEL(폭발하한계), UEL(폭발상한계)이 되는 거리 기재(관심 농도는 임의로 선정 가능)
⑭ 확산 - 독성에는 독성물질의 농도가 ERPG 1, ERPG 2, ERPG 3가 되는 거리 기재(관심 농도는 임의로 선정 가능)
⑮ 영향을 미치는 복사열, 과압, 확산농도는 변경 가능
⑯ 해당 사항이 없는 항목은 생략 가능

제6장

안전운전 및 비상조치계획

6.1 안전운전지침

6.1.1 PSM 보고서 작성 기준

제31조(안전운전 지침서)

규칙 제50조제1항제3호 가목의 안전운전 지침서에는 다음 각 호의 사항을 포함하여야 한다.

1. 최초의 시운전
2. 정상운전
3. 비상시 운전
4. 정상적인 운전 정지
5. 비상정지
6. 정비 후 운전개시
7. 운전 범위를 벗어났을 경우 조치 절차
8. 화학물질의 물성과 유해·위험성
9. 위험물질 누출 예방 조치
10. 개인보호구 착용 방법
11. 위험물질에 폭로 시의 조치요령과 절차
12. 안전설비 계통의 기능·운전 방법 및 절차 등

6.1.2 PSM 보고서 심사기준

제44조(안전운전 지침과 절차)

안전운전 지침과 절차는 다음 각 호의 기준에 따라 준수되고 있는지를 심사하여야 한다.

① 안전운전 지침과 절차(이하 "운전 절차"라 한다)가 공정안전 기술자료, 도면 및 공정 설비 기술자료의 내용과 일치하고 있는지 여부

① 운전 절차는 안전운전을 위하여 명확하고 구체적으로 쉽게 알 수 있도록 서류화하여 관리하고 있는지 여부

③ 모든 운전 절차에 운전자의 운전담당 설비 및 운전 분야가 명확하게 기술되고 또한 운전자의 운전 위치가 분명하게 기술되어 있는지 여부

④ 운전 절차에는 각 운전공정 및 설비별 운전조건 범위가 명확히 기술되어 있는지 여부

⑤ 다음 각 목의 사항이 포함된 운전단계별 운전 절차의 기술 여부

가. 최초의 시운전

나. 정상운전

다. 비상시 운전(비상시 운전정지 절차, 운전정지를 하지 아니하고 운전되어야 할 분야에 대한 운전방법, 제한적인 운전분야 및 절차, 운전장소, 담당자 등이 포함되어야 한다)

라. 정상적인 운전 정지

마. 비상 정지 및 정비 후의 운전개시

⑥ 운전 범위에서 벗어났을 경우의 조치 절차의 기술 여부

가. 운전 범위에서 벗어났을 경우 예상되는 결과

나. 운전 범위에서 벗어났을 경우 정상운전이 되도록 하기 위한 방법 및 절차 또는 운전 범위에서 벗어나지 않도록 하기 위한 사전 조치 방법 및 절차

⑦ 다음과 같은 안전운전을 위해 유의해야 할 사항의 기술

가. 운전공정에 취급되는 화학물질의 물성과 유해·위험성

나. 위험물질 누출 예방을 위하여 취해야 할 사항

다. 위험물 누출시 각종 개인보호구 착용 방법

라. 작업자가 위험물에 접촉되거나 흡입하였을 때 취해야 할 행동 요령과 절차

마. 원료 물질의 순도 등 품질 유지와 위험물 저장량 조절 등 관리에 관한 사항

⑧ 안전설비 계통의 기능과 운전방법 및 절차의 기술 여부

⑨ 운전 절차에 관한 서류는 운전원, 검사원 및 정비원이 항상 쉽게 볼 수 있는 장소에 갖추어 두었는지 여부

⑩ 운전실에 운전자가 공정을 쉽게 이해할 수 있도록 주요 공정장치, 주요 배관별 유량·온도·압력 등이 포함된 공정 개략도를 보기 쉬운 곳에 갖추어 두었는지 여부

⑪ 운전 절차는 장치, 설비 등의 변경 시에 즉시 보완하여 현재의 장치, 설비 등과 일치되게 관리되고 있는지 여부

⑫ 사업장 안전보건총괄책임자는 매년 현재의 운전 절차가 현재의 설비와 일치되게 작성되었고 안전하게 운전할 수 있는 절차임을 검토하여 확인하고 그 결과를 서면으로 기록하여 보관하고 있는지 여부

6.1.3 PSM 보고서 작성지침(KOSHA Guide)

1) 용어의 정의

"안전운전절차서"라 함은 공정운전 중에 발생할 수 있는 모든 경우를 대비하여 운전자가 안전하게 공장을 운전하는데 필요한 모든 운전 절차를 정해 놓은 운전 지침서를 말한다.

그 밖의 이 지침에서 사용하는 용어의 정의는 특별한 규정이 있는 경우를 제외하고는 법, 같은 법 시행령, 같은 법 시행규칙, 산업안전보건기준에 관한 규칙 및 관련 고용노동부 고시에서 정하는 바에 따른다.

2) 운전 절차의 검토 및 승인

운전부서장은 운전 절차가 현재의 운전 상태 및 설비와 일치되게 작성되었고 안전하게 운전할 수 있는 절차인지를 매년 검토하여 승인 및 기록을 유지하고 그 결과를 서면으로 작성하여 안전보건관리 책임자에게 보고하여야 한다.

3) 작성원칙

① 안전운전 절차서는 해당 공정에 운전 경험이 없는 운전원이라도 최소한의 지도 또는 다른 운전원의 도움을 받아 누구든지 그 절차에 의거하여 운전할 수 있도록 명확하고 구체적으로 작성되어야 한다.

② 안전운전 절차서는 창고 내에서 이루어지는 원료, 제품 및 반제품의 입고, 포장, 저장 그리고 출고 등의 절차도 포함하여야 한다.

③ 안전운전 절차서에는 운전자의 담당 설비, 운전 분야 및 운전자의 운전 위치가 분명하게 기술되어야 한다.

④ 공정의 운전방법이나 작업방법을 일시적으로 변경하여 수행하는 임시운전에 대해서도 문서화된 안전운전절차서가 있어야 한다.

⑤ 안전운전 절차서는 공정 설비, 운전 방법 등의 변경 시 즉시 보완하여 변경 후의 장치, 설비와 운전 방법 등과 일치되게 하여야 한다.

⑥ 운전절차서의 변경 시 위험성평가를 수행하여 절차 변경에 따른 위험성을 사전에 제거하여야 한다.

⑦ 모든 공정기기의 사양(기기의 크기, 재질, 가열 및 냉각 설비, 교반 등)이 충분히 안전운전 절차서에 명시되어야 한다.

⑧ 최초의 운전 절차서는 다음의 내용을 특별히 포함하여야 한다.

⑨ 설비 내의 공기를 불활성 기체로 치환하는 방법

⑩ 시스템 승온 시 사용하는 유체명

⑪ 승온 시의 온도, 압력 및 유체에 따라 우회(by-pass)되는 배관 재질의 적합성 확인절차

6.2 설비점검·검사 및 보수계획, 유지계획 및 지침서

6.2.1 PSM 보고서 작성 기준

제32조(설비점검·검사 및 보수계획, 유지계획 및 지침서)

규칙 제50조제1항제3호 나목의 설비점검 검사 및 보수계획, 유지계획 및 지침서는 공단기술지침 중 「유해·위험설비의 점검·정비·유지관리 지침」을 참조하여 작성하되, 다음 각 호의 사항을 포함하여야 한다.

1. 목적
2. 적용 범위
3. 구성 기기의 우선순위 등급
4. 기기의 점검
5. 기기의 결함관리
6. 기기의 정비

7. 기기 및 기자재의 품질관리
8. 외주업체 관리
9. 설비의 유지관리 등

6.2.2 PSM 보고서 심사기준

1. 위험설비에 다음 사항을 포함하고 있는지 여부
   가. 압력용기와 저장탱크계통 설비
   나. 배관 계통 설비(밸브와 같은 부속설비 포함)
   다. 압력방출계통 설비
   라. 비상정지계통 설비
   마. 계측제어계통 설비(감지기, 경보기 및 연동장치 포함)
   바. 펌프·압축기 등 회전기기류
   사. 위험물질 처리 설비
2. 사업장에서는 위험 설비의 안전성을 유지하기 위하여 위험설비 안전관리 규정을 제정하여 시행하고 있는지 여부
3. 사업장에서는 위험 설비에서 운전, 작업하는 작업자들에게 제조공정과 잠재 위험성 및 위험 설비 안전관리규정에 대해 구체적으로 교육을 실시하고 있으며, 작업자들이 이를 숙지하여 안전한 방법으로 운전·작업할 수 있는지를 확인하고 있는지 여부
4. 제1호의 위험 설비는 위험성평가 결과로 얻어지는 기기의 위험 정도에 따라 기기별로 우선순위를 정하고 검사, 시험 등 점검의 주기를 달리하고 있는지 여부
5. 사업장에서 위험 설비에 대하여 자체점검 절차를 규정화하고 이를 실시하고 있는지 여부
6. 자체점검 절차는 구체적이어야 하며 일반적으로 통용되는 기준에 따르고 있는지 여부
7. 자체점검 실시 주기는 최소한 위험 설비 제작회사가 권장하는 주기로 하고 있으며, 사업장이 설비의 안전성을 유지하는데 필요한 경우 주기를 증가할 수 있는지 여부
8. 자체점검 실시 결과는 위험 설비별로 서류로 작성하여 관리되고 있으며 다음 각 목의 내용이 포함되었는지 여부
   가. 검사 또는 시험 실시 일자
   나. 검사자의 소속과 성명
   다. 위험 설비의 일련번호 및 설비명

라. 검사항목별 검사내용

마. 검사 결과 및 판정

바. 검사 결과에 따른 조치 사항

9. 사업주는 위험 설비의 결함이 발견된 때에 사용을 중지하고 결함 사항을 제거하고 있는지 여부
10. 위험 설비마다 사용 가능함을 확인하고 있으며 사용 가능 기준을 정하여 관리하고 있는지 여부
11. 신설되는 위험 설비에 대하여 위험 설비가 설계 및 제작기준에 맞게 제작되고 있는지 여부
12. 위험 설비가 설치·조립되고 있는 과정에서 설치기준 및 명세와 일치하고 제작자의 설치기준에 따라 안전하게 설치되고 있음을 점검 또는 검사를 통하여 확인하고 있는지 여부
13. 위험 설비를 정비하는데 필요한 정비·자재·예비부품을 확보하여 위험 설비의 결함이 발견될 때는 즉시 정비할 수 있도록 하고 있는지 여부

6.2.3 PSM 보고서 작성지침(KOSHA Guide)

1) 설비점검·검사 및 보수, 유지계획 목적

이 지침은 산업안전보건법(이하"법"이라 한다.) 제44조, 같은 법 시행령 제44조의2, 및 같은 법 시행규칙 제50조의3에 규정에 의하여 유해·위험 설비에 대한 점검, 정비 및 유지계획에 관한 사항과 그 절차에 관하여 필요한 사항을 기술함으로써 예방정비 및 기기의 수명 예측을 통한 설비의 안전운전을 유지함을 목적으로 한다.

2) 적용 범위

이 지침은 법 제44조 및 같은 법 시행령 제43조의 규정에 의하여 공정안전보고서를 제출하여야 하는 사업장에 적용한다.

3) 용어 정의

① "예방정비"라 함은 기기별로 제작자가 추천한 정비주기 또는 정비 이력에 따라서 사전에 정해진 정비주기에 따라 행하는 정기정비로서 윤활유 주입과 같이 운전 중에 행하는 운

전정비(operating maintenance)와 연차보수 시와 같이 기기 운전을 정지하고 행하는 가동정지정비(shut-down maintenance)가 있다.

② "예측정비"라 함은 주요 압축기 등과 같이 특정 기기에 대하여 실시간으로 기기의 성능 상태를 모니터링 하여 정비 일자를 예측하여 행하는 정비를 말한다.

③ "고장정비"라 함은 기기가 갑작스럽게 제기능을 발휘하지 못하거나 고장이 났을 때 행하는 정비를 말한다.

④ "유지관리"라 함은 각 기기에 대하여 실시한 점검 및 정비에 대한 이력을 기록 유지하고 이 이력기록을 다시 점검 및 정비에 반영하여 공정기기의 안전성을 지속적으로 유지시키기 위한 모든 조직적 행위를 말한다.

⑤ 그 밖에 이 지침에서 사용하는 용어의 정의는 이 지침에서 특별히 규정하는 경우를 제외하고는 산업안전보건법, 같은 법 시행령, 산업안전보건기준에 관한 규칙 및 기타 고시에서 정하는 바에 따른다.

4) 기기 그룹별 중요도 등급화

단위 기기는 점검주기와 정비구분을 정함에 있어 공정운전 및 위험성평가 결과를 고려하여 중요도에 따라 등급화하여 등급별로 기기를 그룹화한다. 기기 중요도에 따른 등급은 다음 기준에 따른다.

① A급은 기기고장이 공장의 운전(부분 또는 전부)정지 또는 중대산업사고를 일으킬 수 있는 경우

② B급은 기기의 고장이 운전의 부분 정지를 일으키거나 또는 근로자 안전에 영향을 주는 경우

③ C급은 기기의 고장이 운전의 부분 정지를 가져오지만 안전상 문제가 없는 경우

④ D급은 공정의 운전 및 안전상 문제가 없는 경우

5) 점검주기의 결정

설비 중요도 등급별 점검주기는 아래 사항을 고려하여 정한다.

① 기기 제작자가 제공하는 고장을 일으키는 평균 시간

② 사용자의 경험 즉, 기기 이력기록상 고장을 일으키는 빈도의 추이

③ 부식 또는 마모 속도의 추이

④ 사용되는 취급물질 및 운전조건 상태(온도, 압력, 기계적 부하, 운전시간 등)

6) 기기의 점검(검사 및 시험)

(1) 기기의 점검계획

① 단위기기는 연간 점검(검사 및 시험) 계획서를 작성한다. 다만, 기기의 유형과 기능이 같은 경우는 기기를 그룹화하여 점검계획서를 작성할 수 있다.

② 점검계획서에는 다음 사항을 포함한다.

가. 점검 기기명 및 식별번호

나. 우선순위 등급번호

다. 점검항목 및 점검 주기

라. 점검자 자격

마. 점검 방법

바. 적용 코드 및 허용범위

사. 계획의 승인 및 배포

(2) 점검작업 절차서

① 기기의 중요도 등급이 A 또는 B급에 해당하는 기기는 점검계획서와 함께 필요 시 점검작업 절차서를 작성한다. 다만, 기기의 유형과 기능이 같은 경우는 유형의 그룹별로 점검작업 절차서를 작성할 수 있다.

② 점검작업 절차서에는 다음 사항을 포함한다.

가. 점검항목

나. 점검자 자격

다. 점검 방법 및 절차(점검기구의 사용 방법 및 점검순서)

라. 적용 코드 및 허용범위

마. 점검 시 안전에 관한 사항

바. 결과 보고 절차

사. 점검 결과에 대한 처리 절차

아. 승인 및 배포

③ 기기의 점검 방법 및 절차는 국제적인 코드나 표준 또는 통용되는 기술기준에 따라 작성한다.

(3) 점검 실시 및 결과 보고

① 기기의 점검은 승인된 점검계획서 또는 점검작업 절차서에 따라 해당 분야 자격자가 정하여진 점검주기 또는 운전 중 이상의 징후가 있을 때 수행한다.

② 기기의 점검을 실시한 후 적합 여부를 판정하고 기기의 중요도 등급이 A 또는 B급의 기기는 점검 결과 보고서를 작성한다.

③ 점검 결과 보고서에는 다음 사항을 포함한다.

가. 점검일

나. 점검자의 성명 및 자격

다. 기기의 이름 및 식별번호 / 우선순위 등급

라. 점검항목에 대한 점검내용 기술

마. 점검 방법

바. 허용범위 대비 점검 결과 및 조사하여야 할 사항

사. 점검 결과 및 판정

아. 점검 결과에 따른 조치사항

자. 기기의 내구연수 대비 잔여 수명

차. 관리자의 성명

(4) 점검 결과에 대한 조치사항

점검 결과 허용범위를 벗어난 결함에 대하여는 안전운전을 보장하도록 적절한 시기에 안전한 방법으로 결함의 정비 등 필요한 조치를 한다. 다만, 점검 결과 중대한 결함이 있는 경우에는 사용을 중지하고 결함 사항을 보완한 후 운전하여야 한다.

(5) 점검 결과 보고서의 보관

① 압력용기에 대한 점검결과 보고서는 용기의 내구연한까지 보관한다.

② 기타 기기에 대한 결과보고서는 점검주기 변경 및 예방점검의 기초자료를 사용할 수 있도록 2년간 보관한다. 다만, 결함사항이 있는 기기의 보고서는 그 결함에 대하여 보완조치를 완료한 후 2년간 보관한다.

(6) 점검에 대한 교육

① 점검에 대한 교육은 기기의 형식 및 성능이 동일한 경우 기기를 그룹화하여 교육을

실시하며, 아래 사항을 포함한다.

가. 기기의 중요도 등급과 점검주기

나. 직무 공통교육 : 점검기기에 대한 제조공정, 안전운전 지침 및 절차 등에 관한 내용

다. 직무교육 : 4.2항의 점검작업 절차서에 포함되는 내용

라. 안전교육 : 점검자의 직무 및 공정과 관련된 위험성에 대한 교육

② 교육의 주기

점검에 대한 교육은 3년마다 1회 이상 실시함을 원칙으로 하되, 기기의 중요도 등급 및 운전경험 등을 고려하여 조정할 수 있다.

③ 교육기록 및 보관

교육 실시에 대한 기록은 교육계획안 및 참석자의 서명과 함께 3년간 보관한다.

7) 기기의 결함관리

(1) 결함관리 절차

① 결함관리 담당 부서는 결함관리 절차서를 작성하고 결함수정에 필요한 각종 절차서 작성에 대한 책임 부서 및 협조 부서를 명시한다.

② 결함관리 절차서에는 다음 사항을 포함한다.

가. 결함관리 기준에 관한 사항

나. 결함관리 절차에 관한 사항

다. 정비 및 보수계획 작성에 관한 사항

라. 정비 및 보수절차 작성에 관한 사항

마. 특수작업 절차서 작성에 관한 사항

바. 안전관련 절차서 작성에 관한 사항

(2) 결함관리 기준

결함관리 부서는 운전부서 등 관련 부서와 협의하여 결함의 종류 및 중요도에 따라 보고 수준 및 승인자와 결함을 수정할 시기를 정하여야 하며, 결함은 각 기기별로 관리한다.

8) 기기의 정비

(1) 기기정비의 대상

기기의 정비대상에는 다음 경우를 포함한다.

① 기기의 이상이나 결함이 없어도 제작자가 추천한 내구연수 초과를 포함한 기기 및 부품에 대하여 예방 차원의 교체가 필요한 경우

② 점검 결과 허용범위를 벗어나 결함을 정비할 경우

③ 특정한 중요기기에 대하여 기기의 상태를 실시간(realtime)으로 모니터링의 결과 예측 정비가 필요한 경우

(2) 정비에 대한 교육기록 및 보관

① 정비작업에 대한 교육은 정비원이 정비작업을 숙지할 수 있도록 정비작업 전에 실시하며, 아래 사항을 포함한다.

가. 공정 및 운전에 관한 내용

나. 정비작업 절차서에 포함되는 내용

다. 정비작업 및 공정과 관련된 위험성에 대한 내용

② 교육은 정비책임자의 책임하에 실시하며, 교육 실시에 대한 기록은 3년간 보관한다.

9) 기기 및 자재의 품질관리

부품을 포함한 기기의 교체 및 보수와 관련된 품질관리 절차서는 회사의 설계, 구매 및 제작에 대한 품질보증 체제와 일관성이 유지되도록 작성한다.

① 설계

사용 중 기기의 교체 및 보수를 위하여 해당 기기를 설계할 때는 당초 기기의 설계사양을 적용하여 사용될 공정조건에 알맞도록 한다.

② 구매 및 제작

가. 기자재 구매

중요한 기기 또는 부품의 구매사양서는 당초 기자재 구매사양서와 적용 코드에 일치하도록 작성되고 구매한다.

나. 기기의 제작

중요한 기기 또는 부품은 유자격 제작업체에서 제작되어야 하며, 사용 재질 및 제작은 설계사양과 일치하고 사용될 공정조건에 적합하여야 한다.

③ 기기의 검사

가. 기기는 검사계획 및 관련법규 요구에 따라 제작 중 중간검사 및 제작완료 후 성능검

사를 수행한다.

나. 제작된 기기가 현장에 도착하면, 공장검사보고서(shop inspection report)의 확인을 포함하여 인수검사(receiving inspection)를 실시한다.

④ 기기(부품)의 설치

가. 기기의 설치는 설계사양과 제작자의 지침에 따라 유자격업체의 유자격자에 의하여 설치되어야 하며, 시운전 전에 설치가 올바르게 되었는지의 확인검사를 한다.

나. 과압의 압력방출 등 안전장치의 설치에 대해서는 각 단계마다 필요한 확인검사를 수행한다.

⑤ 품질기록서의 관리

기기의 구매와 관련한 품질기록서는 각 기기별로 다음 서류를 문서화하여 일정기간 보관한다.

가. 구매사양서

나. 최종설계 및 설치(as-built)도면

다. 공장검사 보고서

라. 인수검사 보고서

마. 설치 후 확인검사 보고서

10) 정비용 기자재의 관리

① 비용 기자재

정비용 기자재로 사용되는 자재 및 예비품은 사용될 기기에 적합하여야 하며, 설계사양과 제작자 지침과 일치하도록 한다.

② 예비품 목록

기기의 중요도 등급이 A 또는 B급에 해당하거나 공정의 연속운전에 필요한 기기의 예비품은 필요 시 언제든지 구매할 수 있도록 예비품 목록에 다음 사항을 포함하여 유지한다.

가. 기기식별 번호 및 이름

나. 제작회사 및 형식번호

다. 예비품 번호, 사양, 이름, 제조자, 제조자 부품 번호, 연간재고 수량, 보관대 번호, 구매 소요기간

라. 기기 제작회사 주소 및 연락처

마. 부품을 나타내는 조립도 또는 단면도(첨부)

③ 예비품 구매

예비품은 당초 설계사양에 일치하도록 제작자의 추천에 따라 필요한 품명과 수량을 확보한다.

④ 예비품의 보관 및 재고 수량

예비품은 쉽게 찾을 수 있도록 별도의 보관창고 내에 각 기기 및 부품별로 보관하며, 품병 및 수량은 항상 파악이 가능하도록 예비품 목록을 유지한다.

6.3 안전작업허가 지침서

6.3.1 PSM 보고서 작성 기준

제33조(안전작업허가)

규칙 제50조제1항제3호 다목의 안전작업허가는 공단기술지침 중「안전작업허가 지침」을 참조하여 작성하되, 다음 각 호의 사항을 포함하여야 한다.

1. 목적
2. 적용 범위
3. 안전작업허가의 일반사항
4. 안전작업 준비
5. 화기작업 허가
6. 일반위험작업 허가
7. 밀폐공간 출입작업 허가
8. 정전작업 허가
9. 굴착작업 허가
10. 방사선 사용작업 허가 등

6.3.2 PSM 보고서 심사기준

안전작업허가서는 다음 각 호의 기준에 따라서 수행되고 있는지를 심사하여야 한다.

1. 공정지역 내에서 또는 공정지역과 가까운 지역에서 용접, 용단 등의 화기작업과 같은 유해·위험 요소가 잠재되어 있는 경우에는 안전작업허가서를 발급받은 후에 작업하고 있는지 여부
2. 안전작업 허가기준, 각 부서의 업무와 책임한계, 허가절차 등을 문서화하여 사업장의 자체 규정으로 제정하고 있는지 여부
3. 안전작업을 하기 전에 안전작업 관리책임자는 안전작업에 필요한 안전상의 조치를 취하고 있으며, 안전작업 허가책임자는 이를 확인한 후에 안전작업허가서를 발급하고 있는지 여부
4. 안전작업 전에 취하여야 할 안전상의 조치는 사업장 특성에 맞게 작성하여 규정화하고 있는지 여부
5. 안전작업허가서에 허가일시와 안전작업일시가 명확히 기재되고 있는지 여부
6. 안전작업허가서는 해당 작업 완료 후 1년간 보관하도록 하고 있는지 여부
7. 안전작업 시작 전에 작업내용을 해당 지역 및 인접 지역의 운전원, 정비원 및 도급업체 등 안전작업으로 인해 영향을 받을 수 있는 작업자에게 알려주고 있는지 여부

6.3.3 PSM 보고서 작성지침(KOSHA Guide)

1) 용어 정의

① "화기작업"이라 함은 용접, 용단, 연마, 드릴 등 화염 또는 스파크를 발생시키는 작업 또는 가연성물질의 점화원이 될 수 있는 모든 기기를 사용하는 작업을 말한다.

② "일반위험작업"이라 함은 노출된 화염을 사용하거나 전기, 충격에너지로부터 스파크가 발생하는 장비나 공구를 사용하는 작업 이외의 작업으로써 유해·위험물 취급작업, 위험설비 해체작업 등 유해·위험이 내재된 작업을 말한다.

③ "보충적인 작업"이라 함은 화기작업 또는 일반위험작업을 하는 과정에서 보충적으로 병행하여 수행되는 작업을 말한다.

④ "위험지역"이라 함은 산업안전보건기준에 관한 규칙 제230조(폭발위험이 있는 장소의 설정 및 관리) 제1항에서 규정하는 장소 및 인근지역, 그리고 그 외의 장소에 설치된 설비 및 그 주위에서 화재·폭발을 일으킬 우려가 있는 장소를 말한다.

⑤ "밀폐공간"이라 함은 질식·중독·화재·폭발 등의 위험이 있는 장소로써 산업안전보건기준에 관한 규칙 제618조 제1호에서 정한 장소를 말한다.

⑥ “일반지역”이라 함은 일반행정 또는 정비부서 등과 같은 위험지역 이외의 지역을 말한다.
⑦ “가연성물질”이라 함은 산업안전보건기준에 관한 규칙 별표1에서 정한 위험물질의 종류 중 6. 부식성 물질과 7. 급성 독성 물질을 제외한 물질 및 위험물질 이외 인화성 유류, 가연성분진, 단열재 등 가연물을 말한다.
⑧ “중장비작업”이라 함은 이동식 크레인 등을 사용하여 중량물을 매달아 들어 올리고 수리, 점검 등을 수행하는 작업을 말한다.

2) 안전작업허가서의 발급, 승인 및 입회

① 발급

안전작업허가서(이하 “허가서”라 한다)는 신청자의 서면이나 전자문서 등으로 작업을 할 지역의 운전부서 담당자가 현장확인을 통하여 발급한다. 발급자는 보충작업이 수반되는 경우 확인자의 사전확인 여부를 검토한 후 허가서를 발급하여야 한다.

② 확인·점검

보충작업을 병행하여 수행하는 경우에는 각 보충작업별 전문지식을 갖춘 자가 5.3의 내용을 사전에 확인, 점검 후 허가서에 서명한다. 다만, 발급자가 해당 작업에 대한 전문지식을 갖춘 경우에는 본인이 확인, 점검업무를 수행하고 서명은 생략할 수 있다.

③ 승인(허가)

허가서의 승인은 작업하고자 하는 공정지역의 운전부서 책임자 또는 다른 상위 조직에서 발급된 허가서의 서면확인을 통하여 승인한다. 다만, 조직 등 인력이 적은 소규모사업장, 위험도가 낮은 일반위험작업 허가 및 정상근무시간 이외에 수행되어 책임자의 승인을 얻기가 어려운 경우 등 사업장 내부 규정에 따라 승인권한을 발급자에게 위임할 수 있다.

④ 입회

작업의 위험정도, 규모 및 복잡성에 따라 작업 중에 현장에서 안전감독이 필요할 경우 운전부서에서 입회하여 제반 안전요구사항에 대한 조치를 확인한다.

3) 책임

① 운전부서 책임자(운전부서장)는 작업허가의 효력이 발생되는 시간부터 허가기간이 종료될 때까지 작업을 안전하게 수행하고 해당 작업 지역을 안전하게 관리할 책임이 있다.
② 안전관리부서 책임자(안전부서장)는 운전부서 책임자의 요청이 있을 경우 작업 전에 해

당 작업에 요구되는 모든 안전요구사항에 대한 조치 여부를 확인하고 작업에 필요한 안전장비 등을 준비할 책임이 있다

③ 작업부서 책임자(정비부서장)는 작업허가서 상의 안전조치사항을 확인하고 안전하게 작업을 수행할 책임이 있다.

④ 운전부서에서 입회자로 선임된 자는 작업 중 작업허가서의 안전요구사항이 유지되고 있는지를 확인할 책임이 있다.

4) 허가서의 작성

① 허가서 발급자는 허가서 발행에 앞서 당해 작업 현장 감독자 또는 작업담당자와 같이 현장을 확인하고, 안전작업에 필요한 조치사항이 무엇인지 확인하여야 한다.

② 당해 작업의 안전과 관련하여 인근의 다른 공정지역 책임자에게 당해 작업수행을 알릴 필요가 있을 경우에는 관련 운전부서 책임자의 협조를 받아야 한다.

③ 허가서 발급자는 작업허가서 중 작업허가시간, 수행작업 개요, 작업상 취해야 할 안전조치사항 및 작업자에 대한 안전요구사항 등을 기재하여야 한다.

④ 허가서 승인자는 작업담당자 또는 운전부서 담당자 등이 현장을 방문하여 안전보건에 대한 조치를 하였는지를 반드시 확인한 후 작업허가를 승인하여야 한다.

⑤ 작업이 근무 교대시간 이후까지 연장될 경우에는 발급자 또는 업무를 위임받은 자가 작업현장을 재확인한 후 허가서에 명시된 사항과 일치하는지를 파악하고 안전하다는 판단에 따라 안전작업허가서의 작업시간을 연장하고 다시 확인, 서명하여야 한다.

⑥ 허가서 사본 1부 또는 인쇄본 1부를 해당 작업 현장에 게시한다.

5) 허가서의 보존 등

① 해당 작업현장에 게시하였던 허가서를 회수하여 보존한다. 다만, 현장에서 측정한 가스농도 등 모든 작성내용을 입력한 전자문서의 경우에는 전자문서로 보존할 수 있다.

② 허가서의 보존기간은 1년으로 한다.

6) 허가서의 효력 등

① 허가서의 효력은 허가서상의 허가기간에서만 유지되며, 일일 정상근무시간을 초과할 수 없다. 다만, 작업자 및 허가서 발급자의 변경 없이 허가 당일 내에서 작업이 연장될 경우

에는 그러하지 않을 수 있다.

② 작업이 허가 익일까지 지속되거나 작업내용의 변경, 안전요구 사항의 변경 및 기타 조건의 변동이 있을 때는 재발급하여야 한다.

③ 식사 등으로 인하여 작업이 일시 중단되었다가 다시 작업을 재개하고자 할 때는 입회자 또는 현장 책임자로부터 안전상태를 다시 확인받은 후 서명을 득하고 작업하여야 한다.

7) 안전작업준비

(1) 작업허가 전 점검사항

작업이 행하여지는 지역의 허가서 발급자와 작업 현장 감독자 또는 작업담당자는 허가서에 서명하기 전에 작업계획서 등 신청서류, 기술자료 및 도면과 현장확인을 통하여 아래 사항을 확인·점검하여야 하고, 운전부서 책임자 및 작업부서 책임자는 확인·점검한 내용의 적정성을 검토한 후 서명하여야 한다.

① 수행작업이 밀폐공간 내에서 이루어지는지의 여부

② 수행작업에 안전상 정전(전기차단)이 필요한지의 여부

③ 수행작업이 굴착작업과 병행하여 수행되는지의 여부

④ 점검 또는 정비, 검사에 방사선사용 작업이 수행되는지의 여부

⑤ 위험지역에서 작업하는 대신 안전한 장소에서의 작업이 가능한지 여부

⑥ 인화성 물질 또는 독성물질 발생 가능성, 처리방법 및 세정방법의 적정성

⑦ 잠겨진 밸브나 막힌 배관 사이에서 액체의 열팽창 가능성

⑧ 설비 또는 기기의 내부구조(내부포켓 또는 드레인 등)상 유해·위험물질이 잔류할 가능성

⑨ 산소, 유해가스 농도 측정 및 강제환기 필요성

⑩ 초기 소화설비의 배치계획

⑪ 출입 제한구역 계획

⑫ 작업 중 현장 입회자를 두어야 할지의 여부

⑬ 고소작업으로 인한 사고 예방대책

⑭ 중장비 작업과 관련한 사고 예방대책

(2) 작업 전 조치사항

① 작업을 안전하게 하기 위하여 허가서 상의 공정 또는 운전과 관련된 안전조치 요구사항에 대한 조치시행

② 허가서상에서 요구하는 안전장구의 준비

필요한 경우 허가서에 첨부하여야 할 안전에 관한 특수 작업절차서의 작성

가. 압력용기 및 배관개방 절차서

나. 내용물 처리절차서 등

④ 작업 전 정비작업자에 대한 공정위험 및 안전교육의 실시

⑤ 작업 전 위험성평가

가. 작업 전 해당 작업수행을 위한 절차서가 마련되어 있는 경우는 위험성평가의 생략이 가능하다.

나. 해당 작업에 대한 절차서가 마련되어 있지 않은 경우에는 반드시 작업 전 위험성평가를 통하여 절차서를 마련하고 그 내용을 작업자에게 교육실시 후 작업을 수행하여야 한다.

다. 또한, (가)호의 절차서가 작성된 지 오랜 기간이 경과하여 작업시점에 유효하지 않거나 동일한 작업이 아닌 경우 작업 전 변화된 사항에 대한 추가적인 위험성평가를 수행하여 절차서를 제정 또는 개정을 한 후 그 내용을 작업자에게 교육을 한 후 작업을 수행하여야 한다.

라. 허가서 발급자는 상기 각 호에 따라 작업절차서가 위험성평가 실시 및 평가결과 반영 여부를 확인한 후 발급하여야 한다.

8) 화기작업 허가

(1) 화기작업 허가서 발급

위험지역으로 구분되는 장소에서 화기작업을 하고자 할 때에는 화기작업 허가서를 발급받아야 한다.

(2) 보충적인 작업허가서 발급

화기작업 시 아래 ①~⑥의 작업이 병행하게 될 때는 해당 보충작업허가의 종류에 체크하고 관련 요구사항 확인 및 관계자의 확인을 받아야 한다.

① 밀폐공간에서 작업 시 : 밀폐공간출입작업 허가서
② 전기 구동기계 또는 전기설비 정비 시 : 정전작업 허가서
③ 지반굴착에 의한 작업 시 : 굴착작업 허가서
④ 화기작업 후 방사선사용에 의한 검사 작업이 이루어질 때 : 방사선 사용작업 허가서
⑤ 고소작업 수행 시 : 고소작업 허가서
⑥ 중장비 사용 시 : 중장비사용작업 허가서

(3) 화기작업 시 사전 안전조치사항

화기작업 시 취하여야 할 안전조치 사항은 아래와 같다.

① 작업구역의 설정

화기작업을 수행할 때 발생하는 화염 또는 스파크 등이 인근 공정설비에 영향이 있다고 판단되는 범위의 지역은 작업구역으로 표시하고 통행 및 출입을 제한한다.

② 가스농도(인화성 및 독성 등 유해물질) 측정 및 잔류물질 확인

가. 측정대상 가스

작업대상 기기 및 작업구역 내에서 인화성 물질 및 독성 등 유해물질의 가스농도를 측정하고, 분진 등 가연성물질의 잔류 여부를 확인한다.

나. 측정자의 수준관리

가스농도 측정은 측정기기 및 작업현장에 대해 충분한 지식을 가지고 있는 자가 측정하여야 한다.

③ 차량 등의 출입제한

불꽃을 발생하는 내연설비의 장비나 차량 등은 작업구역 내의 출입을 통제한다.

④ 밸브차단 표시판 부착

화기작업을 수행하기 위하여 밸브를 차단하거나 맹판을 설치할 때는 차단하는 밸브에 밸브잠금 표지 및 맹판설치 표시판을 부착하여 실수하여 작동시키거나 제거하는 일이 없도록 한다.

⑤ 위험물질의 방출 및 처리

배관 또는 용기 등의 내부 또는 인접하여 화기작업을 수행할 때는 배관 및 용기 내의 가연성물질(독성, 불활성 등 유해물질 포함)을 완전히 비우고 세정한 후 가스농도 측정 및 분진 등의 잔류 여부를 확인한다.

⑥ 환기

밀폐공간에서의 작업을 수행할 때에는 작업 전에 밀폐공간 내의 공기를 외부의 신선한 공기로 충분히 치환하는 등의 조치(강제환기 등)를 하여야 한다.

⑦ 비산불티 차단막 등의 설치

화기작업 중 용접불티 등이 인접 인화성 물질에 비산되어 화재가 발생하지 않도록 비산불티 차단막 또는 불받이 포를 설치하고 개방된 맨홀과 하수구(sewer) 등을 밀폐한다.

⑧ 화기작업의 입회

화기작업 시 입회자로 선임된 자는 화기작업을 시작하기 전 및 작업 도중 현장에 입회하여 안전상태를 확인하여야 하며, 작업 전, 점심식사 후, 휴식 후 등 작업을 다시 시작하기 전에는 주기적인 가스농도 및 분진 농도의 측정 등 안전에 필요한 조치를 취하여야 한다.

⑨ 소화설비의 비치

화기작업 전에 비산불티 차단막, 이동식 소화기 등을 비치하고, 필요한 경우 화기작업 현장에 화재진압을 위한 소화전 또는 소방차를 대기시켜야 한다.

9) 밀폐공간 출입작업 허가

(1) 밀폐공간 출입작업 허가서 발급

밀폐공간에서의 작업을 위하여 출입을 할 때는 안전성 확보를 위하여 밀폐공간 출입 허가서를 발급받아야 한다.

(2) 밀폐공간 출입작업 허가 대상

① 산업안전보건기준에 관한 규칙 제618호 제1호에서 정한 장소

② 가열로 및 건조기 내부 등

(3) 밀폐용기의 개방 시 안전조치사항

밀폐용기의 개방 시 취하여야 할 최소한의 안전조치사항은 아래와 같다.

① 고온 또는 고압하에서 운전되었던 밀폐용기에서 작업하고자 할 때는 압력을 방출시키거나 온도를 낮추어야 한다.

② 공정물질을 제거하고 질소와 공기로 치환하여야 한다. 특히, 용기 내부의 포켓 부분 및 드레인 라인 등에 잔류될 수 있는 공정물질을 완전히 방출시켜야 한다.

③ 배관을 격리하거나 밸브의 이중잠금 또는 맹판을 설치하는 경우에는 밸브 잠금 또는 맹판 설치 표지를 부착하여야 하며, 기기 내의 모든 작동 부분은 전기 또는 기계적으로 차단되어야 한다.

④ 운전책임자는 개방대상 용기와 공정물질의 물질안전보건자료 및 내재된 위험사항에 대하여 작업자에게 특별안전보건교육을 실시하여야 한다.

⑤ 용기 내에 잔류될 수 있는 공정물질에 작업자가 폭로되지 않도록 안전장구 및 개인 보호구를 지급하고 착용 여부를 확인하여야 한다.

⑥ 배출장치가 설치되어 있지 않는 인화성 물질 또는 독성물질 취급용기를 개방할 때는 별도의 작업절차서를 작성하여 입회자의 감독하에 작업을 하여야 한다.

(4) 밀폐공간 보건작업 프로그램 수립·수행

밀폐공간에 근로자를 작업하게 하는 경우에는 다음 각 호의 내용이 포함된 밀폐공간 보건작업 프로그램을 수립·시행하여야 한다.(KOSHA guide "밀폐공간작업프로그램 시행지침" 참조)

① 작업시작 전 적정한 공기 상태 여부의 확인을 위한 측정·평가

② 응급조치 등 안전보건 교육 및 훈련

③ 송기마스크 등의 착용 및 관리

(5) 밀폐공간 출입 시 사전 안전보건 조치사항

밀폐공간 출입 시 취하여야 할 최소한의 안전보건 조치사항은 아래와 같다.

① 용기의 세척과 치환

작업자의 출입에 앞서 용기 내부 및 공정물질이 잔류할 수 있는 부분(압력계, 시료채취점 등)은 분리하여 철저하게 세척한다. 세척작업 시 수증기 또는 질소를 사용한 경우에는 반드시 공기 또는 물로 완전히 치환한다.

② 측정대상 가스

밀폐공간작업 시 아래와 같은 작업 형태와 위험 종류에 따라 산소, 탄산가스, 일산화탄소, 황화수소 또는 발생·체류 가능한 인화성, 독성 등 유해가스의 농도를 측정하여

작업허가서에 기록한다.

예)

- 세균의 번식에 의한 유기물 부패의 경우 : 산소, 탄산가스, 일산화탄소, 황화수소, 메탄
- 탄산가스를 사용하는 냉동, 소화설비 사용지역 : 산소, 탄산가스
- 불활성가스를 사용하는 공정 : 산소
- 인화성 물질 취급설비 내부 : 산소, 해당 인화성 물질
- 유해화학물질 취급설비 내부 : 산소, 해당 유해화학물질

③ 산소농도의 측정

용기 내부를 세척한 후 산소 농도 측정기를 사용하여 산소농도를 측정하고 그 결과를 허가서에 기록하고, 산소농도가 18% 이상 23.5% 미만일 때에만 용기 내의 출입을 허가한다.

④ 측정의 빈도

체류가스와 산소농도의 측정은 작업 전, 점심식사 후, 휴식 후 등 작업자가 밀폐공간에 들어갈 때마다 측정하여야 하며, 또한 농도의 변화가 의심스러울 경우에도 측정하여야 한다.

⑤ 측정점

체류가스와 산소농도의 측정점은 밀폐공간을 상·중·하로 나누어 골고루 측정한다.

⑥ 밀폐공간 출입작업의 허가 제한

용기 내의 공기질 측정결과가 안전한 상태(산소농도 18% 이상 23.5% 미만, 탄산 가스농도 1.5% 미만, 일산화탄소 30 ppm 미만, 황화수소농도 10 ppm 미만)로 확인될 때까지 용기 내에 출입을 제한하여야 한다. 특히 산소농도가 대기 농도보다 낮아진 경우 유입된 가스의 종류, 농도 및 위험도에 대해 정확히 규명한 후 용기 내의 출입을 허가하여야 한다.

⑦ 연락을 취할 수 있는 통신장비의 비치

밀폐공간 내에서의 작업자와 외부 감시인 사이에 상시 연락을 취할 수 있는 통신장비를 비치하여야 한다.

(6) 밀폐공간 내 작업 시의 수칙

밀폐공간 내에서 작업을 허가할 때는 최소한 다음 사항을 지켜야 한다.

① 송기마스크 등 호흡용 보호구, 사다리 및 섬유로우프 등 비상시에 근로자를 대피시키거나 구출하기 위하여 필요한 기구를 비치하여야 한다.

② 작업자가 구명선(life line)을 착용할 수 있을 경우 이를 착용하여야 하며, 구명선 착용이 불가능할 경우 다른 구조용 기구가 비치되어야 한다.

③ 작업 감시인은 밀폐공간 출입 시 반드시 입회하고, 필요한 경우 출입 시의 안전을 확인한 후 용기의 외부에 안전 대기조(2인 1조)를 대기하도록 조치한다.

④ 작업 감시인은 안전대 또는 구명선의 이상 유무 확인, 작업자와의 통신 및 비상시 도움을 요청할 수 있도록 통신장비를 휴대한다.

⑤ 용기 내의 환기 등

작업 전에 강제 환기하여 안전한 상태를 확인하고, 작업 중에도 계속적인 강제환기를 통하여 적정공기 상태를 유지하여야 한다.

⑦ 용기 내의 조명

용기 내의 작업 중 조명이 필요할 때에는 저전압방폭등을 사용한다.

⑧ 방폭형 공구의 사용 등

인화성 물질 등으로 인한 폭발의 위험이 있을 경우 공기작동식 공구 또는 방폭형 공구를 사용한다.

⑨ 구출 시 송기마스크 등의 사용

밀폐공간에서 위급한 근로자를 구출하는 작업자는 송기마스크 등을 착용하여야 한다.

10) 정전작업 허가

(1) 정전작업 허가서의 발급

전기설비에 의한 불꽃으로 인화성 물질의 점화원이 되거나 전기 구동기계 및 전기회로에서 작업하는 작업자가 작업 수행 중 감전의 위험이 있다고 판단되는 작업을 할 경우에는 정전작업 허가서를 발급받아야 한다.

(2) 정전작업 허가서

① 정전작업 허가시에는 사전에 전기단선도에 따라 차단하여야 할 스위치를 확인한다.

② 허가서에 차단하여야 할 기기 번호와 이름을 기재한다.

(3) 정전작업 시 안전조치 사항

① 차단하여야 할 기기의 현장 스위치를 현장 운전원이 차단한다.

② ①에 의한 현장스위치를 제외한 주 차단 스위치, 기기차단기, 시험전원 등은 전기담당자가 차단한다.

③ 전기담당자의 주차단기의 조작과 운전원의 현장 스위치의 차단은 상호 연락하여 완전히 차단되었음을 확인하고 잠금장치와 차단 표지를 부착한다.

④ 스위치의 잠금장치 열쇠(key)는 작업자 또는 전기담당자가 보관하고 표지에는 작업명, 작업시간, 작업자, 연락처 등을 기재한다.

⑤ 작업이 완료가 되면 작업자의 확인에 의하여 작업이 완료되었음을 전기담당자에게 알리고 앞의 ①~④의 역순으로 통전한다.

6.4 도급업체 안전관리계획

6.4.1 PSM 보고서 작성기준

제34조(도급업체 안전관리계획)

규칙 제50조제1항제3호 라목의 도급업체 안전관리 계획은 다음 각 호의 사항을 포함하여야 한다.

1. 목적
2. 적용 범위
3. 적용대상
4. 사업주의 의무 : 다음 각 목의 사항
   가. 법 제63조부터 제66조까지에 따른 조치 사항
   나. 도급업체 선정에 관한 사항
   다. 도급업체의 안전관리수준 평가
   라. 비상조치계획(최악 및 대안의 사고 시나리오 포함)의 제공 및 훈련
5. 도급업체 사업주의 의무 : 다음 각 목의 사항
   가. 법 제63조부터 제66조까지에 따른 조치 사항의 이행
   나. 작업자에 대한 교육 및 훈련

다. 작업 표준 작성 및 작업 위험성평가 실시 등

6. 계획서 작성 및 승인 등

6.4.2 PSM 보고서 심사기준

제47조(도급업체 안전관리 심사)

사업주가 공정 설비의 보수, 설비의 개선 및 가동 정지 후 일체 정비와 같이 공정과 설비의 안전에 관련된 업무를 도급업체로 하여금 수행하도록 할 경우 다음 각 호의 기준에 따라 안전관리가 수행되고 있는지를 심사하여야 한다.

1. 사업장의 안전보건총괄책임자가 다음 각 목의 안전관리 내용을 도급업체에 대해 시행하고 있는지 여부
   가. 도급업체 선정 시 도급업체의 안전업무 수행실적 및 능력에 관한 자료와 안전작업계획의 평가
   나. 도급업체의 작업시행 이전에 작업자들에게 화재, 폭발, 독성물질 누출위험과 예방에 관한 교육실시
   다. 도급업체의 작업자들에게 사고 발생 시의 비상조치계획 및 도급자가 취해야 할 조치요령에 관한 교육 실시
   라. 도급업체가 수행할 작업에 대하여도 안전운전지침 및 절차를 규정화하고 도급업체 작업자가 이를 준수토록 감독
   마. 도급업체 작업자의 사고나 재해발생에 대한 기록 유지와 이행 여부에 대한 정기적인
   바. 법 제63조부터 제66조까지에 따른 조치사항의 이행 여부
   사. 도급업체의 안전관리수준에 대한 정기적인 평가
2. 도급업체의 사업주가 다음 각 목의 안전관리 내용을 준수하고 있는지 여부
   가. 작업자들이 안전하게 작업을 수행할 수 있도록 교육 및 훈련이 충분히 실시되었는지를 확인할 것
   나. 작업자들이 화재, 폭발, 독성물질 누출위험과 예방에 관한 사항, 그리고 비상조치 내용을 충분히 숙지하고 있는지를 확인하고 기록하여 보존할 것
   다. 작업자가 이수한 교육 및 훈련일시와 내용 그리고 숙지상태를 기록하여 관리할 것
   라. 작업자가 안전운전지침 및 절차를 준수하고 있는지를 확인할 것
   마. 작업자가 작업 중에 인지된 위험요인이 있을 경우 이를 지체없이 사업장의 안전보건

총괄책임자에게 통보할 것

6.4.3 산업안전보건법

제63조(도급인의 안전조치 및 보건조치)

도급인은 관계수급인 근로자가 도급인의 사업장에서 작업을 하는 경우에 자신의 근로자와 관계수급인 근로자의 산업재해를 예방하기 위하여 안전 및 보건 시설의 설치 등 필요한 안전조치 및 보건조치를 하여야 한다. 다만, 보호구 착용의 지시 등 관계수급인 근로자의 작업행동에 관한 직접적인 조치는 제외한다.

제64조(도급에 따른 산업재해 예방조치)

① 도급인은 관계수급인 근로자가 도급인의 사업장에서 작업을 하는 경우 다음 각 호의 사항을 이행하여야 한다. 〈개정 2021. 5. 18.〉

1. 도급인과 수급인을 구성원으로 하는 안전 및 보건에 관한 협의체의 구성 및 운영
2. 작업장 순회점검
3. 관계수급인이 근로자에게 하는 제29조제1항부터 제3항까지의 규정에 따른 안전보건교육을 위한 장소 및 자료의 제공 등 지원
4. 관계수급인이 근로자에게 하는 제29조제3항에 따른 안전보건교육의 실시 확인
5. 다음 각 목의 어느 하나의 경우에 대비한 경보체계 운영과 대피방법 등 훈련
   가. 작업장소에서 발파작업을 하는 경우
   나. 작업장소에서 화재·폭발, 토사·구축물 등의 붕괴 또는 지진 등이 발생한 경우
6. 위생시설 등 고용노동부령으로 정하는 시설의 설치 등을 위하여 필요한 장소의 제공 또는 도급인이 설치한 위생시설 이용의 협조
7. 같은 장소에서 이루어지는 도급인과 관계수급인 등의 작업에 있어서 관계수급인 등의 작업시기·내용, 안전조치 및 보건조치 등의 확인
8. 제7호에 따른 확인 결과 관계수급인 등의 작업 혼재로 인하여 화재·폭발 등 대통령령으로 정하는 위험이 발생할 우려가 있는 경우 관계수급인 등의 작업시기·내용 등의 조정

② 제1항에 따른 도급인은 고용노동부령으로 정하는 바에 따라 자신의 근로자 및 관계수급인 근로자와 함께 정기적으로 또는 수시로 작업장의 안전 및 보건에 관한 점검을 하여야

한다.

③ 제1항에 따른 안전 및 보건에 관한 협의체 구성 및 운영, 작업장 순회점검, 안전보건교육 지원, 그 밖에 필요한 사항은 고용노동부령으로 정한다.

제65조(도급인의 안전 및 보건에 관한 정보제공 등)

① 다음 각 호의 작업을 도급하는 자는 그 작업을 수행하는 수급인 근로자의 산업재해를 예방하기 위하여 고용노동부령으로 정하는 바에 따라 해당 작업 시작 전에 수급인에게 안전 및 보건에 관한 정보를 문서로 제공하여야 한다. 〈개정 2020. 5. 26.〉

1. 폭발성·발화성·인화성·독성 등의 유해성·위험성이 있는 화학물질 중 고용노동부령으로 정하는 화학물질 또는 그 화학물질을 포함한 혼합물을 제조·사용·운반 또는 저장하는 반응기·증류탑·배관 또는 저장탱크로서 고용노동부령으로 정하는 설비를 개조·분해·해체 또는 철거하는 작업
2. 제1호에 따른 설비의 내부에서 이루어지는 작업
3. 질식 또는 붕괴의 위험이 있는 작업으로써 대통령령으로 정하는 작업

② 도급인이 제1항에 따라 안전 및 보건에 관한 정보를 해당 작업 시작 전까지 제공하지 아니한 경우에는 수급인이 정보제공을 요청할 수 있다.

③ 도급인은 수급인이 제1항에 따라 제공받은 안전 및 보건에 관한 정보에 따라 필요한 안전조치 및 보건조치를 하였는지를 확인하여야 한다.

④ 수급인은 제2항에 따른 요청에도 불구하고 도급인이 정보를 제공하지 아니하는 경우에는 해당 도급작업을 하지 아니할 수 있다. 이 경우 수급인은 계약의 이행 지체에 따른 책임을 지지 아니한다.

제66조(도급인의 관계수급인에 대한 시정조치)

① 도급인은 관계수급인 근로자가 도급인의 사업장에서 작업을 하는 경우에 관계수급인 또는 관계수급인 근로자가 도급받은 작업과 관련하여 이 법 또는 이 법에 따른 명령을 위반하면 관계수급인에게 그 위반행위를 시정하도록 필요한 조치를 할 수 있다. 이 경우 관계수급인은 정당한 사유가 없으면 그 조치에 따라야 한다.

② 도급인은 제65조제1항 각 호의 작업을 도급하는 경우에 수급인 또는 수급인 근로자가 도급받은 작업과 관련하여 이 법 또는 이 법에 따른 명령을 위반하면 수급인에게 그 위반행위를 시정하도록 필요한 조치를 할 수 있다. 이 경우 수급인은 정당한 사유가 없으

면 그 조치에 따라야 한다.

제80조(도급사업 시의 안전·보건조치 등)

① 도급인은 법 제64조제1항제2호에 따른 작업장 순회점검을 다음 각 호의 구분에 따라 실시해야 한다.

1. 다음 각 목의 사업 : 2일에 1회 이상
   가. 건설업
   나. 제조업
   다. 토사석 광업
   라. 서적, 잡지 및 기타 인쇄물 출판업
   마. 음악 및 기타 오디오물 출판업
   바. 금속 및 비금속 원료 재생업
2. 제1호 각 목의 사업을 제외한 사업 : 1주일에 1회 이상

② 관계수급인은 제1항에 따라 도급인이 실시하는 순회점검을 거부·방해 또는 기피해서는 안 되며 점검 결과 도급인의 시정 요구가 있으면 이에 따라야 한다.

③ 도급인은 법 제64조제1항제3호에 따라 관계수급인이 실시하는 근로자의 안전·보건교육에 필요한 장소 및 자료의 제공 등을 요청받은 경우 협조해야 한다.

[참조 : KOSHA guide P-95-2016 도급업체의 안전관리계획 작성에 관한 기술지침]

도급업체를 선정하기 위한 평가항목의 예시

사 업 장 명		일 시	
주 소		상주여부	
공 정 명		작 업 내 용	
대 표 자		현 장 책 임 자	

<table>
<tr><th colspan="6">항 목</th><th>배점</th><th>평점</th></tr>
<tr><td colspan="7">1. 안전에 관한 사항 (안전관리부서 평가부분)</td><td>안전</td></tr>
<tr><td colspan="6">안전관리계획서 작성·평가</td><td>4</td><td></td></tr>
<tr><td colspan="6">폐기물 분리 및 처리상태</td><td>4</td><td></td></tr>
<tr><td colspan="6">안전보호구 착용상태</td><td>4</td><td></td></tr>
<tr><td colspan="6">대표자 및 현장 책임자의 안전관리 능력</td><td>4</td><td></td></tr>
<tr><td colspan="6">안전교육 실시 현황</td><td>4</td><td></td></tr>
<tr><td colspan="6">안전시설물 설치 상태</td><td>4</td><td></td></tr>
<tr><td colspan="6">작업허가서 규정 준수 여부</td><td>4</td><td></td></tr>
<tr><td colspan="6">안전관리자의 지도·조언에 관한 실행 여부</td><td>4</td><td></td></tr>
<tr><td colspan="6">산업재해 발생 여부</td><td>8</td><td></td></tr>
<tr><td colspan="6">소 계</td><td>40</td><td></td></tr>
<tr><td>안전에 관한
평가자 소속</td><td>안전관리자</td><td colspan="2">(인)</td><td>안 전부
(과)장</td><td>(인)</td><td>안전책임
담당임원</td><td>(인)</td></tr>
<tr><td colspan="8">2. 작업에 관한 사항(생산부서 또는 공사감독부서 평가부분)</td></tr>
<tr><td colspan="6">작업관련 서류 처리 능력</td><td>3</td><td></td></tr>
<tr><td colspan="6">작업계획능력</td><td>3</td><td></td></tr>
<tr><td colspan="6">사용자재의 적합여부(도급자재일 경우에만 합산함)</td><td>(3)</td><td></td></tr>
<tr><td colspan="6">작업인원의 확보 능력</td><td>6</td><td></td></tr>
<tr><td colspan="6">작업의 특수성에 따른 숙련도</td><td>6</td><td></td></tr>
<tr><td colspan="6">작업여건의 변화에 따른 적응도</td><td>6</td><td></td></tr>
<tr><td colspan="6">작업지시의 순응도</td><td>6</td><td></td></tr>
<tr><td colspan="6">작업 공정 관리 능력</td><td>6</td><td></td></tr>
<tr><td colspan="6">작업원의 자질</td><td>6</td><td></td></tr>
<tr><td colspan="6">납기 준수 여부</td><td>6</td><td></td></tr>
<tr><td colspan="6">작업 기간 중 정리정돈 상태</td><td>6</td><td></td></tr>
<tr><td colspan="6">작업 종료 후 정리정돈 여부</td><td>6</td><td></td></tr>
<tr><td colspan="6">소 계</td><td>60(63)</td><td></td></tr>
<tr><td>작업관련
평가자 소속</td><td></td><td>성 명</td><td>(인)</td><td>부(과)장</td><td>(인)</td><td>작업담당
임원</td><td>(인)</td></tr>
<tr><td>합 계</td><td colspan="2"></td><td colspan="3">평 가 등 급</td><td colspan="2"></td></tr>
<tr><td>협력업체 평가 등급</td><td colspan="7">양호 : 90점 이상, 보통 : 70점 이상~90점 미만, 불량 : 70점 미만</td></tr>
</table>

6.5 근로자 등 교육계획

6.5.1 PSM 보고서 작성기준

제35조(근로자 등 교육계획)

규칙 제50조제1항제3호 마목의 근로자 등 교육계획은 다음 각 호의 사항을 포함하여야 한다.

1. 목적
2. 적용 범위
3. 교육대상
4. 교육의 종류
5. 교육계획의 수립
6. 교육의 실시
7. 교육의 평가 및 사후관리

6.5.2 PSM 보고서 심사기준

제48조(공정·운전에 대한 교육·훈련)

공정운전자 및 정비작업자가 해당 공정에 대하여 다음 각 호의 기준에 따라 교육을 이수하였는지를 심사하여야 한다.

1. 공정 상세도면의 이해를 위한 제조공정, 안전운전 지침 및 절차 등에 관한 교육내용의 포함 여부
2. 사업장 안전보건총괄책임자는 공정운전원이 충분한 교육과 훈련을 통하여 공정운전에 관한 지식과 기술 그리고 충분히 안전하게 운전할 능력을 갖추었음을 확인하고 해당 공정 운전 자격을 부여하고 있는지 여부
3. 사업장에서 최소한 3년마다 1회 이상 교육을 실시하고 있으며, 교육 시마다 해당 공정운전 능력이 충분함을 확인하고 있는지 여부
4. 사업장 안전보건총괄책임자는 공정운전원, 정비원 및 하도급업자에 대한 교육·훈련 실시 내용과 공정운전 자격 부여 현황을 기록 보존하고 있는지 여부

6.5.3 PSM 보고서 작성지침(KOSHA Guide)

1) 용어의 정의

① "공정안전교육훈련"이라 함은 사업주가 작성한 공정안전보고서의 내용에 대한 교육훈련을 말한다.

② "도급"이라 함은 명칭에 관계없이 물건의 제조·건설·수리 또는 서비스의 제공, 그 밖의 업무를 타인에게 맡기는 계약을 말한다.

③ "수급인"이라 함은 도급인으로부터 물건의 제조·건설·수리 또는 서비스의 제공, 그 밖의 업무를 도급받은 사업주를 말한다.

2) 교육훈련의 종류

① 일반안전·보건교육훈련

일반안전·보건교육훈련은 산업안전보건법, 같은 법 시행령, 시행규칙 및 관련고시에서 정하는 교육을 포함한다.

② 공정안전교육훈련

공정안전교육훈련은 공정안전자료, 위험성평가, 안전운전계획 및 비상조치를 포함한다.

③ 수급업체 근로자 및 일용근로자에 대한 교육훈련

수급업체 근로자 및 일용근로자에 대한 교육훈련은 화재·폭발 발생, 유해위험물 누출 등 비상시의 조치절차 및 출입 시 준수해야 할 사항 등을 포함한다.

3) 교육훈련계획의 수립

① 사업주는 연간 교육훈련계획을 늦어도 당해연도 초에 확정하여야 한다.

② 안전관리자는 교육훈련계획의 작성을 위하여 관리감독자 등으로 하여금 당해 부서의 교육훈련계획을 제출하게 할 수 있다.

③ 교육훈련계획에는 다음 사항을 포함하여야 한다.

가. 교육훈련 목적, 범위, 대상, 방법 및 인원

나. 교육훈련의 종류, 과정, 교육훈련 과목 및 교육훈련 내용

다. 교육훈련 시기, 횟수 및 시간

라. 교육훈련 방법 및 강사

마. 교육훈련 성과측정 및 평가 방법

④ 교육훈련 계획의 작성 시에는 전년도 교육훈련 결과보고서 내용과 근로자대표(산업안전보건위원회가 설치된 경우 근로자 위원)의 의견을 적절히 반영하여 자발적인 참여가 이루어질 수 있도록 하여야 한다.

4) 교육훈련의 실시

(1) 일반사항

① 교육훈련의 내용 및 시간은 시행규칙 제26조(교육시간 및 교육 내용) 제1항의 규정에서 정한 바에 따른다. 다만, 비상조치훈련은 연 1회 이상 정기적으로 실시하여야 한다.

② 교육훈련 강사는 안전보건관리책임자, 관리감독자, 안전관리자, 보건관리자, 안전보건담당자, 강사요원 교육과정 이수자, 산업보건의, 산업안전지도사, 산업보건지도사, 공정기술자, 정비기술자, 고급운전자, 기계·전기 기술자 또는 이에 준하는 사내외의 관련분야의 전문가로 한다.

③ 교육훈련을 실시할 때는 교육훈련에 필요한 적합한 교재와 적절한 교육훈련장비 등을 사용하여야 한다. 작성된 교재는 안전관리자, 보건관리자 등의 검토를 받아야 한다.

④ 사업주는 교육훈련에 필요한 설비·장비 및 기타 편의를 제공하여야 한다.

⑤ 교육훈련은 학습, 강의, 시청각 교육, 토의, 현장실습, 전산망 등 다양한 방법으로 실시할 수 있다.

⑥ 교육훈련은 가능한 한 실제상황에 가까운 조건하에서 실시하여야 한다.

(2) 일반안전·보건교육 훈련

근로자 등은 산업안전보건법 제29조(안전·보건교육), 제110조(물질안전보건자료의 작성 및 제출), 제114조(물질안전보건자료의 게시 및 교육), 같은 법 시행규칙 제33조(교육시간 및 교육내용), 제156조 내지 제171조와 관련된 물질안전보건자료에 관한 교육의 시기·내용 등 및 산업안전보건 교육규정(고용노동부 고시 제2020-21호)이 정하는 바에 따라 규정된 시간 이상의 교육훈련을 실시하여야 한다.

(3) 공정안전교육훈련

① 공정안전교육훈련은 공정의 특성·설비의 복잡성·취급물질의 위험성·운전상의 난이도 등을 감안하여 담당 직무별로 실시하되, 특히 화학설비 등의 설치, 개·보수, 촉매

교체 등 주요 위험시설의 안전운전을 위해서는 다음의 내용을 포함시켜야 한다.

가. 설비 전 공정에 관한 공정안전자료

나. 공정위험성평가서 및 잠재위험에 대한 사고예방·피해최소화 대책

다. 안전운전계획

- 안전운전지침서
- 설비점검·검사 및 보수계획, 유지계획 및 지침서
- 안전작업허가
- 도급업체 안전관리계획
- 가동 전 점검지침
- 변경요소 관리계획
- 자체감사 및 사고조사계획
- 기타 안전운전에 필요한 사항

라. 비상조치계획

- 사고발생 시 각 부서·관련 기관과의 비상연락체계
- 사고발생 시 비상조치를 위한 조직의 임무 및 수행절차
- 비상조치계획에 따른 교육훈련계획
- 주민홍보계획
- 기타 비상조치관련 사항

② 공정안전교육훈련은 지속적으로 반복해서 실시하되, 매 3년마다 1회 이상 정기적으로 재교육을 실시하여야 한다.

③ 신규설비 또는 변경된 공정·설비에 대한 공정안전 교육훈련은 설비의 시운전 전에 해당 근로자에게 작업내용 변경 시 교육을 실시하여야 한다.

(4) 수급업체 근로자 및 일용근로자에 대한 교육훈련

① 동일한 장소에서 행하는 사업의 일부를 일상적으로 행하는 수급업체의 근로자 교육훈련은 수급인인 사업주가 실시하는 것을 원칙으로 한다. 다만 수급인인 사업주가 실시하는 교육훈련에 수급업체의 근로자를 참여하게 하거나 또는 다음의 내용을 실시할 수 있다.

가. 화재·폭발발생, 유해위험물 누출 등 비상시의 조치절차 교육훈련

나. 수급인인 사업주가 행하는 교육훈련에 필요한 장소 및 자료의 제공, 비상조치훈련 지원 등

② 사업장 내에서 임시로 행하는 수급업체 근로자

임시로 행하는 수급업체의 근로자교육훈련은 도급발주부서 등의 관리감독자가 작업 전에 다음의 내용에 대하여 특별교육을 실시하여야 하며, 필요한 경우 소정의 교재를 제공하고, 이를 수급인 등에게 위임할 수 있다.

가. 작업지역 내에서 지켜야 할 안전수칙

나. 출입 시 준수해야 할 사항

다. 안전작업허가서 발행대상 작업인 경우 그 절차와 안전조치 사항

라. 동 작업과 관련된 동종 유사재해 사례

마. 작업시행 이전에 작업자들에게 화재, 폭발, 독성물질 누출위험과 예방에 관한교육

바. 비상시 조치 사항

③ 임시로 행하는 일용근로자

가. 임시로 행하는 일용근로자교육훈련은 매 작업 전 당해 관리감독자가 당해작업과 관련된 내용에 대하여 특별교육을 실시하여야 한다.

나. 건설업 기초안전보건교육을 이수한 근로자의 경우에도 작업장 특성에 맞게 특별교육을 추가로 실시하여야 한다.

④ 수급업체교육계획은 다음 각 호의 사항이 포함되어 있는지를 확인하고, 필요한 경우에는 도급업체와 상호협의하여 조정하여야 한다.

가. 교육훈련 목적, 범위, 대상, 방법 및 인원

나. 교육훈련의 종류, 과정, 교육훈련 과목 및 교육훈련 내용

다. 교육훈련 시기, 횟수 및 시간

라. 교육훈련 방법 및 강사

마. 교육훈련 성과측정 및 평가 방법

바. 사업주의 의무사항

사. 도급업체 사업주의 의무사항

아. 계획서 작성 및 승인 등

자. 교육훈련 결과기록 보존

차. 기타 도급업체와 협조사항

5) 교육훈련의 평가 및 사후관리

① 교육훈련 실시 후에는 시험, 질문, 관찰 등의 객관적인 방법으로 성과를 측정하고 결과에 대한 평가를 할 수 있다.

② 교육훈련의 평가는 개별, 부서별 또는 도급업체에서 주관한 교육의 경우에는 수급업체별로 실시할 수 있다.

③ 교육훈련 성과평가 결과, 일정 기준 이상의 근로자 등에게는 자격증을 부여하고 이를 관리 할 수 있다.

④ 모든 교육훈련의 성과측정과 결과평가 시에는 근로자 또는 근로자 대표를 참여시킬 수 있다.

⑤ 공정안전교육훈련을 이수한 근로자에 대하여 평가한 결과, 일정 기준 미만의 근로자와 공정안전교육훈련을 불참한 근로자에 대하여는 재교육을 실시할 수 있다.

⑥ 교육을 이수한 근로자 등에게는 교육필증을 발급하고, 교육필증 미소지자는 현장 출입을 금하게 할 수 있다.

6.6 가동 전 점검지침

6.6.1 PSM 보고서 작성기준

제36조(가동 전 점검지침)

규칙 제50조제1항제3호 바목의 가동 전 점검지침에는 다음 각 호의 사항을 포함하여야 한다.

1. 목적
2. 적용 범위
3. 점검팀의 구성
4. 점검 시기
5. 점검표의 작성
6. 점검보고서
7. 점검 결과의 처리

6.6.2 PSM 보고서 심사기준

제49조(가동 전 안전점검)

사업장에서 새로운 설비를 설치하거나 공정 또는 설비의 변경 시 시운전 전에 안전점검을 실시하고 있는지를 심사하여야 한다. 시운전 전의 안전점검은 최소한 다음 각 호의 사항이 확인되어야 하며, 점검 결과를 기록·보존하여야 한다.

1. 추가 또는 변경된 설비가 설계기준에 맞게 설계되었는지의 확인 여부
2. 추가 또는 변경된 설비가 제작기준대로 제작되었는지와 규정된 검사에 의한 합격판정의 확인 여부
3. 설비의 설치공사가 설치기준 또는 사양에 따라 설치되었는지의 확인 여부
4. 안전운전 절차 및 지침, 정비기준 및 비상시 운전절차가 준비되어 있는지와 그 내용이 적절한지의 확인 여부
5. 신설되는 설비에 대하여 위험성 평가의 시행과 평가 시 제시된 개선사항이 이행되었는지의 확인 여부
6. 변경된 설비의 경우 규정된 변경관리 절차에 따라 변경되었는지의 확인 여부
7. 신설 또는 변경된 공정이나 설비의 운전절차에 대한 운전원의 교육·훈련과 이를 숙지하고 있는지의 확인 여부

6.7 변경요소 관리계획

6.7.1 PSM 보고서 작성기준

제37조(변경요소 관리계획)

규칙 제50조제1항제3호 사목의 변경요소 관리계획은 다음 각 호의 사항을 포함하여야 한다.

1. 목적
2. 적용 범위
3. 변경요소 관리의 원칙
4. 정상변경 관리절차
5. 비상변경 관리절차
6. 변경관리위원회의 구성

7. 변경 시의 검토항목
8. 변경업무 분담
9. 변경에 대한 기술적 근거
10. 변경요구서 서식 등

6.7.2 PSM 보고서 심사기준

제50조(변경요소관리)

사업장이 제조공정에서 취급되는 화학물질의 변경이나 제조공정의 변경, 장치 및 설비의 주요구조 변경 또는 각종 운전·작업 절차의 변경이 있을 경우에 다음 각 호의 기준에 따라 변경관리가 수행되고 있는지를 심사하여야 한다.

1. 변경관리의 대상에 최소한 다음 각 목의 사항이 포함되어 있는지 여부
   가. 신설되는 설비와 기존 설비를 연결할 경우의 기존 설비
   나. 기존 설비의 변경은 없어도 운전조건(온도, 압력, 유량 등)을 변경할 경우
   다. 제품생산량 변경은 없으나 새로운 장치를 추가, 교체 또는 변경할 경우
   라. 경보 계통 또는 계측제어 계통을 변경할 경우
   마. 압력방출 계통의 변경을 초래할 수 있는 공정 또는 장치를 변경할 경우
   바. 장치와 연결된 비상용 배관을 추가 또는 변경할 경우
   사. 시운전 절차, 정상조업 정지절차, 비상조업 정지 절차 등을 변경할 경우
   아. 위험성평가·분석 결과 공정이나 장치·설비 또는 작업절차를 변경할 경우
   자. 첨가제(촉매, 부식방지제, 안정제, 포말생성방지제 등)를 추가 또는 변경할 경우
   차. 장치의 변경 시 필연적으로 수반되는 부속설비의 변경이나 가설설비의 설치가 필요할 경우
2. 변경관리 방법에 있어서 먼저 변경 시의 절차를 규정화하여 실행하는 체계를 구축하고 있는지 여부
3. 변경 절차에 변경 전 다음 사항을 검토하도록 하는 내용이 포함되었는지 여부
   가. 변경계획에 대한 공정 및 설계의 기술적 근거의 타당성 여부
   나. 변경 부분의 전·후 공정 및 설비에 대한 영향
   다. 변경 시 안전·보건·환경에 대한 영향
   라. 변경 시 뒤따르는 운전 절차상의 수정 내용의 타당성 여부
   마. 변경 일정의 적합성 여부

바. 변경 시 관련 기관에 필요한 보고 업무 등

4. 사업장에서 변경 이전에 변경할 내용을 운전원, 정비원 및 도급업체 등에게 정확히 알려주고, 변경 설비의 시운전 이전에 이들에게 충분한 훈련을 실시하고 있는지 여부
5. 변경 시 공정안전 기술자료의 변경이 수반될 경우에는 이들 자료의 보완이 즉시 이행되고 있는지 여부
6. 운전절차, 안전작업허가절차 및 도급작업절차 등 안전운전 관련자료의 변경이 수반될 때도 즉시 변경되는지 여부

6.7.3 PSM 보고서 작성지침(KOSHA Guide)

1. 목적

이 지침은 공장 내에서 공정, 기술, 절차, 설비 등을 변경할 때 변경 요소 관리 절차에 따른 안전검토, 점검 및 사후관리를 시행하여 변경에 따르는 위험을 미연에 방지하고 도면이나 절차서 등 문서가 현장과 일치되어 안전관리가 이루어지게 하는 데 목적이 있다.

2. 적용 범위

이 지침은 설비 증설 또는 변경 등 변경 요소 관리(이하 “변경관리”라 한다)가 요구되는 공정, 기술 및 절차 등의 변경에 적용한다. 다만, 단순 교체는 변경관리에 적용하지 않는다.

3. 용어의 정의

① “단순 교체”라 함은 기존 설비와 동일한 것으로 바꾸는 것을 말한다.
② “변경”이라 함은 변경 요소가 하나라도 다른 경우로, 기존 설비와 다르게 교체하거나 증설 또는 감축하는 것을 말한다.
③ “정상변경”이라 함은 계획에 의한 변경으로 정상변경 절차에 따라 실시되는 것을 말한다.
④ “비상변경”이라 함은 긴급을 요할 경우에 실시하는 변경으로, 정상변경 절차를 따르지 않고, 실시하는 것을 말한다.
⑤ “임시변경”이라 함은 변경이 완료되면 원상복구가 가능한 단기간 내 일시적으로 이루어지는 변경을 말한다.

4. 변경

4.1 변경 요소 관리의 원칙

① 수행함으로써 추가되는 위험이 없도록 제안된 변경 내용을 충분히 검토하여야 한다.

② 변경의 결과로서 요구되는 새로운 절차와 자료 등을 검토하여 개정하여야 한다.

③ 변경에 관련된 안전운전절차서, 공정안전자료, 공정운전, 정비교육교재 및 설비·정비대장 등의 서류를 수정 또는 보완하여야 한다.

④ 시설이나 개별기계의 기록들을 보완한다.

4.2 변경판정

① 제안된 내용이 변경 또는 단순교체인지를 확인하고 확실한 판단이 되지 않을 경우에는 변경관리위원회의 판정에 따른다.

② 단순교체인 경우에는 일상 정비작업 일지에 기재하고 시행한다.

③ 긴급한 상황으로 우선 처리가 필요한 경우에는 비상변경절차에 따른다.

4.3 변경관리 등급

4.3.1 변경관리 등급제안된 변경관리 대상에 대해서는 등급(MOC classes : management of change classes)을 구분한다.

① 등급 1(class 1)

체계적인 위험성평가를 수행하여야 할 필요가 있는 공정 설비의 증설, 원료 변경 또는 물질수지와 같은 복합적인 변경인 경우로, 반드시 변경관리위원회의 심의 및 승인이 필요한 변경

② 등급 2(class 2)

단일공정 내 설비의 변경 또는 일부 생산품질에 영향을 주는 변경인 경우로, 변경관리위원회의 심의 및 승인이 필요한 변경

③ 등급 3(class 3)

다음과 같은 공정, 설비 또는 안전에 영향을 주지 않은 변경인 경우로, 변경 발의부서 또는 기술부서의 장이 자체적으로 수행이 가능한 변경

가. 공정용기, 저장용기 또는 기기

나. 소방설비

다. 공정 내 취급 물질 량의 증가나 감소

라. 안전장치 추가 또는 감소

4.3.2 변경관리 등급의 구분

① 변경관리 등급은 사업장별 자체 점검표(checklist) 등 변경관리 등급 기준을 정하여 이에 따라 구분한다.

② 등급의 분류는 최소한 2명의 검토자가 검토한 후 변경 발의부서의 장 또는 변경관리 위원회에 의해 승인되도록 한다.

③ 체계적인 위험성 평가가 생략된 경우에도 최소한 검토 및 승인과정에 대한 목록을 작성하여 관리하여야 한다.

④ 변경관리의 등급분류에 대한 적정 여부는 자체감사 시에 다시 확인·평가되도록 한다.

4.4 임시변경

① 임시변경도 변경 요소 관리에 포함되어야 한다.

② 임시변경은 제한된 시간 내에서 관리되어야 한다.

③ 임시변경을 실시한 설비와 절차는 변경이 해지되면 원상복구 하여야 한다.

5. 변경관리 절차

5.1 정상변경 절차

① 발의자는 변경요구서를 작성한다. 발의자의 이름, 요구일자, 설비, 변경 요구가 비상인지 여부, 변경의 개요와 의견 등이 포함된다. 변경의 개요에는 도면, 스케치, 기타 서류 등을 첨부하여 가능한 상세하게 기술한다. 이러한 자료에는 변경을 요구하는 발의자의 기술적 소견이 담겨있어야 한다.

② 변경관리 위원회는 이 요구서를 접수하고, 필요성을 조사, 변경의 승인 여부 결정, 승인 여부의 논리적 근거를 기록하여 발의자에 서면 통보한다.

③ 변경관리 위원회는 요구사항을 검토하기 위하여 검토를 책임질 부서와 전문가를 지정한다.

④ 검토자는 할당받은 사항에 대한 기술 및 안전성 검토를 하여, 그 결과를 위원회에 제출한다.

⑤ 변경관리 위원회는 최종 검토 후 승인 여부를 결정하고 시행을 지시한다.

⑥ 변경관리 위원회는 변경 완료 사항을 검사·확인하고 변경에 관련된 제반서류 및 도서에 변경 내용을 기록하여 보관한다.

5.2 비상변경 절차

① 긴급을 요할 경우에는 정상 변경 절차에 따르지 않고 변경을 지시하고 완료를 요구할 수 있다. 일과 후, 주말, 휴일 등에 발생하는 긴급한 변경은 별도의 절차를 마련하여 시행한다.

② 인명피해, 장비손상, 환경파괴 또는 심각한 경제적 손실을 피하기 위하여 즉시 변경이 요구되는 경우에는 담당자가 비상 발의한다.

③ 비상발의자는 운전부서의 장 및 안전·보건총괄 책임자의 승인을 받는다. 필요 시 유선으로 보고하고 승인을 득할 수 있다.

④ 변경발의자는 변경요청서를 작성하여 변경관리 위원회에 제출한다. 신속처리를 요청하기 위하여 변경요청서에 비상표시를 한다.

⑤ 변경관리 위원회는 변경요청서를 검토하여 변경 시행된 사항을 계속 유지하여 운전할 것인가를 결정한다. 만약 위원회가 변경 내용을 승인하면 그 변경 내용은 정상변경관리 절차에 따라 결정된 것으로 이후 절차는 정상변경관리 절차에 따른다.

6. 변경관리 위원회

6.1 변경관리 위원회 구성 변경관리 위원회는 3인 이상의 위원으로 구성한다.

① 공정기술자

② 정비기술자

③ 운전기술자

④ 필요한 경우 기계기술자

⑤ 필요한 경우 전기계장기술자

6.2 변경관리 위원의 임명

변경관리 위원은 공장장이 임명한다.

6.3 변경관리 위원회 활동내용

① 모든 변경을 승인한다.

② 변경을 요구하는 발의자에게 변경의 승인 여부와 그 이유를 통지한다.

③ 변경에 관련된 요구사항을 검토하기 위하여 필요 시 검토를 책임질 부서와 전문가를 지정한다.

④ 모든 변경의 기록을 유지하고 요구되는 검사가 시행되도록 한다.

7. 변경검토 관리

7.1 최초 변경관리 위원회 검토

① 발의자로부터 처음 변경요구서를 접수했을 때 변경관리 위원회는 최초 검토를 수행한다.

② 변경관리 위원회는 제안된 변경의 어려운 정도를 파악하여 어떤 검토가 필요한가를 결정하고 각 검토 항목마다 검토자를 지정하여 요구서에 지시한다.

7.2 전문가 검토

① 지정된 전문가는 해당 항목을 상세하고 광범위하게 검토한다.

② 검토를 마친 전문가는 검토 결과를 서류로 첨부하여 변경관리 위원회로 통보한다.

7.3 최종 변경관리 위원회 검토

① 변경관리 위원회는 각 전문가로부터 검토사항을 접수하여 최종 검토를 수행한다.

② 변경의 승인 여부를 결정한다.

③ 승인 여부를 변경요구서에 기재한다.

④ 승인 여부의 이유를 변경요구서에 기재한다.

7.4 변경관리 위원회 비상 변경 검토

① 변경이 비상 변경 절차에 따라 3명의 자격자에 의하여 결정되고 실시되었을 경우 변경관리 위원회는 그 결정과 실시에 대한 검토를 한다.

② 변경관리 위원회는 변경의 계속 허용 여부를 결정하여 변경이 허용되면 그 변경은 영구화된다.

7.5 변경실행 주관부서의 감독 변경관리 위원회가 변경 요구를 승인하였을 경우 변경실행 주관부서는 변경요청서에 결재를 하고 그 시행을 지시한다.

7.6 변경 시 검토 및 보완항목

① 기본설계 검토

② 안전설계 검토

③ 환경사항 검토

④ 장비검사기록 보완

⑤ 화기작업 및 밀폐작업 절차 검토

⑥ 신설 또는 보완된 정비 절차서

⑦ 정비기록보완

⑧ 정비업체 교육

⑨ 신설 또는 보완된 운전절차

⑩ 운전원 교육

⑪ 운전절차서 보완

⑫ 변경 완료 검사

⑬ 가동 전 안전점검

⑭ 공정안전정보 보완

공정안전정보에 포함되는 내용은 다음과 같다.

가. 물질안전자료(MSDS)

나. 공정개략도(block flow diagram) 또는 공정도면(PFD)

다. 화학공정

라. 최대 예상 재고품

마. 안전 상한 하한치

바. 공정위험평가 결과

사. 사용재료

아. 공정상세도면(P&ID)

자. 전기도면, 사양 및 제어도면

차. 릴리프 시스템 설계 및 기준

카. 환기시스템 설계

타. 설계기준 및 표준

파. 열 및 물질수지

⑮ 공정위험성 평가

⑯ 예비품 점검

⑰ 감독 및 판정

⑱ 기체·액체 상태 이송설비의 충격

⑲ 기타

8. 변경관리 업무 분담

8.1 업무분담

① 변경관리등급이 class 3인 담당부서 책임자의 체크리스트 점검으로 충분하다. 담당부서 책임자는 상호 관련 있는 타 부서원들과 충분한 의견 교환을 한다.

② 변경관리등급이 class 1, 2인 운전·정비·안전부서의 의견을 수렴 및 승인을 얻는 위험성평가 절차를 따른다.

③ 위험성평가 방법은 class 등급에 따라 적합한 기법을 달리 선정·운영할 수 있다.

8.2 담당부서

① 변경요구서의 발의자는 변경을 위하여 검토가 필요한 항목을 지정한다.

② 변경을 위하여 검토가 필요한 항목들은 설비담당 부서의 자격자나 책임자가 책임을 지고 검토한다.

6.8 자체감사 계획

6.8.1 PSM 보고서 작성기준

제38조(자체감사 계획)

규칙 제50조제1항제3호 아목의 자체감사 계획은 다음 각 호의 사항을 포함하여야 한다.

1. 목적
2. 적용 범위
3. 감사계획
4. 감사팀의 구성
5. 감사 시행

6. 평가 및 시정
7. 문서화 등

6.8.2 PSM 보고서 심사기준

제51조(자체감사)

사업장에서는 공정안전관리가 규정대로 이행되고 있는지를 평가·확인하기 위하여 1년마다 자체감사가 실시되고 있는지를 다음 각 호의 기준에 따라 심사하여야 한다.

1. 자체감사 시에는 사용 중인 안전작업지침 및 절차 등 각종 기준과 절차가 현재의 공정 및 설비에 적합한지 여부
2. 자체감사팀에는 감사대상 공정에 전문적인 지식을 갖춘 사람 1명 이상이 참여하고 있는지 여부
3. 자체감사에서 제시된 평가·분석 결과에 따라 지속적인 조사·연구가 필요하거나 정밀검토가 필요한 사항에 대해서는 지속적인 조사·연구가 이루어지고 있는지 여부
4. 자체감사에서 도출된 문제점에 대해서는 필요한 조치가 이행되어야 하며 그 내용을 문서로 기록 관리하고 있는지 여부
5. 자체감사 보고서를 3년 이상 보관하고 있는지 여부

6.8.3 PSM 보고서 작성지침(KOSHA Guide)

1. 목적

이 지침은 공장 내에서 공정안전관리 내용을 성실하게 이행하고 있는지의 여부를 확인할 수 있는 자체감사에 대한 계획과 시행의 절차를 정하는 데 목적이 있다.

2. 적용 범위

이 지침은 공장 내에서 공정안전관리가 각 담당부서에서 성실히 이행하고 있는지의 여부를 확인하기 위한 자체감사를 할 때 적용한다. 공정안전관리 대상은 다음과 같다.

① 공정안전자료
② 공정위험성 평가 및 사고예방 피해최소화 대책

③ 안전운전계획

④ 비상조치계획

3. 감사계획

3.1 계획수립

① 감사를 시행할 필요가 있을 때는 훈련된 팀을 조직하거나 훈련된 개인을 선정하여 감사업무를 전담하게 할 수 있도록 한다.

② 감사 전에 감사에 필요한 감사 방법, 서식, 감사일정 계획 등을 작성한다.

3.2 서식

① 서식은 감사요원이 공정안전보고서의 내용을 감사하는데 필요한 KOSHA guide P-105-2017을 참조하여 작성한다.

② 서식은 감사내용 및 감사 결과에 대한 시정내용을 기재할 수 있어야 한다.

③ 시정내용을 사후 관리할 수 있도록 작성되어야 한다.

④ 감사요원들의 소속과 성명을 기입할 수 있도록 한다.

⑤ 공정안전보고서의 내용들을 빠트리지 않고 감사를 실시할 수 있도록 감사점검표를 작성한다.

3.3 감사 주기

감사대상 사항들이 적어도 1년마다 감사가 시행될 수 있도록 감사 주기를 정한다.

4. 감사팀의 구성

4.1 감사팀의 구성

① 감사요원은 경력, 지식, 교육수준 정도에 따라서 선발한다.

② 감사요원은 공정, 감사기술, 절차 등을 잘 알고 있고 시행에 능숙한 사람으로 한다.

③ 설비나 지역을 감사할 때 공정하게 시행할 수 있는 사람으로 한다.

④ 감사팀의 규모는 감사해야 할 공장의 크기와 복잡함에 따라 정한다.

⑤ 소규모 공정이나 공장의 경우에는 1인의 요원으로 감사를 시행할 수 있다.

⑥ 공정이 복잡하고 계측제어 설비를 갖춘 공장일 경우에는 다음 분야의 전문가들을 포

함한다.

가. 설계

나. 공정기술

다. 계측제어

라. 전기 및 방폭기술

마. 검사 및 정비

바. 비상조치계획

사. 안전관리

⑦ 전문기술이 필요할 때에는 해당분야 전문가를 임시요원으로 활용할 수 있다.

4.2 감사팀의 임명

감사팀은 공장장이 임명한다.

5. 감사시행

5.1 서류감사

① 공정안전관련 정보 및 서류들을 검토한다.

② 감사절차와 점검표를 사용하여 표준, 규정 및 기타 관련 정책과 비교하여 조직적인 분석을 한다.

③ 서류의 내용의 적정성, 빈도의 적합성, 효율성 등이 표준에서 요구하는 목표와 목적에 부합되는지를 판단한다.

5.2 현장감사

안전·보건 정책 및 절차, 작업허가절차 등에 대한 현장에서의 실제 수행사항을 관찰한다.

5.3 면담

① 모든 계층의 공장 관련 담당자들을 면담한다.

② 면담을 통하여 근로자들이 안전수칙, 작업절차, 비상조치사항 등에 대한 내용을 숙지하고 있고 실천하고 있는지를 판단한다.

6. 평가 및 시정

6.1 평가

① 통계자료 등을 충분히 수집하여 검토하고 회사의 기준에 따라서 확인한다.

② 모든 자료들을 전부 검토할 수 없을 경우에는 감사 결과에 신뢰성을 저해하지 않는 범위에서 표준 감사를 할 수 있다.

③ 감사팀은 감사자료들을 체계적으로 분석하여 철저한 공정안전관리의 시행과 효과적인 시행을 위해 필요한 제반 시정 요구사항들을 문서화하여야 한다.

④ 정보의 분석, 결함사항의 확인, 시정작업 권고 등 감사 조사결과를 감사보고서를 작성하여 공장장에게 제출한다.

6.2 시정작업

① 공장장은 감사보고서에 지적된 각각의 사안에 대하여 즉시 경영적인 측면에서 검토하여 시정작업의 이행 여부를 결정한다.

② 관리적 측면의 검토에는 어떤 작업이 적합한지를 결정해 주고 우선순위, 작업일정, 장비배치, 요구사항, 의무 등을 지정해 주는 것이 포함된다.

③ 시정작업의 수행은 다음과 같은 종류로 구분할 수 있다.

가. 시정작업이 필요 없는 경우

나. 절차의 간단한 변경 또는 관련된 설비의 간단한 정비나 변경으로 즉시 시정작업을 수행할 수 있는 경우

다. 설계도면의 검토나 절차의 수행을 위한 상세한 조사가 필요한 경우

④ 모든 시정작업 수행은 적절한 변경요소 관리 절차에 따른다.

⑤ 결함에 대한 시정작업 수행이 완료되면 시정작업에 대한 작업개요, 목적, 이유 등을 기재한 시정작업 보고서를 작성한다.

⑥ 시정작업이 필요 없는 경우에는 해당 이유를 시정작업 보고서에 기재한다.

7. 문서

7.1 문서보존

① 감사절차서, 감사보고서 및 시정작업보고서 등 감사 관련 보고서는 문서로 작성한다.

② 감사결과보고서 및 시정작업보고서는 차기 감사를 위하여 문서화하여 3년 이상 보관

한다.

7.2 자체감사 결과보고서 작성

① 공정안전보고서 자체감사 점검표 또는 공정안전보고서 자체감사 결과표의 항목이 공정안전보고서 내용에 해당되지 않는 경우에는 "면담결과 또는 감사결과"란에 "해당없음"으로 표시한다.

② 감사반장은 자체감사 결과 부적합 사항에 대해 양식에 따라 "공정안전보고서 자체감사결과 보완 및 시정계획서"를 작성하고, 자체감사결과를 요약하여 강평을 실시한다.

6.9 공정사고 조사계획

6.9.1 PSM 보고서 작성기준

제39조(공정사고 조사계획)

규칙 제50조제1항제3호 아목의 사고조사 계획은 다음 각 호의 사항을 포함하여야 한다.

1. 목적
2. 적용 범위
3. 공정사고 조사팀의 구성
4. 공정사고 조사보고서의 작성
5. 공정사고 조사 결과의 처리

6.9.2 PSM 보고서 심사기준

제52조(공정사고조사)

중대산업사고가 발생하거나 중대산업사고를 일으킬 요인을 제공할 수 있는 공정사고가 발생한 경우 사업주가 사고조사를 실시하고 있는지를 다음 각 호의 기준에 따라 심사하여야 한다.

1. 공정사고조사는 사고발생 즉시 실시하여야 하며 늦어도 사고 발생 후 24시간 이내 조사가 시작되었는지 여부
2. 공정사고조사팀에는 사고공정 및 시설에 대한 지식과 경험이 풍부한 사람 1명 이상과

사고조사 및 분석 방법에 경험이 있는 전문가로 구성되었는지 여부

3. 공정사고조사 보고서에는 최소한 다음 각 목의 사항이 포함되었는지 여부
   가. 사고발생 일시와 조사 일시
   나. 사고발생 개요와 사고발생 원인
   다. 개선해야 할 내용과 재발방지 대책
4. 사고조사 보고서에 사고와 관련이 있는 공정운전 전문가와 개선 및 방지대책 수행 책임부서 전문가가 최종적으로 검토·확정하고 있는지 여부
5. 사고조사 보고서에서 제시된 개선해야 할 사항과 재발방지 대책을 수행하기 위하여 책임부서를 지정하고 있으며, 수행 결과를 서류화하여 정확한 수행 여부를 관리하고 있는지 여부
6. 사고조사 보고서를 5년 이상 보관하고 있는지 여부

6.9.3 PSM 보고서 작성지침(KOSHA Guide)

1. 목적

이 지침은 공장 내에서 발생한 공정사고 및 중대산업사고로 발전될 수 있었던 아차사고를 조사하고 이를 예방하기 위한 개선을 수행하게 하는 데 목적이 있다.

2. 적용 범위

이 지침은 공정사고 및 중대산업사고로 발전될 수 있었던 아차사고(near miss accident)를 조사할 때 적용한다. 공정사고 및 아차사고는 아래와 같다.

① 공정의 상한·하한 제한치를 벗어남
② 장치 및 제어계통의 고장
③ 시운전, 정상운전, 가동정지 시에 운전절차로부터의 일탈
④ 운전자의 태만 및 부주의로 인한 이상 발생
⑤ 정비 또는 점검 담당자의 실수 및 부주의로 인한 사고
⑥ 물질의 누출
⑦ 외부요인에 의한 이상 발생(자연재해, 폭동, 침투 등)

3. 공정사고조사팀

3.1 공정사고조사팀

① 공정사고가 발생되면 공정사고조사팀을 구성하여 공정사고조사를 수행한다.

② 공정사고조사팀은 다음과 같은 사람들로 구성한다.

가. 공정사고가 발생된 공정을 잘 알고 있는 공정담당자 1인 이상

나. 공정사고를 조사하고 분석할 수 있는 지식과 경험을 가지고 있는 기술자 1인 이상

다. 공정사고 발생이 도급업체가 관련된 작업일 경우에는 도급업체 담당자 1인 이상

3.2 공정사고조사팀의 임명

공정사고조사팀은 공장장이 임명한다.

4. 공정사고조사 보고서

4.1 공정사고조사 보고서

① 공정사고조사를 종결할 때는 공정사고조사 보고서를 작성한다.

② 공정사고조사 보고서에는 다음 사항들이 포함된다.

가. 사고발생 일시 및 장소

나. 사고 조사기간(일시)

다. 사고의 상황 개요

라. 사고의 유형 및 관계된 위험물질

마. 사고발생 원인

바. 사고로 인한 피해의 크기와 범위

사. 수행된 비상조치 사항

아. 비슷한 유형의 사고 재발을 방지하기 위한 장단기 대책

4.2 공정사고조사 보고서〈별지 제1호 서식〉

<table>
<tr><td>조 사 자</td><td></td><td>사고일시</td><td></td></tr>
<tr><td>조사일시</td><td></td><td>사고장소</td><td></td></tr>
<tr><td>사고유형</td><td colspan="3">☐ 화재 ☐ 폭발 ☐ 위험물질 누출 ☐ 기타 ( )</td></tr>
<tr><td>사고물질명 및 설비명</td><td>물 질 명 : ( )
독성여부 : ○ , ×
설 비 명 :</td><td>손 실 액</td><td>직접 : ( ) 만원
간접 : ( ) 만원</td></tr>
<tr><td>사고개요</td><td colspan="3"></td></tr>
<tr><td>사고원인</td><td colspan="3"></td></tr>
<tr><td>사고피해</td><td colspan="3"></td></tr>
<tr><td>비상조치 내용 및 평가</td><td colspan="3"></td></tr>
<tr><td>재발방지대책</td><td colspan="3"></td></tr>
<tr><td>첨부자료</td><td colspan="3"></td></tr>
</table>

5. 공정사고조사 보고서 처리

5.1 공정사고조사 보고서 처리

① 공정사고조사 보고서는 공정사고 해당 부서장 및 공장장의 결재를 득한다.

② 공정사고조사 보고서의 재발방지를 위한 장단기 대책은 공장장의 승인하에 변경요소 관리 절차에 따라 시행한다.

③ 개선사항에 대한 검토와 시행추진은 문서로써 이루어지고 지시한다.

④ 공정사고조사 보고서는 사고를 예방하고 사고를 조기에 발견 조치하여야 하는 도급

업체 담당자를 포함한 모든 작업자에게 알리고 교육한다.

⑤ 공정사고조사 보고서는 5년 이상 보관한다.

6.10 비상조치 계획

6.10.1 PSM 보고서 작성기준

제40조(비상조치 계획의 작성)

규칙 제50조제1항제4호의 비상조치 계획은 다음 각 호의 사항을 포함하여야 한다.

1. 목적
2. 비상사태의 구분
3. 위험성 및 재해의 파악 분석
4. 유해·위험물질의 성상 조사
5. 비상조치계획의 수립(최악 및 대안의 사고 시나리오의 피해예측 결과를 구체적으로 반영한 대응계획을 포함한다)
6. 비상조치 계획의 검토
7. 비상대피 계획
8. 비상사태의 발령(중대산업사고의 보고를 포함한다)
9. 비상경보의 사업장 내·외부 사고 대응기관 및 피해 범위 내 주민 등에 대한 비상경보의 전파
10. 비상사태의 종결
11. 사고조사
12. 비상조치 위원회의 구성
13. 비상통제 조직의 기능 및 책무
14. 장비보유현황 및 비상통제소의 설치
15. 운전정지 절차
16. 비상훈련의 실시 및 조정
17. 주민 홍보계획 등

6.10.2 PSM 보고서 심사기준

제53조(비상조치계획 심사)

비상조치계획에 대하여는 다음 각 호의 기준에 따라 심사하여야 한다.

1. 비상조치계획에 다음 각 목의 사항이 포함되었는지 여부
   가. 전 근무자의 사전 교육계획
   나. 비상시 대피 절차와 비상대피로의 지정
   다. 대피 전에 주요 공정설비에 대한 안전조치를 취해야 할 대상과 절차
   라. 비상 대피 후의 전 직원이 취해야 할 임무와 절차
   마. 피해자에 대한 구조·응급조치 절차
   바. 내·외부와의 통신 체계 및 방법
   사. 비상조치 시의 총괄부서 및 조직
   아. 사고발생 시 및 비상 대피 시 보호구 착용 지침
   자. 주민 홍보계획
   차. 외부기관과의 협력체제
   카. 최악 및 대안의 사고 시나리오의 피해 예측 결과를 반영한 구체적인 대응계획
   타. 내부 비상조치계획과 외부 비상조치계획의 적정한 연계
2. 사업장에서 비상조치가 취해져야 할 경우 전 직원에 긴급경보 조치를 취하고 있으며, 필요 시 인근지역 주민에게 비상사태를 알리고 안전한 필요한 조치를 할 수 있는지 여부
3. 사업장에서는 전 직원이 안전하고 질서 있게 비상조치를 실행할 수 있도록 안내하고 지도하는 사람을 지정하고, 안내·지도에 필요한 교육을 시행하고 있는지 여부
4. 사업장의 안전보건 총괄책임자는 다음 각 목의 경우에 있어서 비상조치계획을 검토하고 있는지 여부
   가. 최초 비상조치계획을 수립할 경우
   나. 각 비상조치 요원의 비상조치 임무가 변경될 경우
   다. 비상조치계획 자체가 변경되었을 경우
5. 비상조치계획은 서류로 알기 쉽게 작성되어 접근이 용이한 곳에 갖추어 두었는지 여부
6. 최악 및 대안의 사고 시나리오의 피해예측 결과를 반영한 대응계획에 가동정지절차 등이 구체적으로 작성되었는지 여부

6.10.3 PSM 보고서 작성지침(KOSHA Guide)

1. 목적

본 계획은 당 공장에서 취급하고 있는 유해·위험화학물질의 누출 발생 시 종업원들이 신속하게 대피할 수 있도록 하기 위한 대응절차를 수립 시행하여 공장 내·외의 인적, 물질 피해를 최소화하기 위함이다.

2. 비상사태의 구분

① 비상사태는 조업상의 비상사태와 자연재해로 구분한다.

② 조업상의 비상사태는 다음의 경우에 해당한다.

가. 가연성 또는 인화성 물질의 누출에 의한 중대화재 사고의 발생

나. 가연성 또는 인화성 물질의 누출에 의한 폭발사고의 발생

다. 독성화학물질의 누출에 의한 중독사고의 발생

라. 인근지역의 비상사태가 사업장에 파급될 우려가 있는 경우

③ 자연재해는 태풍, 폭우 및 지진 등 천재지변이 발생한 경우를 말한다.

3. 비상사태 파악 및 분석

① 사업장의 사업주와 안전보건총괄책임자는 보유설비와 취급하고 있는 위험물질에 의한 발생 가능한 재해와 예상 비상사태를 체계적으로 파악 평가한다.

② 사업장 내·외의 위험성 파악과 비상조치계획의 수립에 있어서는 발생 가능성이 큰 재해를 기초로 하며 또 발생 가능성이 적으나 심각한 결과를 초래할 수 있는 사건도 포함시킨다.

③ 발생 가능한 재해의 파악에는 다음 사항을 포함시킨다.

가. 공정별로 예상되는 비상사태

나. 비상사태 전개 과정

다. 최대피해 규모

라. 피해 최소화 대책

마. 과거 유사한 중대사고의 기록

바. 비상사태의 결과 예측

4. 유해·위험물질의 성상 조사

각 공정별로 사용하는 원부재료와 중간제품 및 완제품 등에 가연성, 유해성 등의 성상을 조사하고 그 물질의 저장, 취급 및 폐기에 관한 안전지침을 작성한다.

5. 비상조치계획의 수립

(최악 및 대안의 사고 시나리오의 피해 예측 결과를 구체적으로 반영한 대응계획을 포함한다.)

① 비상조치계획의 수립에는 다음과 같은 원칙을 지킨다.

가. 근로자의 인명 및 재산 손실에 최우선 목표를 둔다.

나. 모든 가능한 비상사태를 포함시킨다.

다. 비상통제 조직의 업무분장과 임무를 부여한다.

라. 주요 위험설비에 대하여는 내부 비상조치계획 뿐만 아니라 외부 비상조치계획을 포함시킨다.

마. 비상조치 계획은 분명하고 명료하게 작성되어 모든 근로자가 이용할 수 있어야 한다.

바. 비상조치계획은 문서로 작성되어 접근이 용이한 곳에 비치한다.

② 비상조치계획에는 최소한 다음과 같은 사항이 포함된다.

가. 근로자 사전 교육

나. 비상시 대피절차와 비상대피로의 지정

다. 대피 전에 주요 공정설비에 대한 안전조치를 취해야 할 대상과 절차

라. 비상대피 후의 전 직원이 취해야 할 임무와 대책

마. 피해자에 대한 구조·응급조치 절차

바. 중대산업사고 발생 시의 내·외부의 연락 및 통신 체계

사. 비상사태 발생 시 통제조직 및 업무분장

아. 사고 발생 시 및 비상대피 시의 보호구 착용 지침

자. 비상사태 종료 후 오염물질 제거 등 수습 절차

차. 주민 홍보계획

③ 비상 조치계획 수립시 에 사업장별 또는 부서별 비상대응 체계를 다음에서 예시하는 바와 같이 별도로 작성 비치한다.

<table>
<tr><td>비상시태 유형</td><td colspan="2">WB-101 화재</td><td>부서</td><td>생산 3과</td></tr>
<tr><td>발생원인</td><td colspan="4">LNG 누출로 인한 폭발화재</td></tr>
<tr><td>예상피해</td><td colspan="4">인명 및 설비 피해</td></tr>
<tr><td colspan="2">비상대응조직도
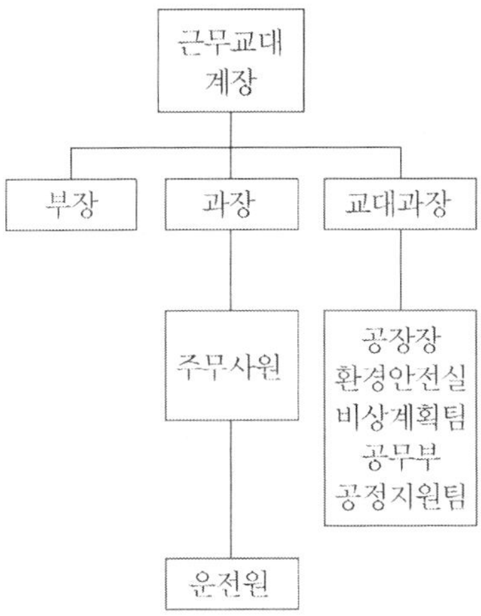
</td><td colspan="3">비상조치 흐름
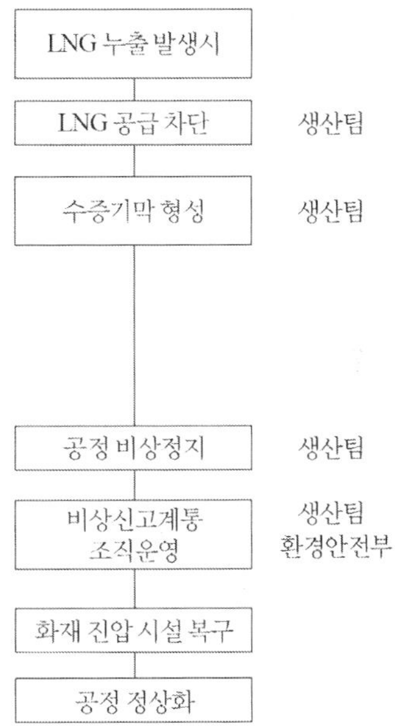
</td></tr>
<tr><td colspan="2">타부서 지원사항</td><td colspan="3">긴급 대응 유의사항</td></tr>
<tr><td>안전부서</td><td>소방차 출동</td><td colspan="3" rowspan="2">화재진압시 화상주의</td></tr>
<tr><td>지원부서</td><td>비상 소방펌프 가동</td></tr>
</table>

6. 비상조치계획의 검토

① 안전보건책임자는 다음과 같은 사항이 있을 때 비상조치계획을 검토한다.

가. 처음 비상계획 시

나. 각 비상조치요원의 비상조치 시 임무가 변경된 경우

다. 비상조치계획 자체가 변경된 경우

② 비상조치계획의 수립과 검토 시에는 근로자 및 근로자 대표의 의견을 청취하여 자발적인 참여가 이루어지도록 한다.

③ 비상사태의 종류 및 비상사태의 전개에 따라 신속한 결정과 조치가 가능하도록 충분한 융통성이 배려되어 있는지 검토한다.

7. 비상대피계획

① 비상대피계획의 목적은 비상사태의 통제와 억제에 있으며 비상사태의 발생예방은 물론 비상사태의 확대 전파를 저지하고 이로 인한 인명피해를 최소화 하는데 있다.

② 재해예방과 최소화를 위하여 적절하고 신속한 비상대피 계획의 확립을 위해 다음 사항을 준비한다.

가. 경보 발령 절차
나. 비상통로 및 비상구의 명확한 표시
다. 근로자의 철수 절차 및 대피장소의 결정
라. 대피장소별 담당자의 지정, 그들의 임무 및 책임 사항
마. 비상통제센터의 위치 및 비상통제센터와의 보고체제 확립
바. 임직원 명부 및 하도급체 방문자 명단의 확보와 대피소 대피자의 확인 체제 확립
사. 대피장소의 근로자 및 일반 대중의 행동 요령
아. 임직원 비상연락망의 확보와 정기적인 수행
자. 외부 비상조치기관과의 연락수단 및 통신망 확보

8. 비상사태의 발령중대산업사고의 보고를 포함한다)

① 비상사태의 발생 신고 조업 중 비상 또는 재난의 발생을 확인한 임직원은 비상경보 발신기의 작동 등 모든 수단을 불문하고 관리부 또는 사무실로 신고해야 하며 다음의 요령을 따른다.

가. 비상사태 발생지역(중요 건물 또는 설비명)
나. 비상사태의 종류와 상태
다. 신고자의 소속과 성명

② 비상사태의 발신

비상사태 발생 신고를 접수한 관리부(사무실)는 비상방송 및 경보를 발해야 하며, 해당 비상통제자는 비상방송을 통해 발생 상황을 방송하고 비상통제조직에 의한 필요한 조치를 지시해야 한다. 또한 필요한 경우 인근지역 주민에게 비상사태를 알리고 조치를 취한다.

가. 비상사태의 종류
나. 비상사태의 발생 장소
다. 비상출동로 소방대 동원사항

라. 방송자의 소속과 성명 순으로 방송하되 2회 반복한다.

③ 비상사태의 연관조치비상사태경보가 발신되는 시점에서 비상사태의 돌입을 의미하며 공장 내 모든 안전작업 허가서가 취소된다.

9. 비상경보 체계

① 경보시설의 설치

가. 설비의 규모에 따라 적절한 수의 경보시설을 확보한다.

나. 소음수준이 높은 곳에서는 시각적 경보시설을 고려한다.

다. 각종 비상경보는 주 1회 작동 테스트를 한다.

② 비상경보의 종류 및 작동 시기

가. 경계경보

나. 가스누출경보

다. 대피경보

라. 화재경보

마. 해제경보

10. 비상사태의 종결

① 비상사태는 해제방송으로 종결되며 사업장의 제반기능은 정상체제로 운영된다.

② 비상사태의 종결은 비상지휘자의 결정에 의한다.

③ 비상사태가 종결되면, 모든 직원의 복귀가 지시되고 비상조치 조직은 해제된다.

④ 각 부서의 부서장은 각 부서별로 정상체제에서 인원과 장비를 파악하고 인원을 비상통제단에 보고한다.

⑤ 비상통제단은 소방지원단 및 지원단 인원과 장비에 대한 상황을 파악하고 복귀한다.

11. 사고조사

① 비상사태 발생 시 부서장은 관계 부서와의 협의를 거쳐 사고발생 즉시 보고를 안전보건책임자(공장장)에게 제출하여야 하며, 비상시 활동상황을 비롯한 예방대책과 복구계획을 수립 종합보고서를 신속히 제출한다.

② 사고조사의 방법은 한국산업안전공단의 기준(KOSHA guide) “사고조사지침”에 따른다.

12. 비상조치 위원회의 구성

① 위원회의 구성은 다음과 같다.

가. 위원장 : 안전보건책임자(공장장)

나. 간사 : 안전부서장

다. 위원 : 생산부장, 공무과장, 관리부장, 연구부장, 기타 위원장이 필요하다고 지명한 임직원

② 비상조치 위원회는 사고 원인 조사반을 구성 원인조사 보고서를 작성하고 복구계획과 예방 대책을 수립한다.

13. 비상통제 조직의 기능 및 책무

비상통제 조직의 목표는 최소한 필수 요원을 활용하여 수습토록 하고 적절한 인원을 통제함으로써 인명 및 물적 피해를 최소화하는 데 있으며 비상통제 조직표 및 업무분장은 다음과 같다.

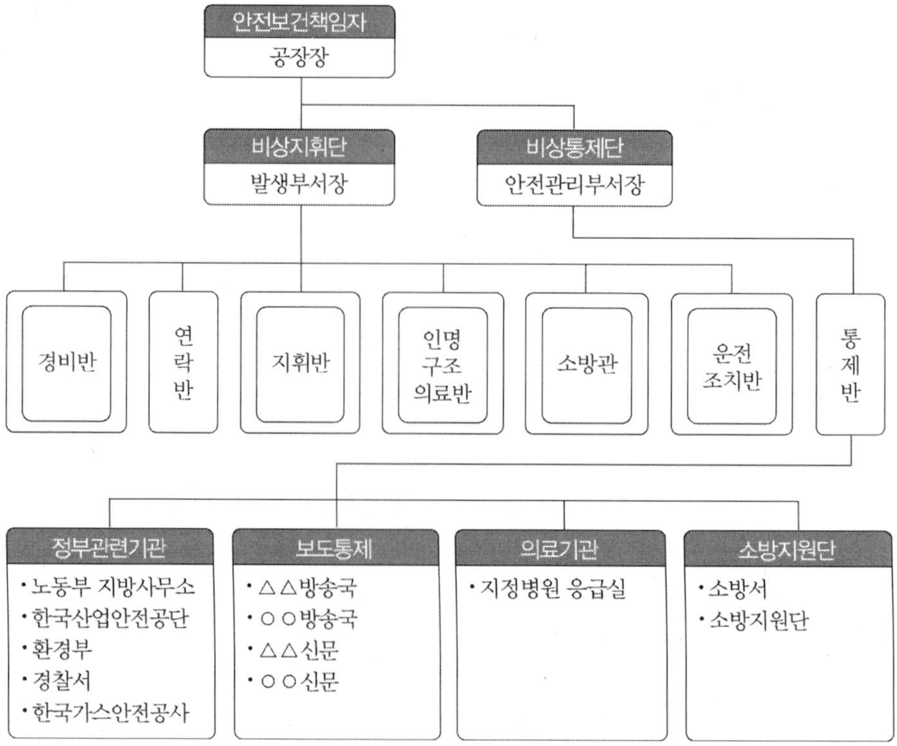

통제조직	조치사항
안전보건책임자 (공장장)	• 전공장 비상체제로의 전환 • 비상사태 수습에 필요 한 조치 의 결정 • 보도통제와 공식적 보도
비상지휘단 주 : 발생부서장 야 : 교대 선임자	• 비상통제 조직의 동원과 지휘 • 비상통제에 필요한 인원과 장비의 충원 • 비상사태의 영향파악과 대피 상황 결정 • 사고속보의 작성과 보고 • 재발방지 대책의 수립과 실행 • 비상동원체제의 훈련
비상통제단 안전부 서장	• 안전보건책임자(공장장)로부터 지시 된 사항의 실행 • 통제본부의 설치 • 소방지원단의 지원요청 등 관련 기관의 보고 • 사고원인 조사 및 언론통제 • 비상동원 계획의 수립과 교육
운전조치반 발생 부서 운전원	• 재난 발생 공정의 비상운전정지 • 비상발전기 및 소방펌프의 가동
소방반 조직임명자	• 화재진화 활동 및 발생방지
인명구조 및 의료반 조직임명자	• 인명구조 및 부상자 확인 • 응급치료 및 후송
지휘반 조정실 근무자	• 비상지휘단장을 보좌하고 지시에 따름 • 경보 취명, 비상방송
통계반 안전과 총무과	• 비상상황의 파악과 보고 • 비상연락망의 가동 • 비상통제조직 의 동원 • 통제단장의 업무 대행과 지시된 사항
경비반 경비실	• 방문객 명단 파악과 보고 • 통제단장의 지시에 따라 대피 안내 • 불필요한 인원의 진입통제와 소방지원단의 안내

14. 비상통제소의 설치

① 비상사태 시 효과적으로 지휘, 통제, 협조 할 수 있는 비상통제소를 위험이 적은 장소에 마련한다.

② 비상통제소의 설치에서는 비상통제 일지의 구비와 작성을 비롯하여 다음과 같은 사항을

갖춘다.

가. 적절한 수의 내신 및 회신 전화

나. 라디오 및 기타 통신장비

다. 개인보호구 및 기타 구조장비

라. 풍속 및 풍향계

마. 근로자, 도급자, 방문자의 명부

바. 비상조치 기관의 명부

사. 시설물 관련 도면 및 자료

1) 위험물질의 시설별, 지역별 취급 및 저장 수량

2) 위험물질의 안전자료

3) 안전 및 소방시설의 장비현황

4) 소방용수 저장설비 및 공급계획

5) 공장배치 및 설비 위치도

6) 사업장의 출입문 및 도로망 위치

7) 주변 지역 주요시설물의 위치

8) 하수 및 배수 시설

③ 비상통제소는 주 비상통제소가 기능을 상실할 경우를 대비하여 제2의 비상통제소를 마련한다.

15. 운전정지 절차

① 운전정지 절차의 수립

보유 공정 전반에 대한 비상운전정지 각 공정별, 비상사태별 정지순서와 정지단계별로 작성, 각 생산공장 단위별로 비치한다.

② 비상운전 절차의 연습

작성된 비상운전 계획에 따라 관련 기관 등에 제출·보고하고 모든 작업자에게 배부하되, 비상운전 절차에 대한 연습은 월 1회 이상 시행한다.

③ 새로운 원료의 도입장치 및 설비의 변경, 공정의 변경 또는 운전절차의 변경 시에는 반드시 작업자들에게 숙지시키고 비상운전정지 등 적절한 훈련을 실시한다.

16. 비상훈련의 실시 및 조정

① 비상훈련의 실시

비상 및 재난대책은 비상운전 절차에서부터 피난, 소방계획에 이르기까지 전반적인 비상훈련을 월 1회 이상 각급 교대조 및 생산공정 단위로 실시하여 근로자들이 비상사태 시 행동요령을 숙지토록 한다.

② 비상훈련 평가

비상훈련 시에는 평가회를 실시하고 그 결과를 기록해서 비치해야 한다. 또는 평가기록에 따라 문제점으로 보완하고 계획을 수정하여 현실적으로 적합한 계획을 수립 실행한다.

③ 합동훈련 및 지원체제의 확립

정보관계자의 참관에 의한 감사 훈련 및 소방지원단 합동훈련을 분기별 1회 실시하고 그 기록을 유지 보관한다.

17. 주민홍보계획

① 사업장은 비상사태 발생에 대비하여 인근 거주 주민에게 주요 위험설비에 관한 정보를 제공한다.

② 대 주민 홍보계획에는 다음 사항을 포함한다.

가. 주요 위험설비의 종류

나. 평이한 용어를 사용하여 시설내의 주요 위험활동에 대한 광범위한 설명, 시설 내에서 사용되는 유해물질 및 그 대책

다. 비상사태 발생 경보체계 등 인지 방법

라. 비상사태 발생 시 주민행동 요령

마. 중대사고가 주민에게 미치는 요령

바. 중대사고로 입은 상해에 대한 적절한 치료 방법

③ 효과적인 대 주민 홍보를 위해서는 다음과 같은 원칙이 지켜져야 한다.

가. 대 주민 홍보 시에는 관할 지방기관 및 인근 사업장과 협조한다.

나. 대 주민 홍보는 정기적으로 반복해야 하며 필요 시 주민들의 현장 출입도 허가한다.

다. 대 주민 홍보 수준 및 이해정도에 관해 평가해야 하며 대 주민 홍보내용에 수정이 필요한 경우 이들을 수정 보완한다.

④ 비상사태 중의 홍보

가. 사업주가 주요 위험시설 인근지역에 거주하는 주민 또는 작업자들에게 비상사태가 발생했을 경우 가능한 신속한 중대사고 발생을 알리는 등 정보를 제공한다.

나. 사업주는 비상 기간 중에 정기적으로 각종 최근 정보를 홍보하여야 함, 특히 과거에 제공한 정보와 상이한 주민 행동요령이 필요할 때는 언론기관과 협조한다.

다. 사업주는 중대사고 이후 사고조사 결과 및 주민과 환경에 미칠 장·단기적 영향을 주민들에게 홍보한다.

저자 약력

이무철(cms@dasancms.co.kr)

학력
광운대학교 화학과 졸업
서울과학기술대학교 안전공학과 공학석사
서울과학기술대학교 안전공학과 공학박사

경력
현) 다산씨앰에스(주) 대표 : 2015.10.~
전) 화재보험사 위험관리연구소 진단 4팀장 16년 근무(현대오일뱅크, 발전소, 하이닉스반도체, 매그나칩 반도체, 현대자동차 등 매년 100여 개 업체 현대해상 관련기업 위험진단)
전) 쌍용정유(현, S-Oil) 온산공장 신규사업부 3년 근무(Bunker-C Cracking Center Initial Start-up 참여)
2014~ 서울과학기술대학교 안전공학과에서 공정안전관리(PSM) 강의

기술자격
화공안전기술사
산업안전지도사(화공분야)

교육과정
화학공정 위험성평가 1 (HAZOP) / 한국산업안전보건공단
전기화재예방 및 방폭안전 교육 / 한국산업안전보건공단
위험성평가 전문가 양성교육 / 한국산업안전보건공단
Phast Course / DNV 미국 휴스턴
Phast Risk Advanced Course / DNV 영국 런던
HAZOP Leader Course / DNV Korea
공정안전보고서 작성 및 평가 과정 / 한국산업안전보건공단
유해화학물질 교육강사 양성과정 / 화학물질안전원

중대재해처벌법 대응

안전진단 및 공정안전관리PSM

1판 1쇄 발행　2022년 2월 25일

저자 이무철
발행인 서철증
발행처 도서출판 지우북스
주소 경기도 파주시 문발로 115 세종출판벤처타운 209호
전화 031-915-6670(代)
팩스 031-915-6671
이메일 jwbooks@nate.com
홈페이지 www.jwbooks.co.kr
출판등록 제406-251002017-000032호
ISBN 979-11-88673-92-6 93530
정가 20,000원